산성비

산성비

_ 김준호

서울대학교출판부

Acid Rain

Joon-ho Kim

Seoul National University Press

머리말

인류가 과거에 경험하지 못했던 몇 가지 재앙이 지구상에 나타나고 있다. 그 가운데 하나가 산성비이다. 산성비는 눈에 보이지 않고 냄새가 나지 않으며 한두 번 맞아도 피해가 금방 나타나지 않으므로 사람들의 무관심 속에 묻히기 쉽다. 하지만 오랫동안 산성비를 맞으면 흙과 물, 식물과 건축물, 문화재 등이 심각한 훼손을 입게 되며, 이러한 훼손이 우리나라에서 실제로 일어나고 있다. 19세기 말엽에 산성비가 알려졌지만 사람들의 무관심 속에 묻혔다가 1960년대에 생태계에 혹독한 재앙이 나타남으로써 비로소 관심의 대상이 되었다.

산성비는 대기오염물질에서 유래한다. 산성비를 이해하려면 대기물리학과 대기화학, 기상학, 물리화학, 육상생태학과 수서생태학, 토양학, 토지이용과 관리 등 학제간 지식이 필요하다. 하지만 이 책에서는 독자들이 어렵지 않게 산성비에 접근할 수 있도록 쉽게 서술하려고 노력하였다. 그래서 어려운 수학식이나 화학식을 쓰지 않았다.

이 책에서는 산성비에 대한 국내 연구 결과와 산성비에 연유한 토양과 삼림의 훼손에 관한 연구 결과 중에서 신뢰가 가는 자료를 가급적 많이 인용하고, 내용의 서술은 원 논문에 근거하였다. 지은이는 생태학을 전공하였으므로 '물질의 부식과 사람의 건강'(제10장)을 제외한 나머지 부분은 생태학에 뿌리를 뻗고 있음을 자인한다.

이 책은 모두 11장으로 구성되어 있다. 제1장에서는 산성비를 이해하기 위해 빗물에 관한 기초를 기술하였다. 제2장에서는 산성비의 원인이 되는 대기오염물질의 배출에서 강하까지의 과정을 개관하였다. 제3장에서는 산성비의 특성과 한국 및 세계의 산성비 실상과 미래를 전망하였다. 제4장에서는 산성비에 의한 토양의 훼손과 산성비에 노출되어 있는 한국 토양과 다른 나라 토양을 비교하였다.

제5장에서는 산성비가 삼림을 훼손하는 악영향과 삼림이 산성비를 완화시키는 기능을 국내 자료를 이용하여 다루었다. 제6장에서는 우리나라에서 대기질소강하량이 지나치게 많음을 밝히고 그것이 생태계에 미치는 영향을 기술하였다. 제7장에서는 물의 산성화를 기재하고, 제8장에서는 물의 산성화에 따른 민물고기의 수난을 밝히며, 제9장에서는 민물고기 이외의 수서생물의 피해 상황을 열거하고, 제10장에서는 산성화에 의한 물질의 부식과 사람의 건강을 다루었다. 제11장에서는 산성화된 생태계의 복원 문제를 수록하였다.

산성비와 육상생물의 관계에 흥미를 가지는 독자들은 제1-6장 및 제11장을 읽고, 산성비와 수서생물에 흥미가 있는 독자들은 제1-3장, 제7-9장 및 제11장을 읽기를 권한다.

이 책에서 인용한 원 논문은 각 장의 말미에 수록하고, 생소한 용어는 각주에 표시하며, 길이 · 면적 · 부피 · 질량 · 농도의 단위 및 토양과 지표수에 포함되는 이온의 화학당량은 앞머리에 각각 표로 종합해 놓았으므로 이용하면 편리할 것이다.

이 책은 학제간 연구결과를 수록했으므로 지은이에게 생소한 분야는 박상규, 심재면, 유영한, 유태철, 윤일병, 이규송, 이희선, 조강현, 조경제, 하두봉

교수에게 원고의 교열을 받았다. 그리고 원고를 준비하면서 컴퓨터그래픽과 스캔에는 서울대학교 박사과정 이효혜미 씨가 도움을 주었다. 채산성이 적은 줄 알면서도 이 책을 서울대학교출판부에서 발간해 주셨다. 이 자리를 빌려 위의 모든 분에게 정중한 감사를 표한다. 아울러 이 책의 내용에 오류가 발견되는 즉시 질책하고 지적해 주시면 다음 기회에 수정할 것을 약속한다.

2007년 11월
대청타워에서
지은이 씀

차례

이 책에 나오는 길이, 면적, 부피, 질량(무게) 및 농도의 단위 찾아보기

약호	명칭	내용	변환
1. 길이			
km	kilometer	1,000m	10^3m
m	meter	100cm	
cm	centimeter	10mm	10^{-2}m
mm	millimeter	1/1,000m	10^{-3}m
μm	micrometer	1/1,000,000m	10^{-6}m
nm	nanometer	1/1,000,000,000m	10^{-9}m
2. 면적			
m^2	squire meter	(1 × 1)m	
ha	hector	(100 × 100)m	10^4m^2
3. 부피			
L	liter	1,000mL	10^3mL
mL	milliliter	1/1,000L	10^{-3}L
μL	microliteer	1/1,000,000L	10^{-6}L
4. 질량(무게)			
Gg	gigagram	1,000,000,000g	10^9g(= 1,000 ton)
Mg	megagram	1,000,000g	10^6g (= 1 ton)
kg	kilogram	1,000g	10^3g (= 1kg)
g	gram	1,000mg	1g
mg	milligram	1/1,000g	10^{-3}g (= 1mg)
μg	microgram	1/1,000,000g	10^{-6}g (= 1μg)
ng	nanogram	1/1,000,000,000g	10^{-9}g (= 1ng)
5. 농도			
M	molar	mole/Liter	
mM	millimolar	millimole/Liter	10^{-3}M
μM	micromole	micromole/Liter	10^{-6}M
ppm	part per million	1/1,000,000 부분	(100만분의 1부분)
ppb	part per billion	1/1,000,000,000 부분	(10억분의 1부분)

토양과 지표수에 들어 있는 주요 이온의 화학당량 찾아보기(단위: mg)

이온	화학당량	이온	화학당량
수소이온(H^+)	1.008	암모늄이온(NH^{4+})	18.04
나트륨이온(Na^+)	22.99	알루미늄이온(Al^{3+})	8.99
칼륨이온(K^+)	39.10	황산이온(SO_4^{2-})	48.03
마그네슘이온(Mg^{2+})	12.16	질산이온(NO_3^-)	62.01
칼슘이온(Ca^{2+})	20.04	염소이온(Cl^-)	35.45

프롤로그

고마운 비, 사악한 비

20세기 들어 우리나라에 가장 혹독한 흉년이 들었던 1938-9년의 기억이 잊혀지지 않는다. 모내기를 무사히 마치고 벼가 무럭무럭 자라서 드넓은 호남평야가 녹색 카펫을 깔아 놓은 듯이 온통 푸를 무렵이 되었다. 초벌 매기가 끝나고 재벌 매기도 끝났다. 그런데 이때부터 비가 내리지 않았고 스무 날이 지나고 한 달이 지나가는데도 비 소식이 없었다. 마을의 농부들은 보릿짚을 어깨에 메고 높은 산에 올라 불을 지피고 천지신명에게 비 내리기를 기원하는 기우제를 지냈다. 하지만 야속하게도 비는 내리지 않았고 뙤약볕만 내리쪼였다. 멀리 내려다보이는 녹색 들판은 진녹색으로 바뀌고 다시 검붉은 색으로, 그리고 마침내 붉게 타서 주저앉고 말았다. 우리나라의 연평균 강수량은 1,200mm인데 1938년과 1939년에 전주의 강수량은 각각 819mm와 673mm로 적었기 때문이다. 이때 농민들이 애타게 기다리던 비는 내리지 않았고 이듬해에는 만주에서 날라 온 수수와 콩깻묵 밥을 먹어야 했다. 이와 대조적으로 장마철이 되면 폭우가 쏟아져서 물난리에 시달리기도 한다. 수재민들은 비를 원망하고 비가 멈추기를 간절히 소망한다.

예나 지금이나 농부들이 애타게 기다리거나 수재민이 마음속 깊이 저주

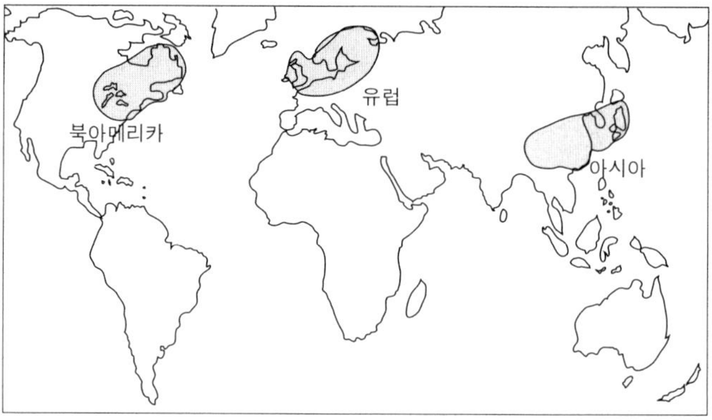

세계의
3대 산성비 지역.

하는 것은 비의 양(강수량)이지 질이 아니다. 1930년대에 농부들이 그토록 기다렸던 비는 요즘의 비와 질이 사뭇 달랐다. 빗물을 받아 마셔도 좋을 만큼 깨끗하고 먼지를 거의 품지 않았으며 물론 산성비도 아니었다. 그때는 산성비라는 말조차 모르고 지냈다. 그런데 요즈음의 비는 먼지투성이고 쇠를 녹슬게 하며 콘크리트 건축물을 부식시킨다. 뿐만 아니라 흙을 척박하게 하여 식물을 자라지 못하게 한다. 옛날의 깨끗한 비와 달리 요즘에는 산성비가 내리기 때문이다. 셰익스피어의 말을 빌린다면 천국에서 내리는 고마운 비가 사악한 비, 곧 산성비로 바뀐 것이다.

지구상에서 산성비가 내리지 않는 곳은 아주 드물지만 특히 심하게 내리는 곳은 세 지역으로 압축된다. 북유럽에서 먼저 산성비 피해가 알려졌고, 이어서 북미 북동부에 상처가 생겼으며, 마지막에 아시아가 신음하게 되었다(위 그림 참조). 유럽과 북미 북동부는 일찍이 공업이 발달했고, 아시아 동남부는 지난 20여 년 이래 에너지를 많이 소비했기 때문에 산성비가 내리게 된 것이다.

이제부터 산성비와 산성비를 만드는 대기산성강하물에 대해 알아보고 그것이 미치는 영향에 대해 우리 다 함께 고민해 보기로 한다.

01

빗물이야기

산성비를 이해하려면 먼저 빗물을 알 필요가 있다. 대기 중에는 빗물에 녹는 성분과 녹지 않는 성분이 있는데 녹는 성분만이 빗물을 산성화시킨다. 빗물의 화학성분은 환경, 바다로부터의 거리, 공기 중 먼지의 질과 양 등에 따라 크게 달라진다. 특히 오염지역과 청정지역의 빗물 성분은 아주 다르다. 대기에서 내려오는 물에는 빗물 이외에 안개가 있는데 이것은 빗물보다 더 산성화되어 있다. 그리고 산성비가 숲을 통과하면 그 성분이 빗물의 성분보다 훨씬 짙어지고 산도도 높아진다. 하지만 숲을 지나서 계류수로 흐르면 산도가 완화된다.

1.1 베일에 싸인 빗물

빗물에는 여러 가지 성분들이 들어 있다. 빗물 수집기에 받아놓은 빗물 속에는 굴뚝에서 나온 그을음, 바람에 날린 먼지, 새나 곤충이 떨어뜨린 잡물 등이 섞여 있는데, 이를 통틀어 총강하물(bulk deposition)이라고 부른다(그림 1-1).

그림 1-1. 산성강하물 측정기(제작 URG, 모델명 2000-01).

하지만 빗물 속에 들어 있는 오염물질의 양은 대단히 적기 때문에 측정하기가 매우 어렵다. 특히 빗물의 산도와 관련되는 질산이나 암모늄과 같은 이온뿐만 아니라 요즈음의 빗물에 비교적 많이 들어 있는 황산마저도 그 양이 적기 때문에 보통 분석방법으로는 정확히 측정하기가 어렵다. 그래서 자칫하면 빗물은 베일에 가려져 모르고 지나기 일쑤이다. 이런 문제는 오랫동안 한 장소의 빗물을 비교하고, 각 연구자가 한 장치를 공동으로 사용하여 같은 조작으로 반복 측정함으로써 어느 정도 극복할 수 있다.

1.2 환경과 빗물

(1) 청정지역과 오염지역

빗물 속에 녹는 대기오염물질의 양은 지형, 고도, 사면, 바람의 노출 정도, 강수강도와 강수빈도 및 강수시간에 따라 달라진다. 더구나 오염지역과 청정지역 빗물의 성분 차이는 대단히 크며, 그중에서도 황산화물(SO_x) 농도의 차이가 가장 뚜렷하게 나타난다. 예를 들면, 아시아에서 말레이시아 반도에 있는 타나라타(Tanah Rata), 보르네오섬의 라와만다우(Lawa Mandau) 및 네팔의 단쿠타(Dhankuta)에서는 공기 중의 이산화황(SO_2)이 $0.3\mu g \cdot m^{-3}$(공기 $1m^3$당 $0.3\mu g$) 이하로 아주 적지만, 중국의 구이저우성(貴州省)과 베트남의 하노이에서는 $20\mu g \cdot m^{-3}$ 이상으로 대단히 많다(6). 이들 두 지역 사이의 이산화황 농도의 차이는 무려 70배 이상이다.

빗물 속의 황산이온(SO_4^{2-}) 농도는 남미 베네수엘라에 위치한 산카를로스(San Carlos)와 같은 청정지역에서는 $3\text{-}11\mu eq \cdot L^{-1}$(빗물 1L당 $3\text{-}11\mu eq$)로 매우 낮지만 독일의 루르(Ruhr) 공업단지와 같은 오염지역에서는 $160\mu eq \cdot L^{-1}$로 매우 높아서 두 지역 간의 차이는 무려 15-53배에 이른다(6).

(2) 바닷물의 영향

빗물의 화학성분은 바닷물의 영향을 크게 받는다. 바닷물이 바람에 날려 빗물에 녹기 때문이다. 우리나라는 빈도 국가이므로 빗물이 해염(sea salt)

의 영향을 받는다. 해안에 가까울수록 빗물에 해염 성분이 많이 녹아 있지만 해염에서 온 성분들은 중성을 띠고 있으므로 빗물의 산도에 영향을 미치지 않는다. 예컨대, 해염에서 오는 나트륨과 염소는 빗물을 중성으로 유지시키므로 빗물의 산도를 계산할 때 흔히 무시한다. 하지만 해염은 빗물의 이온세기(ionic strength)[1)]를 높이고 토양과 배출수의 이온 성분에 깊은 영향을 미친다. 그리고 바닷물 자체는 알칼리성(pH 8.2)이기 때문에 빗물의 산도를 낮추는 역할을 한다.

한편 산성비 속의 황산 농도를 계산할 때는 빗물의 황산의 총량에서 해염에서 온 황산을 빼고 계산한다.[2)] 비해염성(non-sea salt) 황산만이 빗물의 산도를 높이기 때문이다. 하지만 해안지역에서 이런 이온들은 빗물에 많이 녹아 있고 토양 성분에 깊은 영향을 미치므로 간과할 수 없다.

실제로 우리나라의 빗물은 지역에 따라 총황산 중 해염성 황산의 비율이 3-22%, 해염성 염소는 57-100%, 칼륨은 2-21%, 마그네슘은 45-100%, 칼슘은 1-27%로 큰 차이가 난다(2). 이러한 해염성 이온들은 바다로부터의 거리가 멀어질수록 급격히 감소된다. 예를 들면, 그림 1-2에서 보는 바와 같이 삼림에서 흘러나온 계류수의 염소이온은 바다로부터의 거리에 역비

---

1) 묽은 전해질용액에 녹아 있는 이온은 원자가에 따라 1원소 내지 3원소로 해리되어 각각의 이온이 화학적 기능을 가지게 된다. 예를 들면, 1가의 원소인 나트륨이나 칼륨은 1개의 이온으로 해리되고, 2가의 원소인 마그네슘이나 칼슘은 각각 2개의 이온으로 해리되어 생리적 작용을 한다. 따라서 여러 이온 중에서 특정 이온의 이온세기는 $1/2\Sigma(\text{이온 농도}\times\text{이온의 원자가})^2$로 계산한다. 다만 짙은 용액에서는 해리되지 않는 원소가 있으므로 이 계산은 적용되지 않는다.

2) 비해염성 나트륨(nss−〔Na〕)의 농도는 빗물에 녹아 있는 나트륨(〔Na〕*pp*)에서 바닷물의 나트륨(ss−〔Na〕) 농도를 빼주고, 다음 식으로 계산한다.

$$\text{nss-}[X] = [X]pp - \text{ss-}[X]$$
$$= [X]pp - ([X]sea/[\text{Na}^+]sea)\times[\text{Na}^+]pp$$

여기에서 nss−〔*X*〕와 ss−〔*X*〕는 각각 비해염성 성분과 해염성 성분. 〔*X*〕*sea*와 〔Na$^+$〕*sea*는 각각 바닷물의 성분과 바닷물의 나트륨의 농도이다.

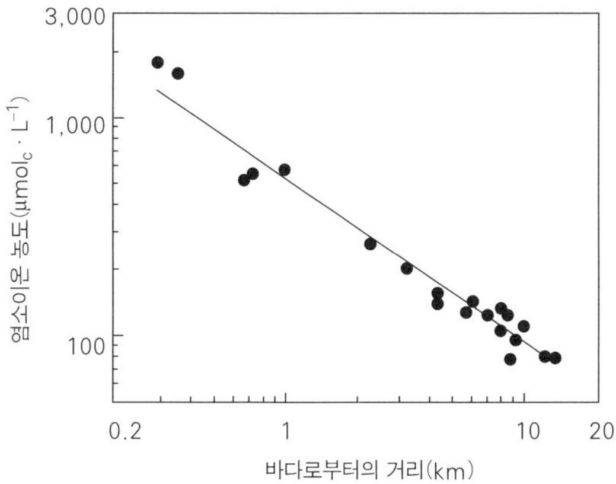

그림 1-2. 바다로부터의 거리와 계류수의 염소이온 농도 사이의 관계. 바다에서 먼 계류수일수록 염소이온의 농도가 급격히 감소된다(9).

례하여 지수적으로 감소된다(9).

(3) 먼지의 영향

대기강하물 중에서 자칫 무시하기 쉬운 먼지는 빗물의 중요한 성분이다. 특히 봄철에 황사와 비가 함께 내릴 때는 빗물 속에 황사 먼지를 많이 함유하는데, 그것은 알칼리성이기 때문에 빗물의 산도를 낮추는 효과가 있다(표 3-2 참조). 먼지의 성분인 칼슘과 마그네슘은 빗물에 녹아서 황산이나 질산을 중화시킨다.

도시와 공업단지의 빗물에 녹아 있는 먼지의 성분은 수소이온(H^+), 암모늄이온(NH_4^+), 황산이온(SO_4^{2-}) 및 질산이온(NO_3^-)이고, 해안에 가까운 곳의 먼지에는 높은 농도의 나트륨이온(Na^+), 염소이온(Cl^-) 및 마그네슘이온(Mg^{2+})이 들어 있다.

시멘트를 생산하는 광산지역, 논밭갈이를 많이 하는 농촌 및 바람이 센 사막지역의 빗물에는 특히 먼지가 많이 들어 있다. 더구나 우리나라는 봄에 중국에서 날아오는 황사 먼지가 많은 특수 지역이다.

(4) 질소화합물의 변동

질소는 옛날부터 비료로 사용되어 왔기 때문에 빗물 속의 질소화합물에 대한 기록이 오랫동안 수집되어 왔다. 영국의 로덤스테드(Rothamsted) 실험농장에서는 농작물의 질소비료와 관련하여 1850년대부터 최근에 이르기까지 빗물의 질소 함량을 계속 측정해 오고 있어 빗물 속의 질산과 암모늄 농도의 계절변화와 연도변화를 비교하는 데 좋은 자료를 제공하고 있다. 그 결과에 따르면 토양과 배출수의 암모늄 농도는 과거부터 현재까지 여름에 가장 높은 계절변화를 나타냈다. 이와 대조적으로 질산 농도는 과거에는 계절변화가 거의 없었지만 최근에 와서 봄과 여름에 많이 높아졌고, 또 1900년대 초에 비해 최근에 약 2배로 높아졌다. 요즘 우리나라의 빗물에도 질산이온이 증가하는 추세이다(표 6-1 참조).

1.3 건성강하물과 습성강하물

공기 중에는 여러 가지 대기오염물질이 빗물에 녹지 않는 기체(가스) 또는 작은 고체 알갱이의 형태로 떠돌아다니다가 마침내 땅이나 물이나 식물 위에 떨어진다. 이 중에서 빗물에 녹지 않는 물질을 건성강하물(dry deposition)이라 하고 녹는 물질을 습성강하물(wet deposition)이라 한다. 건성강하물과 습성강하물은 산성을 띠기 때문에 통틀어서 산성강하물(acid deposition)이라 한다. 보통 습성강하물은 빗물에 녹아 산성비를 만든다.

황산화물(SO_X) 중에서 이산화황(SO_2)은 빗방울에 녹는 양이 적으므로 건성강하물에 속하지만 황산이온(SO_4^{2-})은 많이 녹기 때문에 습성강하물에 속한다. 그리고 질소산화물(NO_X) 중에서는 일산화질소(NO)가 건성강하물이고 이산화질소(NO_2)나 질산이온(NO_3^-)은 습성강하물에 속한다. 이처럼 황산화물이나 질소산화물은 공기 중에서 산소와 화합하여 산화될수록 물에 잘 녹는다. 그리고 먼지의 성분 중에서 염기성 양이온은 빗방울에 녹아 습성강하물로 되고 흙가루는 건성강하물로 되어 땅에 떨어진다.

건성강하물은 땅에 떨어지기 전에는 빗물의 산도(acidity)에 직접적인 영향을 미치지 않는다.[3] 하지만 습성강하물은 공기 중을 떠돌면서 산화되어 빗방울 속으로 녹아들어 빗물을 산성화시킨다. 땅에 떨어지는 건성강하물과 습성강하물의 비율은 배출원으로부터의 거리와 시간, 대기조건 및 먼젓번에 내린 강수 유형에 따라 달라진다. 예를 들면, 황산화물은 배출될 때 이산화황 95%와 황산이온 5%의 비율이지만 먼 거리를 이동하면 대부분이 황산이온으로 산화되어 빗물에 녹는다(7).

더구나 강수량이 많은 지역에서는 강수강도(precipitation intensity)[4]와 강수빈도(precipitation frequency)[5]가 높으므로 대기 중의 가스와 에어로졸과 같은 건성강하물은 멀고 긴 시간을 이동하는 동안 빗물에 서서히 녹으므로 습성강하물의 농도보다 훨씬 적어진다(p. 24, 수송 참조).

1.4 안개의 신비

매우 작은 물방울이 대기 중에 흩어져서 시계(visibility)를 막는 안개

---

3) 건성강하물은 물체 표면에 떨어져서 점점 농도가 높아지는데 이것은 직접 모으기가 매우 어렵다. 그것은 보통 일정량의 공기 속에 들어 있는 농도로 표시하거나 물체 표면에 떨어지는 속도를 기준으로 계산한다.

4) 단위시간당 내리는 빗물의 양.

5) 단위시간당 내리는 비의 횟수.

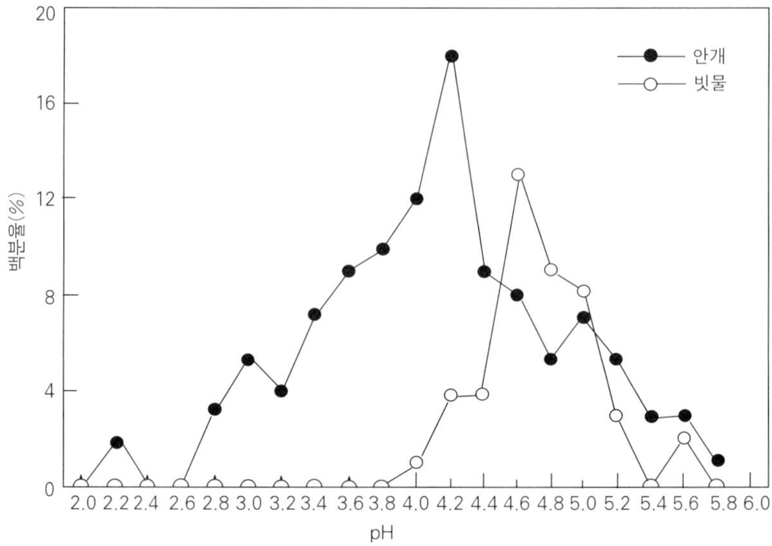

그림 1-3. 안개와 빗물의 pH 백분율 비교(3).

(fog)와 박무(mist)를 우리는 자주 경험한다. 우리나라에서도 대관령을 비롯한 고지에는 안개와 박무가 자주 발생한다. 안개는 1km 이내의 물체가 보일 정도의 짙은 물방울이고, 박무는 1km보다 먼 물체가 보일 정도의 적은 물방울이다. 이들에 비해 구름은 높은 하늘에 떠 있는 물방울이나 얼음의 결정이다. 이들 물방울은 빗물 수집기로 모으기가 어렵기 때문에 고안된 여러 가지 수집기구를 이용하여 모은다.

안개 · 박무의 산도는 빗물보다 높다. 그림 1-3은 표고 931m의 산에서 측정한 안개와 빗물의 산도를 비교한 것이다. 빗물의 연평균 산도는 낮지만(pH 4.7) 안개는 높다(pH 3.8)(3). 그리고 우리나라의 소백산(1,340m)에서 모은 안개와 구름 물도 pH 4.39의 산성을 띠고 있다(12).

한편 영국에서 발생한 안개는 빗물보다 산도가 높을 뿐 아니라 이온 농도도 엄청나게 높다. 표 1-1은 안개의 물, 구름 물 및 빗물의 이온 농도를

표 1-1. 영국의 빗물, 구름 물 및 안개 물의 pH와 주요 이온 농도의 비교(4). 농도 단위는 eq · L^{-1}

구분	pH	황산이온 (SO_4^{2-})	질산이온 (NO_3^-)	암모늄이온 (NH_4^+)	나트륨이온 (Na^+)	마그네슘이온 (Mg^{2+})	칼슘이온 (Ca^{2+})	염소이온 (Cl^-)
연평균 빗물	4.35	68	29	30	21	5	14	25
구름의 물(South Pennins)	2.58	1,288	998	175	-	-	-	1,598
안개의 물(Great Dun Fell)	3.35-3.50	1,145-2,560	660-2,400	-	-	30-540	-	-

비교한 것인데, 빗물에 비해 안개 · 박무와 구름 물의 이온 농도는 상당히 높게 나타나 있다(4).

온대지방에서 표고 450m 이상의 고지에서 생긴 안개 · 박무의 수분량은 유달리 많을 뿐만 아니라 공기 중에서 오염물질을 대단히 많이 흡수한다. 이러한 현상을 신비한 강하물(occult deposition)이라고 부른다(14). 신비한 안개 · 박무가 형성되는 지역에서는 오염물질의 강하속도(deposition velocity)가 3배나 빠르므로 안개 · 박무의 이온 농도는 빗물보다 훨씬 높아진다. 따라서 안개 · 박무가 생겼을 때 그 속에서 산책하면 오염물질을 들이마실 기회가 많아질 수 있으므로 건강에 좋지 않다.

1.5 수관통과수와 수간유하수

숲 위에 내린 비(임외우)와 숲을 통과한 비의 화학성분은 크게 다르다. 그것을 알기 위해서는 숲의 구조를 이해할 필요가 있다. 나무의 모양은 우산에 비유할 수 있다. 나무줄기는 우산대에 비유되고 나뭇가지는 우산살에 비유되며 나뭇잎은 우산의 천에 비유된다. 나무의 가지와 잎을 합친 지붕 모양의 부분을 수관(canopy)이라고 부른다. 숲 위에 비가 내리면 빗물 대

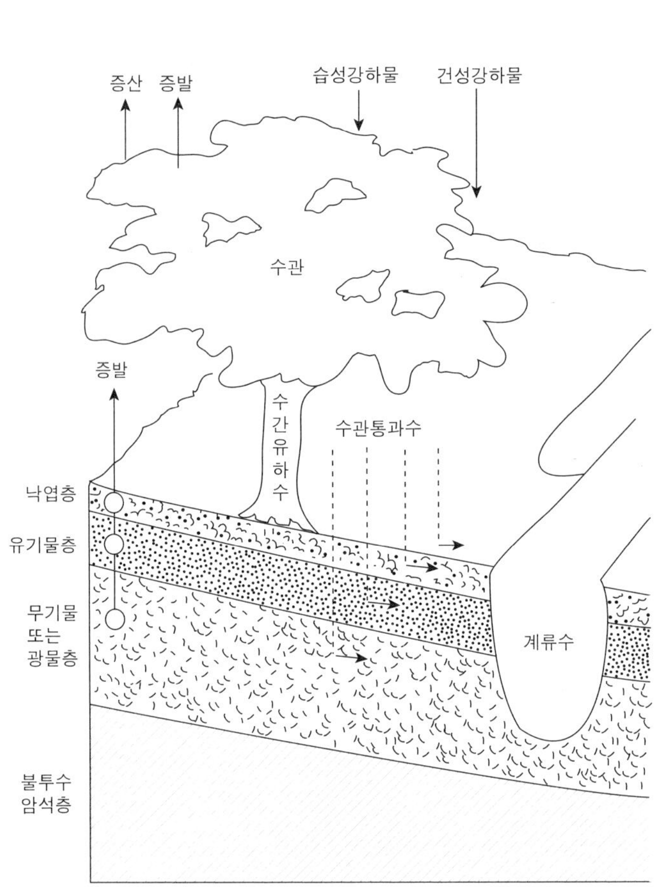

그림 1-4. 숲의 수관, 수관통과수 및 수간유하수.

부분은 수관을 구성하는 잎과 가지를 적시고 땅에 떨어지며, 일부는 줄기를 적시면서 내려온다. 수관을 통과해 땅에 떨어지는 빗물을 수관통과수(throughfall)라 하고, 줄기를 타고 내려오는 빗물을 수간유하수(stemflow)라 하며, 이 둘을 합한 것을 총수관통과수(total throughfall)라고 한다(그림 1-4). 총수관통과수의 성분 농도는 빗물보다 훨씬 높아진다.

나무의 수관이나 줄기에는 먼젓번에 내린 비와 이번에 내린 비 사이의 청명한 기간에 공기 중의 건성강하물이 묻어 있다가 이것이 빗물이나 안개

표 1-2. 독일에서 숲 밖의 빗물(임외우)과 수관통과수 사이의 주요 이온 농도 비교(5). 단위는 kg · ha^{-1}

장소와 환경조건	수종/수령	숲 밖의 빗물(임외우)			수관통과수		
		H^+	SO_4^{2-}-S	Ca^{2+}	H^+	SO_4^{2-}-S	Ca^{2+}
Luneberg, 표고 500m 강수량 800mm pH 4.26	참나무/105년생	0.8	23.4	10	1.3	50.3	24.1
	소나무/100년생	0.8	23.4	10	3.1	85.2	32.5
Solling, 표고 500m 강수량 1,030mm pH 4.11	너도밤나무/138년생	0.4	16.9	5	0.5	28.6	12.8
	가문비나무/103년생	0.4	16.9	5	1.0	36.0	17.4
Harz 표고 700m 강수량 1,270mm pH 4.17	독일가문비/40년생	0.3	22.4	6.4	0.4	42.7	19.8

주: 이온 농도는 측정 장소, 수종 및 수령에 따라 달라진다.

에 씻겨 내리기 때문에 숲 밖의 빗물(임외우)보다 수관통과수의 성분 농도는 대단히 높아진다. 특히 고립된 나무나 숲 변두리에 서 있는 나무의 수관에는 건성강하물이 많이 묻어 있다. 표 1-2는 빗물(임외우)과 수관통과수의 주요 이온 농도를 비교한 것이다(5). 수관통과수는 특히 빗물보다 수소이온(H^+)과 황산이온(SO_4^{2-})을 많이 함유하기 때문에 산도가 높아진다.

안개가 많은 스웨덴의 한 삼림에서는 숲속으로 유입하는 대기강하물의 67%가 수관통과수를 거치고, 33%가 안개 · 박무를 거친다고 한다(8).

빗물이 잎 표면을 적시면 증발산(evapotranspiration)[6)]을 하므로 그 성분이 농축된다. 침엽수림, 활엽수림 또는 초원과 같이 다른 종류의 식생은 수관의 구조, 잎의 구조와 기능, 기후조건이나 계절변화 및 증발산량이 다르므로 잎 표면에 간직되어 있는 물질의 농도가 각각 다르다. 그림 1-5는

6) 증발(evaporation)과 증산(transpiration)을 합한 말로 단위면적 내의 숲 토양에서 일어나는 증발량과 수관에서 일어나는 증산량을 합한 물의 소실량.

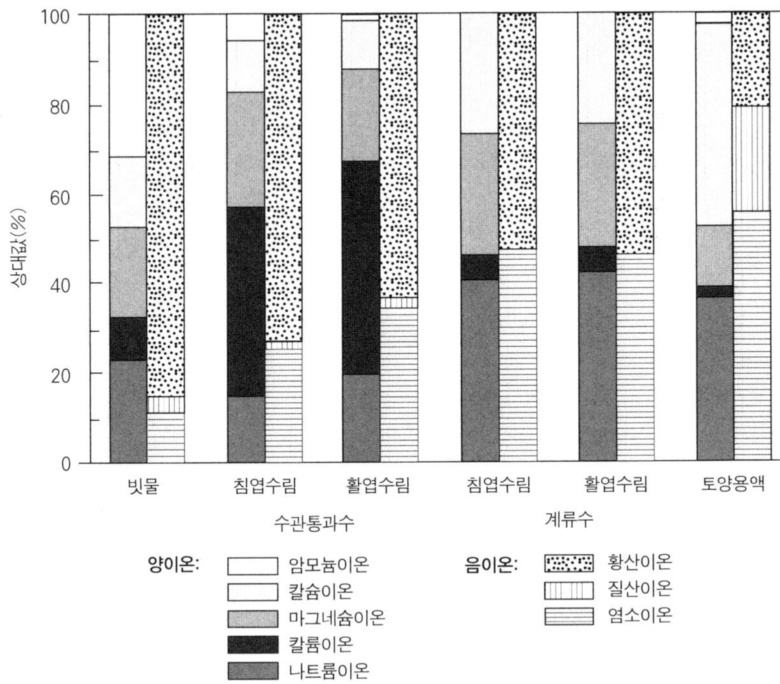

그림 1-5. 광릉시험림에서 침엽수림과 활엽수림의 빗물, 수관통과수, 계류수 및 토양용액의 이온 조성 비교(1).

광릉시험림의 빗물, 수관통과수, 계류수(유출수) 및 토양용액의 화학조성을 상대 값으로 비교한 것이다(1). 이들 네 가지 구성원은 이온의 상대 값이 다르지만 이온조성은 거의 같다.

빗물의 일부는 수간유하수를 거쳐 토양으로 내려온다. 수간유하수의 양은 나무줄기의 굵기와 높이 및 강수강도에 따라 크게 달라진다. 수간유하수는 수관통과수보다 비록 양은 적지만 산도와 이온 농도가 대단히 높다. 삼림토양에 유입되는 산의 절반 정도는 수간유하수를 거쳐서 내려오므로 나무 그루터기 근처의 토양은 심하게 산성화된다.

목본식물의 식물체에 간직된 무기영양소 농도는 수관통과수의 성분에 영향을 미친다. 예를 들면, 질소가 결핍된 나무의 수관통과수는 빗물보다 산도가 훨씬 높고, 질소를 많이 지닌 나무의 수관통과수는 산도가 낮을 뿐 아니라 수관에서 암모늄의 흡수량이 적어진다(11).

한편 침엽수림에서 수관통과수의 황산이온 중 6% 또는 250%가 잎에서 스며 나온다는 사실이 동위원소 실험으로 밝혀졌다(10). 그리고 황산화물로 심하게 오염된 대기 중에서는 수관통과수에 포함된 황산이온의 절반 이상이 잎에서 세탈되는 것으로 알려져 있다(13).

인용문헌

(1) 유영한. 1994. 광릉의 활엽수림과 침엽수림 소유역 생태계 내 무기영양소의 유입과 유출. 서울대학교 박사학위논문. p. 142.

(2) 한진석, 서충열, 공부주, 홍유덕, 이상덕, 최진수, 안준영, 이석조, 이덕길. 2003. 산성강하물(습성강하물) 모니터링, 한반도 산성강하물 평가와 영향조사(V). 국립환경연구원. pp. 1-110.

(3) Aikawa, M., T. Hiraki, M. Shoga and M. Tamaki. 2001. Fog and precipitation chemistry at Mt. Rokko in Kobe, April 1997-March 1998. Water Air Soil Poll. 130: 1517-1522.

(4) Barret, C.F., D.H.F. Atkins, J.N. Cape, J. Crabtree, T.D. Davies, R.G. Derwent, B.E.A. Fisher, D. Fowler, A.S. Kallend, A. Martin, R.A. Seriven and J.G. Irwin. 1987. Acid deposition in the United Kingdom. Second Report of the UK Acid Rain Review Group. Department of the Environment, U.K.

(5) Bredemeier, M. 1988. Forest canopy transformation of atmospheric deposition. Water Air Soil Poll. 40: 121-138.

(6) Carmichael, G.R., M. Ferm, S. Adikary, J. Ahmad, M. Mohan, M.-S. Hong, L. Chen, L. Fook, C.M. Liu, M. Soedomo, G. Tran, K. Suksomsank, D. Zhao, R. Arndt and L.L. Chen. 1995. Observed regional distribution of sulfur dioxide in Asia. Water Air Soil Poll. 85: 2289-2294.

(7) Carmichael, G.R., H. Hayami, G. Calori, I. Uno, S.Y. Cho, M. Engardt, S.-B. Kim, Y. Ichikawa, Y. Ikeda, H. Ueda and M. Amann. 2001. Model intercomparison of long range transport and sulfur deposition in East Asia (MICA-Asia). Water Air Soil Poll. 130: 51-62.

(8) Grennfelt, P. and H. Hultberg. 1986. Effects of nitrogen deposition on the acidification of terrestrial and aquatic ecosystems. Water Air Soil Poll. 30: 945-963.

(9) Hedin, L.O., J.J. Armesto and A.H. Johnson. 1995. Patterns of nutrient loss from unpolluted, old-growth temperate forests: evaluation of biogeochemical theory. Ecology 76: 493-509.

(10) Lindberg, S.E. and C.T. Garten, Jr. 1988. Source of sulphur in forest canopy throughfall. Nature 336: 146-151.

(11) Miller, H.G. 1984. Deposition-plant-soil interactions. Phil. Trans. Roy. Soc. London. B 305: 339-352.

(12) Nam, J.-C., S.-N. Oh, J.-C. Choi, J. Kim and Y. Chun. 2001. Monitoring of acid rain over Korean peninsula. Water Air Soil Poll. 130: 433-438.

(13) Parker, G.G. 1983. Throughfall and stemflow in the forest nutrient cycle. Adv. Ecol. Res. 13: 57-133.

(14) Roberts, T.M., N.M. Darrall and P.J. Lane. 1983. Effects of gaseous air pollutants on agriculture and forestry in the UK. Adv. Appl. Biol. 9: 1-143.

02

산성강하물의 배출에서 강하까지

빗물은 대기오염물질에 의해 산성비로 된다. 대기오염물질은 주로 공장의 굴뚝이나 자동차의 배기통에서 나오는데, 공기 중에 나온 오염물질은 분산되면서 바람의 방향에 따라 먼 거리까지 수송된다. 수송되는 과정에서는 기상조건의 영향을 크게 받는다. 대기오염물질은 빗물에 녹아 산성비를 만들거나 녹지 않은 채 땅 위에 떨어진다. 처음에 녹지 않았던 오염물질이라도 수송되는 도중 산화되면 빗물에 녹게 된다. 대기오염물질이 공기 중으로 나온 다음 땅에 떨어지기까지 간단한 구획 모델부터 복잡한 수치 모델까지 다양하게 개발되어 있는 모델을 적용하고 고성능 컴퓨터를 가동하여 대기오염물질의 동태를 추정하고 있다.

2.1 산성비와 대기오염물질

앞 장에서 대기오염물질은 건성강하물과 습성강하물로 나뉘고, 그중 황산화물(SO_x), 질소산화물(NO_x) 및 염소와 같은 습성강하물은 빗방울에 녹아 산성비가 된다는 것을 알았다. 건성강하물도 원거리를 이동하면서 산화되면 빗방울에 녹아 산성비가 된다. 이렇게 보면 대기오염물질이 산성비의 전구물질이라는 것을 알 수 있다. 그래서 대기오염물질을 많이 배출하는 지역에는 산성비가 많이 내리기 마련이다.

산성비는 숲과 토양을 거쳐 흐르는 동안 토양과 물을 산성화(acidification)시킨다. 따라서 산성강하물은 궁극적으로 환경을 산성화시킨다고 말할 수 있다. 생태계에 유입된 이산화황(SO_2)과 같은 산성가스는 빗물에 적게 녹으므로 빗물의 산도를 크게 높이지 않지만 낮은 농도에서도 토양, 물, 식물, 사람 등에 큰 해를 끼친다. 이와 대조적으로 물에 잘 녹는 이산화질소(NO_2)와 같은 산성가스는 식물에 피해를 입히지 않지만 사람의 건강을 크게 해친다(제10장 물질의 부식과 사람의 건강 참조). 이처럼 산성가스와 산성비가 생태계에 미치는 영향은 다르다. 더구나 오존(O_3)이나 PAN(peroxyacyl nitrate)과 같은 2차 대기오염물질은 비록 빗물의 산도에 영향을 미치지 않더라도 생물에 심각한 피해를 입힌다.

토양, 물, 식물 및 사람은 산성비를 한두 번 맞는다 해도 표가 날 만큼 나쁜 영향이 나타나지 않지만 오랫동안 산성비에 노출되면 생태계에 서서히 피해 징후가 나타난다.

2.2 대기오염물질의 배출

화석연료를 태우는 공장이나 자동차에서 황산화물(SO_x)이나 질소산화물(NO_x)과 같은 오염물질이 대기 중으로 나오는 현상을 배출(emission)이라고 한다(그림 2-1). 황산화물은 광물의 제련과정이나 화산폭발에서도 배출되고, 습지에서 배출되는 황화수소가 이산화황으로 산화되기도 한다. 대기오염물질은 보통 대기의 혼합층(mixing layer)[1]으로 배출되는데, 그중 일부는 대류권으로 들어가고, 성층권에 있던 대기오염물질은 다시 대류권으로 내려온다(6). 따라서 일정 면적 내에서 대기오염물질의 배출량과 강하량 사

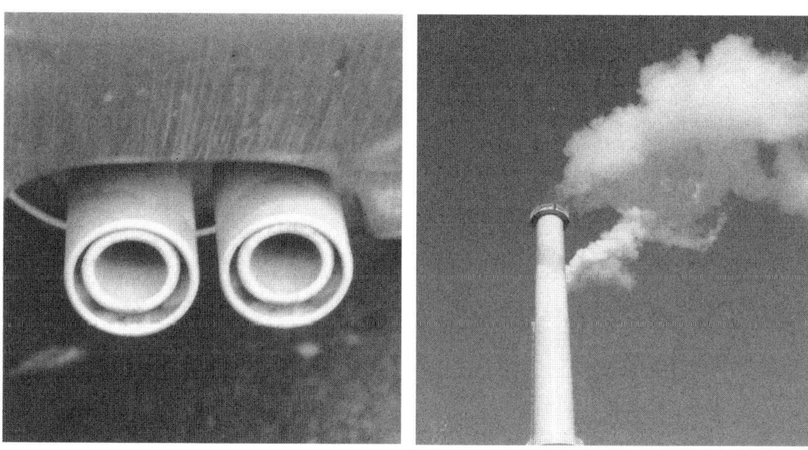

그림 2-1. 대기오염물질을 배출하는 자동차 배기관(왼쪽)과 공장 굴뚝(오른쪽).

---

1) 지구 표면에서 약 1km 두께에 있는 잘 혼합된 공기층으로, 공기가 더워지는 낮에는 높아지고 식어지는 밤에는 낮아진다.

이에는 불균형이 생긴다.

2.3 대기세척작용

대기 중에서 비가 형성되는 과정은 0°C 이상과 그 이하에서 각각 다른 기작으로 일어난다. 0°C 이상에서는 구름의 큰 물방울이 작은 물방울을 병합하여 굵은 빗방울을 형성한다. 이렇게 생긴 비를 따뜻한 비(warm rain)라고 한다. 0°C 이하의 대기 중에서는 얼음 입자와 과냉각(supercooling)된 물방울이 공존하므로 후자에서 증발한 수증기가 전자에 응결됨으로써 얼음 입자가 점점 커져서 비나 진눈깨비로 되어 떨어진다. 이렇게 생긴 비를 찬비(cold rain)라고 한다. 따뜻한 비나 찬비는 대기 중에 있는 가스 상태의 물질을 용해하고, 입자 상태의 에어로졸은 빗방울이나 눈 조각과 관성충돌을 하거나 확산하여 빗방울에 둘러싸여 흡수된다.

대기오염물질은 구름의 물방울, 빗방울 및 얼음 조각에 흡수되어 대기 중에서 제거되므로 농도가 낮아진다. 구름 속에서 에어로졸이 응결핵으로 되어 제거되는 것을 성우제거(rainout)라 하고, 구름 밑면 이하에서 빗물에 흡수되어 제거되는 것을 세척제거(washout)라고 한다(그림 2-2). 이와 같이 대기 중에서 오염물질이 제거되는 현상을 통틀어서 대기세척작용(atmospheric scavenging effect)이라고 한다. 장마철에 빗물의 산도가 낮아지고 비가 내린 다음날 공기가 맑아지는 까닭은 대기세척작용이 일어나서 대기오염물질이 제거되기 때문이다.

대기 중의 이산화황과 질소산화물은 미량이긴 하지만 빗방울에 흡수되므로 그 농도가 낮아진다. 이러한 농도의 저하는 건성조건보다 습성조건에서 효과적으로 일어난다. 하지만 빗방울이 이산화황을 흡수하면 스스로 산

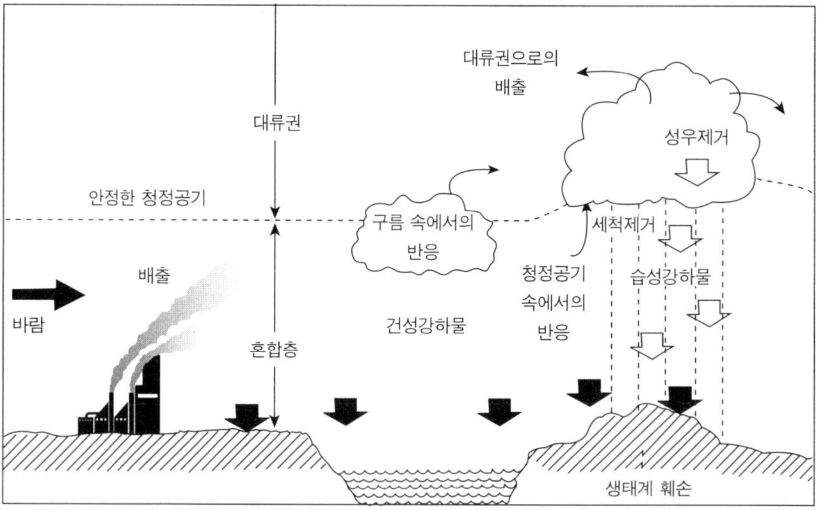

그림 2-2. 혼합층과 대류권에서 일어나는 대기오염물질의 반응. 대기오염물질은 혼합층과 대류권 사이를 이동하고, 구름 속의 성우제거와 구름 밑의 세척제거에 의해 농도가 낮아지며, 건성강하물과 습성강하물이 생태계에 강하한다.

도가 높아지므로 이산화황의 용해도가 저절로 제한된다.

2.4 대기오염물질의 산화

(1) 황산화물

대기오염물질은 먼 곳까지 대기 속을 이동하며 산화된다. 산화(oxidation)는 어떤 물질이 산소와 결합하거나 전자 또는 수소가 떨어지는 현상을 말한다. 물질의 산화는 습도와 촉매물질의 영향을 크게 받는다.

이산화황(SO_2)은, 탄산이온처럼 산성을 중화시키는 이온이 없는 대기 중에서, 먼저 삼산화황(SO_3)으로 산화되고 다음에 황산이온(SO_4^{2-})으로 산화된다. 이들 황화합물을 통틀어서 황산화물(SO_x)이라고 한다. 이산화황은 물에 극히 미량만 녹지만 삼산화황은 약간 많이 녹고 황산이온은 훨씬 많이 녹는다. 이처럼 대기오염물질은 산화될수록 물에 많이 녹는다. 따라서 빗물은 높은 농도의 황산이온이 녹아 들어가서 산성비로 된다.

청정지역에서 이산화황은 대기 중의 산화제(예: H_2O_2, O_3)에 의해 삼산화황이나 황산이온으로 산화되므로 그 자신은 농도가 낮아진다. 하지만 공업단지와 같은 오염지역에서는 산화제 농도보다 이산화황 농도가 훨씬 높기 때문에 존재하는 산화제 농도에 비례하여 이산화황 농도가 낮아지고 황산이온 농도가 높아진다(6). 배출된 이산화황은 바람 방향에 따라 이동하면서 1시간당 1-3%의 비율로 산화된다.

이 밖에 삼산화황이나 황산(H_2SO_4)은 수산기(OH^-)와 반응하여 산화되기도 한다. 하지만 이 반응속도는 빗물 속의 높은 황산이온 농도를 설명하기에는 너무 느리다. 무엇보다 중요한 점은 대기 중의 이산화황 농도가 높아짐으로써 빗물 속의 황산이온 농도가 높아지는가이다. 양자는 어느 정도 비례하지만, 공기 중의 다른 구성물질의 존재, 온도와 습도 및 강수빈도에 따라서 반응이 아주 복잡하기 때문에 짧은 시간 동안에 대기 중의 이산화황 농도가 높다고 해서 반드시 빗물의 황산이온 농도가 높아진다고 말할 수는 없다. 하지만 긴 시간에 걸쳐 이산화황이 대기 중으로 많이 배출되면 빗물의 황산이온이 높아지고, 빗물의 황산이온 농도가 높아지면 지표수의 황산이온도 높아진다(그림 7-2 참조).

(2) 질소산화물

질소산화물(NO_x) 중에서 맨 처음에 배출되는 것은 건성강하물인 일산화질소(NO)이다. 일산화질소는 이산화질소(NO_2), 질산이온(NO_3^-) 그리고 질산(HNO_3)으로 차례로 산화된다. 질산이온은 다른 질소산화물에 비해 물에 잘 녹으므로 빗물에 많이 포함된다. 그리고 대기 중의 일산화질소나 이산화질소의 농도가 높다고 해서 반드시 질산이온 농도가 높아지지는 않는다. 질소산화물은 대기 중에서 광화학반응에 의해 오존(O_3)과 같은 산화제를 생성하기 때문이다.

대기 중에서 이산화황과 질소산화물은 느리게 산화되므로 빗물 속에 일정량의 황산이온과 질산이온이 유지되려면 건조한 줄기흐름(plume)[2] 속에서 며칠 동안 노출되어야 한다. 따라서 어느 특정 지역의 빗물의 구성성분과 화학반응을 밝히는 것만으로 대기 중 오염물질의 배출원과 수송 경로를 파악하기는 어렵다(5).

대기 중 오염물질의 농도와 변환 및 화학반응을 이해하려면 대기오염물질의 물리적·화학적 동태를 파악하여 배출에서 강하까지 연결하는 모델의 개발이 필요하다(p.28, 모델의 개발 참조).

2.5 대기오염물질의 분산, 수송 및 강하

(1) 분산

대기오염물질이 대기 중에 배출되면 바람의 방향에 따라 이동하면서 오염물질의 미립자가 공기 분자 사이에 흩어지는, 이른바 분산(dispersion)이 일어난다(그림 2-3). 굴뚝과 같은 점배출원 또는 넓은 공업단지나 도시와

---

2) 지표면이 태양열을 받았을 때 생기는 부력에 의해 발생하는 제트기류처럼 연직운동을 하는 공기 덩어리.

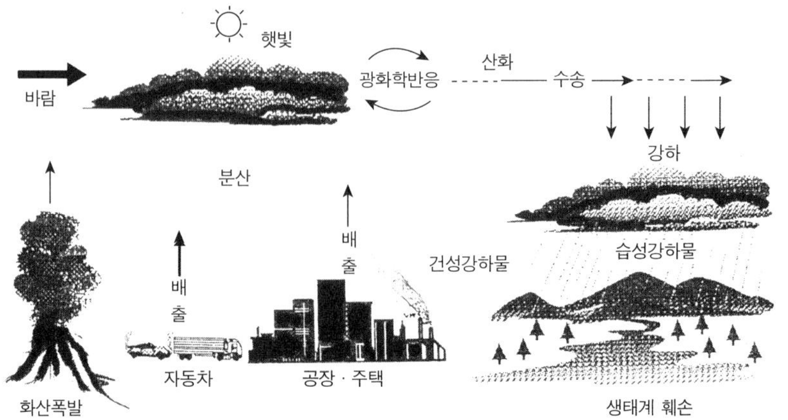

그림 2-3. 산성비의 전구물질인 황산화물과 질소산화물을 배출하는 화산, 자동차, 공장 및 주택과 배출된 대기오염물질의 분산. 산화, 광화학반응, 수송 및 강하를 나타내는 개략도.

같은 면배출원에서 나온 대기오염물질은 혼합된 대기의 경계층(boundary layer)[3]으로 들어가서 바람의 방향에 따라 수백 km의 원거리를 이동하면서 분산된다. 먼지보라(dust storm)[4]나 화산폭발에서 배출된 물질도 역시 바람의 방향에 따라 이동하면서 분산된다. 이렇게 대기오염물질은 수직 또는 수평으로 이동하는 동안 분산되어 점차 희석된다. 예를 들면, 약 220m 높이의 굴뚝에서 배출된 대기오염물질은 10-20km 거리를 이동하면서 분산되면 약 1/10,000로 희석된다(6).

(2) 수송

대기오염물질이 배출된 다음 땅 위에 떨어질 때까지의 이동과정이 수송

3) 공기와 같이 점성을 가진 유체가 이동할 때 지표면의 정지층과 유속이 가장 빠른 층 사이의 층으로, 지표면에서 약 1.5km 높이이며, 경계층 내에 공기의 혼합층이 존재한다.

4) 강한 바람과 바람의 흩어짐에 의해 지면으로부터 먼지가 공중 높이 불려 올라가는 현상.

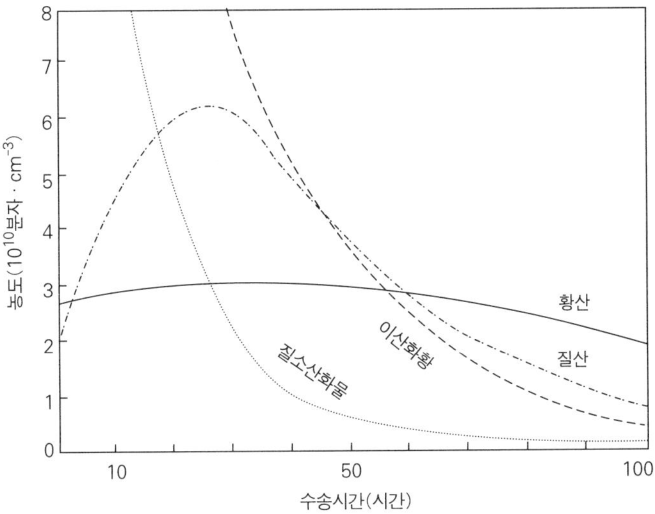

그림 2-4. 이산화황, 질소산화물, 황산 및 질산의 수송과정에서 시간 경과에 따른 농도 변화. 이 결과를 이용하여 서유럽 국가에서 배출한 이산화황의 초기 농도(2.2×10^{10} 분자 · cm^{-3}=8.8ppbv)와 질소산화물의 초기 농도(1.5×10^{11}분자 · cm^{-3}=6ppbv)를 모델에 입력하여 북유럽 국가에서의 강하량을 추정하였다(17).

(transport)이다(그림 2-3 참조). 대기오염물질은 넓은 지역에 걸쳐서 광역 수송(long-range transport)이 일어나는데, 수송되는 과정에 일부는 산화되어 빗물에 녹고 다른 일부는 땅에 떨어지며, 나머지가 수송을 계속하여 마침내 모두 떨어진다. 대기오염물질은 수송과정에서 온도, 습도, 강수량, 햇빛, 풍향과 풍속, 화학반응, 산화제, 빔닟의 주기, 이동시간(거리) 등의 변화에 따라 시시각각으로 변화된다(19).

그림 2-4는 이산화황과 질소산화물이 수송되면서 시간경과에 따라 황산과 질산으로 산화되는 과정을 나타낸 것이다(17). 이 수송과정은 제어된 실험조건에서 일어나는 화학반응, 오염물질의 배출원과 수송시간(거리)에 따른 농도 변화 및 기상자료를 근거로 하여 모델로 추정한다.

그림 2-4를 보면 이미 배출된 이산화황과 질소산화물은 20-30시간 동안

수송되었을 때 황산이나 질산보다 높은 농도를 유지하지만 100시간 뒤에는 황산이나 질산보다 더 낮은 농도로 역전된다(17). 이 연구결과는 1980년대에 서유럽에서 배출된 대기오염물질이 북유럽으로 수송되는 과정을 추정하는 데 도움을 주었다.

(3) 강하

대기오염물질이 물체의 표면에 떨어지는 현상을 강하 또는 침착(deposition)이라고 한다(그림 2-3 참조). 대기오염물질이 강하하는 범위는 좁은 국지(局地), 넓은 지역, 나아가서 지구 규모로 넓어질 수 있다. 오염물질의 강하량은 내려앉는 물체 표면의 거칠기에 따라 달라진다. 그리고 강하량은 대기오염물질의 농도와 강하속도(deposition velocity)로 계산한다.

강하물질의 종류와 강하하는 물체 표면의 거칠기가 다르면 강하속도는 크게 달라진다. 예를 들면, 잔디밭처럼 표면이 비교적 편평한 물체 표면에서 이산화황의 강하속도는 보통 0.2-1.7cm · s^{-1}(1초당 0.2-1.7cm의 속도)이지만 삼림의 수관처럼 거친 표면에서는 훨씬 빨라진다. 그리고 강하속도는 계절, 빛의 세기(햇빛은 잎의 기공의 개도에 영향을 미침), 습도(표면 습도) 등 환경요인의 영향을 크게 받는다.

대기는 줄기흐름의 경로에 따라 수송되므로 수송량은 매일매일의 기상조건에 따라 달라진다. 보통 알고 있는 것과는 달리 오염물질이 배출되는 높이는 강하에 크게 영향을 미치지 않는다. 낮은 굴뚝에서 배출된 물질은 작은 줄기흐름 내에서 초기 농도가 높아지므로 일부만 가까운 장소에 강하하고 대부분은 줄기흐름에 흡수되어 경계층 속으로 곧바로 들어가므로 마치 높은 굴뚝에서 배출된 것처럼 멀리 수송된 후 강하한다. 높은 굴뚝과 낮은 굴뚝에서 배출된 똑같은 양의 오염물질은 1,000km 정도의 먼 거리를 이동했을 때 겨우 10% 이하의 강하량 차이가 나는 것으로 추정된다.

대기오염물질의 강하는 대기조건과 물체 표면의 거칠기에 따라 달라지므로 육지와 해양 사이의 강하 차이는 삼림과 초지 사이의 차이보다 오히려 적다. 건조 기후에서 배출된 이산화황은 절반 정도가 24시간 이상 대기 중에 머무는데 그동안에 풍속이 $7m \cdot s^{-1}$(1초당 7m의 속도)인 경우 약 600km의 먼 거리를 수송하게 된다. 이처럼 배출된 오염가스와 그 반응물질은 국경을 넘어서 멀리 운반된다(6, 9). 건성강하물은 비교적 가까운 곳에 강하하고, 습성강하물은 수송하는 도중에 산화되어 빗물에 녹으므로 먼 곳에 강하한다.

(4) 굴뚝 높이의 효과

대기오염물질이 산성비로 되는 화학반응은 보통 몇 시간에서 며칠이 걸린다. 옛날에 공장의 굴뚝 높이가 낮았을 때 배출되는 오염물질은 가까운 공기 중에 머물거나 땅에 떨어져 굴뚝 가까이에 있는 생태계에 피해를 입혔다. 이러한 피해를 줄이려고 정부에서는 높은 굴뚝을 세우도록 법을 제정했고, 주민들은 오염물질이 멀리 흩어져서 문제가 없을 것이라고 안도하였다. 그러나 앞에서 설명했듯이 높은 굴뚝에서 배출된 대기오염물질은 줄기흐름에 휩쓸려서 하늘 높이 수직 상승하므로 대기 중에 머무는 시간이 길어진다(p. 24, 수송 참조). 그리고 대기 중에 머무는 시간이 길어질수록 산성비를 형성할 기회가 많아진다. 게다가 바람은 대기오염물질이 빗방울 속으로 녹아 들어간 습성강하물을 수백 km의 먼 거리로 수송한다. 그래서 오염물질을 배출했던 굴뚝에서 훨씬 먼 곳에서 산성비가 내리게 된다. 높은 굴뚝은 근거리에서 효과가 있을 뿐 원거리에서 효과가 없다.

2.6 모델에 의한 배출에서 강하까지의 전망

(1) 모델의 개발

앞에서 설명한 바와 같이 산성비를 형성하는 전구물질은 배출 → 수송 → 강하의 과정을 거친다. 이 과정을 파악하려면 모델을 개발하여 실제로 일어나는 현상을 시뮬레이션해야 한다.

유럽에서는 지난 30년 동안 국지 지역이나 각 나라에서 산성비와 관련된 대기오염물질의 배출, 수송 및 강하 사이의 변화를 시뮬레이션하는 모델을 개발해 왔다. 영국과 같은 서유럽에서 배출한 대기오염물질이 먼 거리에 있는 스웨덴이나 노르웨이와 같은 북유럽에 강하하는 재앙이 일어났기 때문이다. 마침내 1979년에 유럽의 34개국이 참여한 국제회의에서 대기오염물질의 광역수송에 관한 각국의 상충된 이해관계를 중재하기에 이르렀다(24). 이 중재 자료를 과학적으로 마련하기 위해 오스트리아의 룩셈부르크에 있는 응용시스템분석연구소(Institute for Applied System Analysis)에서 개발한 RAINS(Regional Air Pollution, Information and Simulation) 모델을 이용하여 각국의 배출량과 강하량을 추정하여 그 저감대책의 중재에 이용하였다. RAINS 모델을 이용하여 각 대륙에서 1990년에 배출한 이산화황, 질소산화물 및 암모니아의 양을 기초로 하여 2020년이나 2025년의 배출량을 전망하는 연구가 이루어졌다(1, 7, 13)(그림 3-16 참조).

아시아에서는 세계은행(IBRD)과 아시아개발은행(Asian Development Bank)에서 출자한 다국적 신용기금의 지원을 받아 아시아, 유럽 및 미국의 학자들이 아시아의 황 강하량에 대한 공동연구를 1989년부터 시작하였다(7). 이 공동연구에서는 유럽과 미국에서 좋은 성과를 거두었던 RAINS 모델을 아시아의 지형, 기후와 일기, 에너지 소비 패턴, 대기오염물질의 특성

등에 맞도록 개량한 RAINS-Asia 모델을 개발하였다(1, 7).

RAINS-Asia 모델은 아시아를 1°×1°(위도×경도) 넓이의 격자로 구획하고, 각 구획 내의 대기오염물질의 배출량과 강하량을 계산하여 지도로 나타낸다. RAINS-Asia 모델로 아시아 23개국의 1990년, 1995년 및 1997년의 이산화황과 질소산화물의 배출량이 추정되었다(7, 21)(그림 3-15와 3-17, 표 3-6 참조). 더 나아가 RAINS-Asia 모델과 UR-BAT(Urban Branching Atmospheric Trajectory) 모델을 결합하여 8km×8km 넓이의 격자 내의 배출량을 계산할 수 있도록 해상능을 높이게 되었다(18).

(2) 모델의 종류

초보자가 대기오염물질의 동태를 이해하는 데 도움을 주는 모델로는 구획 모델(compartment model)과 수치 모델(numerical model)이 있다. 간단한 구획 모델의 예를 들면, 중국과 한국을 나타내는 2개의 상자를 구획하고 그 사이를 화살표로 연결하며, 자국 내를 순환하는 화살표를 그리면 된다(그림 2-5). 그림에서 중국과 한국의 이산화황 배출량과 풍향, 풍속 등에 따라 중국에서 한국으로 수송되는 이산화황, 그리고 중국이나 한국에서 배출된 것이 다시 자국에 강하하는 현상을 한눈에 이해할 수 있다. 이처럼 구획 모델은 넓은 지역에서 일어나는 복잡한 현상을 단순화시켜서 이해하는 데 도움을 준다.

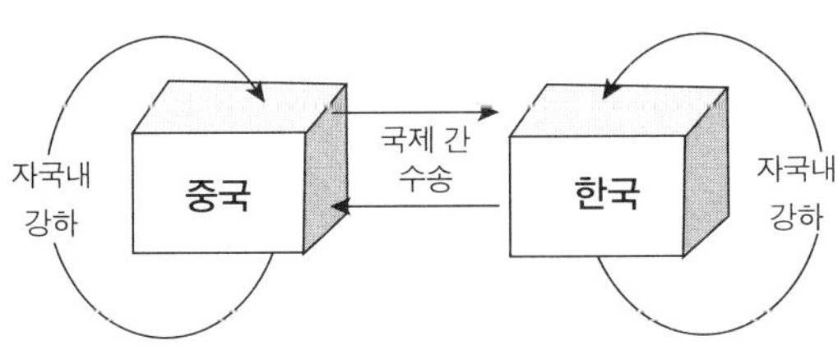

그림 2-5. 중국과 한국의 대기오염물질 배출과 양국 사이의 국제 간 수송 및 자기 나라의 배출이 각각 자국으로의 강하를 나타내는 구획 모델의 예.

정량적으로 중국에서 한국으로 수송되는 이산화황의 수송량은 수치 모델로 시뮬레이션해야 파악할 수 있다.[5] 수치 모델은 정상상태와 동적상태를 시뮬레이션하는 두 가지 모델로 크게 나뉜다.

정상상태 모델에는 정상상태질량수지(steady-state mass balance) 모델이 있다. 이 모델의 특징은 장기간(1년에서 수 년)에 걸쳐 측정한 관측치의 평균값이 시간에 따라 변화하지 않는다고 가정하고, 수식에 입력하여 계산하여 지도로 그린다. 실제로 정상상태질량수지 모델을 이용하여 한국을 11km×14km(위도×경도)로 구획하고 1994-1997년 사이에 각 구획 내의 황의 임계부하량을 계산하여 지도화한 연구가 서울대학교 지구환경과학부의 박순웅 교수팀에 의해 이루어졌다(16).

동적상태 모델(dynamic mass balance model)은 대기오염물질이 풍향과 풍속, 기온, 습도 등의 기상요인, 햇빛의 세기, 화학반응속도 등에 따라 시시각각으로 변하는 동태를 수학식에 입력하여 계산하고 지도화한다. 동적상태 모델은 장단점이 있고, 조건이 제한되어 있다. 동적상태 모델에는 배출→수송→강하의 전 과정을 모두 시뮬레이션하는 RAINS-Asia 모델(4, 7, 13, 18), 배출에 주로 적용하는 ASAM(Abatement Strategy Assessment Model) 모델(24), 수송에 주로 이용하는 RAMS(Regional Atmospheric Modeling System) 모델(13), 강하에 적합한 RADM(Regional Acid Deposition Model) 모델(2, 10, 11) 등이 개발되어 있다.

연세대학교 대기과학과에서 개발한 YU-SADM(Yonsei Univ. Sulfur Acid Deposition Model) 모델은 황의 강하를 시뮬레이션하는 특성을 갖추고 있다(3). 그리고 수송과 강하 사이를 시뮬레이션하기에 적합한 BAT

---

5) 수치 모델은 1차 또는 2차 방정식, 적분, 편미분방정식 등 수준 높은 수학과 물리학 및 화학의 지식이 요구되며, 고성능 슈퍼 컴퓨터를 작동하여 계산한다. 하지만 이 책에서는 모델의 전문 영역에 관한 설명을 생략하기로 한다.

(Branching Atmospheric Trajectory) 모델(1)이나 대기오염물질에 대한 토양, 호수 · 하천 및 생태계의 민감성을 판정하는 MAGIC(Model of Acidification of Groundwater In Catchment) 모델도 개발되어 있다(2, 10, 22, 23). 이 밖에도 동적상태 모델은 현재 수십 종류가 개발되어 있다.

한 지역 내의 대기오염물질은 모델에 따라 계산 결과가 달라질 수 있다. 중국에서 배출한 황산화물이 한국에 강하하는 양을 수치 모델로 추정하면 7.9%이고(12), BAT 모델로 추정하면 13%로 나타나는데, 한국의 강하량 13%는 중국에서 배출하는 황산화물의 1%와 맞먹는다고 한다(1). 한편 RAINS-Asia 모델로 계산한 양양(강원도)의 이산화황 강하량은 서울(수도권)에서 20%, 북한에서 30% 그리고 중국에서 20%가 수송되고 나머지는 자체에서 배출한 것으로 추정되고 있다(4).

(3) 모델에 의한 전망

모델은 과거와 현재뿐만 아니라 미래의 대기오염물질의 동태를 전망할 수 있다. 표 2-1은 RAINS-Asia 모델로 동아시아 6개국의 이산화황, 질소산화물 및 암모니아에 대해 1990년과 1995년의 배출량으로부터 2030년의 양을 전망한 결과이다(13). 미래의 배출량을 전망하기 위해서는 각국(중국의 경우 각 성)의 미래에 예상되는 인구증가, 가축 수, 산업발달, 교통량, 선박활동, 농경활동, 화력발전소의 수, 대기오염물질에 관한 규제 법령과 저감기술, 기후대, 토양과 삼림의 실태 등을 모델에 입력하여 계산한다.

RAINS-Asia 모델로 추정한 동아시아 6개국의 에너지 수요는 1990년 대비 2030년에는 147%로 크게 증가할 전망이다. 하지만 각 나라마다 대기오염물질을 저감시키기 위한 법 개정과 저감기술의 발전을 감안하여 추정하면 이산화황 배출은 1990년 대비 2030년에 46%만 증가할 전망이다. 그리고

표 2-1. RAINS-Asia 모델로 추정한 동아시아 6개국의 1990년, 1995년 및 2030년의 이산화황, 질소산화물 및 암모니아의 배출량(13). 단위는 100만 ton

국가명	이산화황(SO_2)			질소산화물(NO_x)			암모니아(NH_3)		
	1990	1995	2030	1990	1995	2030	1990	1995	2030
한국	1.7	1.1	2.1	0.8	1.3	2.5	0.1	0.2	0.2
북한	0.4	0.3	1.5	0.4	0.3	1.5	0.2	0.1	0.3
중국	20.9	23.9	30.4	7.2	9.7	14.2	9.7	11.7	19.9
일본	1.0	0.9	0.8	1.9	2.1	2.0	0.4	0.4	0.3
몽골	0.08	0.07	0.18	0.03	0.03	0.08	0.09	0.10	0.14
대만	0.5	0.4	0.8	0.4	0.5	0.9	0.1	0.2	0.2
합계	24.5	26.7	35.7	10.8	13.9	21.1	10.6	12.6	21.0

동아시아에서 1995년 이산화황 최고배출량(1°×1° 구획 내에 40만 ton 이상의 SO_2 배출)은 부산-울산(한국)과 충칭(重慶, 중국)에서 나타나고 있다.

RAINS-Asia 모델로 동아시아 6개국에서 질소산화물(NO_x)의 배출량을 추정한 결과를 보면, 1995년의 최고배출량(1°×1° 구획 내에 45만 ton 이상의 NO_x)은 부산-울산지역이고, 그 다음이 서울, 도쿄 및 상하이(25만 ton 이상)이며, 2030년의 최고배출량은 역시 한국과 중국 동부에 나타날 것으로 전망되고 있다. 그리고 아시아 6개국에서 질소산화물의 배출량은 1990년 대비 2030년에 95%에 머물고 있다(13).

RAINS-Asia 모델로 추정한 암모니아(NH_3) 배출량은 1995년에 중국 동부(1°×1° 구획 내에 10만 ton 이상의 NH_3 배출)에서 최고를 기록하고 있다. 동아시아의 암모니아 배출은 질소비료로 50% 이상의 요소나 중탄산암모늄을 시비하기 때문에 증가 일로에 있으며, 질소비료의 종류를 바꾸지 않는 한 1990년 대비 2030년에 200%로 증가할 것으로 전망되고 있다.

암모니아는 유럽에서 주로 가축농장에서 배출되는데, 우리나라는 주로 젖소와 양돈장에서, 중국은 양돈장에서, 일본은 젖소와 양계장에서 그리고 몽골은 소와 양에서 70% 이상이 배출되고 있다(13, 15, 20).

인용문헌

(1) Arndt, R.L. and G.R. Carmichael. 1995. Long-range transport and deposition of sulfur in Asia. Water Air Soil Poll. 85: 2283-2288.

(2) Beier, C., H. Hultberg, F. Moldan and R.F. Wright. 1995. MAGIC applied to roof experiments (Risdalsheia, N; Gårdsjön, S; Klosterhede, DK) to evaluate the rate of reversibility of acidification following experimentally reduced acid deposition. Water Air Soil Poll. 85: 1745-1751.

(3) Carmichael, G.R., H. Hayami, G. Calori, I. Uno, S.Y. Cho, M. Engardt, S.-B. Kim, Y. Ichikawa, Y. Ikeda, H. Ueda and M. Amonn. 2001. Model intercomparison study of long range transport and sulfur deposition in East Asia (MICS-Asia). Water Air Soil Poll. 130: 51-62.

(4) Carmichael, G.R., M. Ferm, S. Adikary, J. Ahmad, M. Mohan, M.-S. Hong, L. Chen, L. Fook, C.M. Liu, M. Soedomo, G. Tran, K. Suksomsank, D. Zhao, R. Arndt and L.L. Chen. 1995. Observed regional distribution of sulfur dioxide in Asia. Water Air Soil Poll. 85: 2289-2294.

(5) Clark, P.A., B.E.A. Fisher and R.A. Scriven. 1986. The wet deposition of sulphate and its relationship to sulphur dioxide emissions. CEGB Report TPRD/L/2955/N85.

(6) Crane, A.J. and A.T. Cocks. 1987. The transport, transformation and deposition of airborne emission from power stations. CEGB Research 20: 3-15.

(7) Foell, W., C. Green, M. Amonn, S. Bhattachary, G. Carmichael, M. Chadwick, S. Cinderby, T. Haugland, J.-P. Hettelingh, L. Hordijk, J. Kuylenstierna, J. Shah, R. Shrestha, D. Streets and D. Zhao. 1995. Energy use, emissions, and air pollution reduction strategies in Asia. Water Air Soil Poll. 85: 2277-2282.

(8) Galloway, J.N. 1995. Acid deposition: perspective in time and space. Water Air Soil Poll. 85: 15-24.

(9) Goldsmith, R.A., F.B. Smith, W. Foell, C. Green and M.A. Tuck. 1984. Atmospheric transport and deposition. Phil. Trans. Roy. Soc. London. B 305: 259-279.

(10) Hao, J., X. Ye, L. Duan and Z. Zhou. 2001, Calculating critical loads of sulfur deposition for 100 surface waters in China using the MAGIC model. Water Air Soil Poll. 130: 1157-1162.

(11) Hayami, H. and Y. Ichikawa. 2001. Sensitivity of long-rang transport of sulfur

compounds to vertical distribution of sources. Water Air Soil Poll. 130: 283-288.

(12) Huang, M., Z. Wang, D. He, H. Xe and L. Zhou. 1995. Modeling studies on sulfur deposition and transport in East Asia. Water Air Soil Poll. 85: 1921-1926.

(13) Klimont, Z., C.W. Schöpp, M. Amonn, D.G. Streets, Y. Ichikawa and S. Fujita. 2001. Projections of SO_2, NO_X, NH_3 and VOC emissions in East Asia up to 2030. Water Air Soil Poll. 130: 193-198.

(14) Kulyenstierna, J.C.I., W.K. Hicks, S. Cinderby, H.W. Vallack and M. Engardt. 2001. Variability in mapping acidification risk scenarios for terrestrial ecosystems in Asian countries. Water Air Soil Poll. 130: 1175-1180.

(15) Lee, Y.-H. and S.-U. Park. 2002. Estimation of ammonia emission in South Korea. Water Air Soil Poll. 135: 23-37.

(16) Park, S.-U. and Y.H. Lee. 2001. Estimation of the maximum critical load for sulfur in South Korea. Water Air Soil Poll. 130: 1145-1150.

(17) Rodhe, H, P. Crutzen and A. Vanderpol. 1981. Formation of sulfuric and nitric acid in the atmosphere during long-range transport. Tellus 33: 132-141.

(18) Shah, J.J., T. Nagpal, T. Johnson, J. Li and C. Peng. 2001. RAINS-Asia model application to China: policy implications for sulfur control. Water Air Soil Poll. 130: 235-240.

(19) Slinn, W.G.N. 1982. Estimates for the long-range transport of air pollution. Water Air Soil Poll. 18: 45-64.

(20) Sommer, S.G. and N. Hutchings. 1995. Techniques and strategies for the reduction of ammonia emission from agriculture. Water Air Soil Poll. 85: 237-248.

(21) Streets, D., M. Tsai, H. Akimoto and K. Oka. 2001. Trends in emission of acidifying species in Asia, 1985-1997. Water Air Soil Poll. 130: 187-192.

(22) Tao, F. and Z. Feng. 2000. Terrestrial ecosystem sensitivity to acid deposition in South China. Water Air Soil Poll. 118: 231-243.

(23) Tao, F. and Z. Feng. 2001. Critical loads of acid deposition for ecosystems in South China derived by a new method. Water Air Soil Poll. 130: 1187-1192.

(24) Warren, R. and H. ApSimon. 2000. Selection of target loads for acidification in emission abatement policy: the use of gap closure approaches. Water Air Soil Poll. 121: 229-258.

03

산성비의 실상

수소이온을 많이 지니고 있는 빗물을 뜻하는 산성비라는 말은 19세기 중엽에 한 화학자에 의해 지어졌다. 서울을 비롯하여 우리나라 대부분의 지역에는 산성비가 내린다. 언제부터 우리나라에 산성비가 내렸는지는 확실하지 않지만 1980년대에 농촌에서는 깨끗한 비가 내렸고 1990년대 들어 산성비가 내렸다. 전 세계적으로 산성비가 내리지 않는 지역보다 내리는 지역이 더 많다. 과거에 산성비가 내렸던 유럽이나 미국 북동부 지역에서는 이제 산성비가 적게 내리게 되었지만 아시아에서는 점점 더 심해지고 있어 산성비는 아시아 인들이 고민해야 할 환경문제로 떠올랐다. 다만 산성비가 많이 내렸던 중국이 1997년부터 약간 감소하는 경향이 나타났으므로 다소 희망이 보인다.

3.1 산성비라는 말

석탄을 태워 물을 끓일 때 나오는 수증기로 증기기관을 돌리는 기술이 발명되면서 큰 공장을 짓고 수증기를 이용해 큰 방직기계를 돌릴 수 있었다. 이것이 1850년경 영국에서 먼저 시작되었던 산업혁명이다. 영국의 화학자 Angus Smith는 석탄을 연료로 사용하는 공장 주변에서 이상한 냄새가 코를 찌르고 눈물이 쏟아지는 것에 관심을 가지고 공장 주변의 공기와 빗물을 연구하게 되었다. 공장 주변과 교외 또는 농촌의 빗물 성분이 각각 다르다는 사실을 발견한 Smith는 공장 주변에 내리는 비를 가리켜 산성비(acid rain)라는 말을 처음으로 사용하고, 산성비의 무서운 영향에 대해 경고하였다(22). 하지만 이런 경고에 귀를 기울이는 사람은 없었고 물론 대책을 세우지도 않았다. 그 후 런던 등의 공업지대에서는 1년 내내 스모그가 발생하는 것이 예사였고 런던 스모그라는 명예롭지 못한 명성을 얻게 되었다.

3.2 산성비란 무엇인가?

산성비는 황산화물(SO_X)이나 질소산화물(NO_X)과 같은 대기오염물질과 깊은 관계가 있다. 화력발전소나 공장, 가정, 자동차, 버스, 비행기 등에서 발생하는 대기오염물질에는 산성비를 만드는 성분이 들어 있다.

산성비는 공기 중에서 황산화물이나 질소산화물이 산화된 뒤 빗물에 녹아서 형성된다. 이렇게 해서 생긴 물질이 황산과 질산의 엷은 용액이다. 게다가 햇빛은 이 반응을 아주 빠르게 일으킨다. 아주 엷은 황산과 질산을 품은 비, 눈 및 안개는 정상 빗물보다 산도가 높다. 공기 중에서 빗방울에 이산화탄소가 녹아 들어가는 경우에도 산도가 높은 빗물이 된다. 이 밖에도 공기 중에서 저절로 생긴 산성물질(염산)이 녹으면 빗물의 산도가 높아지고, 염기성 양이온(칼슘이온)이 녹으면 산도가 낮아진다. 앞서 설명했듯이 습성강하물만이 산성비를 만드는데(p. 8, 건성강하물과 습성강하물 참조), 비가 내리면 식물이나 건축물 등에 묻어 있던 건성강하물도 빗물에 씻겨 내려서 땅 위를 흐르는 물은 산도가 높아진다.

산성비는 바닷물에서 날아온 염소나 화산폭발 또는 온천에서 나오는 이산화황에 의해서도 생긴다. 하지만 이러한 자연의 산성물질은 해당 지역 내에 한정될 뿐 전 세계에 영향을 미치는 일이 드물다.

3.3 pH를 측정하는 잣대

(1) 산성과 염기성

용액은 산성(acid)과 염기성(base: 또는 알칼리성)이라는 두 극단의 성질을 지니고 있으며, 산성과 염기성을 섞으면 두 극단의 성질이 사라진다. 산성과 염기성을 똑같은 분량으로 섞으면 중성(neutral)이 된다. 화학물질이 얼마나 산성이고 얼마나 염기성인가를 나타내는 잣대는 pH 단위이다.

(2) pH 단위

아주 순수한 물은 중성이다. 그런데 순수한 물이라도 물분자(H_2O)는 수소이온(H^+)과 수산이온(OH^-)으로 조금씩 나누어져 있다. 즉 깨끗한 물 1L 속에는 1,000만 분의 1몰(mole)의 수소이온(H^+)과 수산이온(OH^-)이 들어 있다. 바꾸어 말하면 1,000만 L의 증류수 속에 H^+와 OH^-가 각각 1g과 17g씩 들어 있는 셈이다. 1몰의 수소이온은 1g이고, 수산이온은 17g이다. 화학식으로 나타내면 $[H^+]$와 $[OH^-]=1.0\times10^{-7}$몰씩 들어 있다.

용액의 pH 단위는 수소이온 농도를 log의 음수(−)로 바꾼 값이다.[1)] 예를 들면, 약간 신맛이 나는 오렌지주스의 수소이온 농도가 0.03몰일 때 그 농도를 10^{-3}몰로 표시하거나 pH 3.0으로 나타낸다.

pH는 용액의 산도(acidity)를 측정하는 잣대이다. 이 잣대는 pH 1.0(극산성)에서 pH 14.0(극염기성)의 범위를 갖는다(그림 3-1). 수소이온과 수산이온이 각각 1,000만 분의 1몰씩 똑같은 농도로 들어 있는 물은 pH 7.0이며 중성이다. 물은 수소이온이 많으면 수산이온이 적어지고, 반대로 수소이온이 적으면 수산이온이 많아진다. 수소이온이 수산이온보다 많은 물은 산성이며, 수산이온이 수소이온보다 많은 물은 염기성(알칼리성)이다. 산성

---

1) $pH = -\log[H^+] = \log 1/[H^+]$

연습 (1) 수소이온(H^+)의 농도가 1L당 1.92×10^{-5}몰인 용액을 pH 단위로 바꾸려면,

$$\begin{aligned} pH &= -\log[H^+] \\ &= -\log 1.92\times10^{-5} \\ &= 5 - \log 1.92 \\ &= 5 - 0.28 = 4.72 \end{aligned}$$

연습 (2) pH 7.36인 용액의 수소이온 농도를 계산하려면,

$$\begin{aligned} [H^+] &= \text{antilog} -7.36 \\ &= \text{antilog}\ \bar{8}.6\overset{+}{4} \\ &= 4.37\times10^{-8}\ \text{몰}\cdot L^{-1} \end{aligned}$$

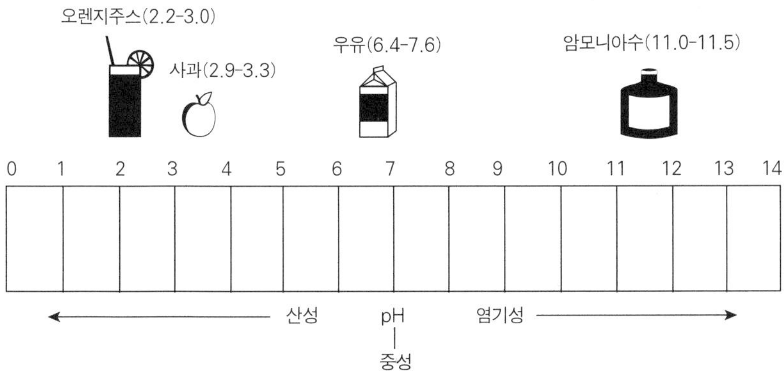

그림 3-1. pH 단위와 흔히 이용하는 산성 또는 염기성 물질의 pH 범위.

용액은 pH 6.0에서 pH 1.0의 범위에 있고, 염기성용액은 pH 8.0에서 pH 14.0의 범위로 표시한다. pH가 낮을수록 산도가 높아지고 pH가 높을수록 염기성이 높아지는 것이다. pH는 power of Hydrogen의 약자로서, 1909년에 Sørensen이라는 덴마크의 생물화학자가 창안하였다.

앞에서 설명한 바와 같이 pH 단위는 수소이온〔H^+〕 농도의 (−)log로 나타내기 때문에 수소이온 농도가 0.1μeq · L^{-1}(= pH 7.0)와 1.0μeq · L^{-1}(= pH 6.0)는 10배의 차이가 나지만 pH 단위로는 pH 1.0 단위의 차이밖에 나지 않는다. 이와 마찬가지로 pH 5.0과 pH 4.0 사이의 차이는 수소이온 농도로 10μeq · L^{-1}와 100μeq · L^{-1}의 큰 차이가 나므로 생태학적 의의는 매우 크지만 pH는 역시 1.0 단위의 작은 차이뿐이다. 그래서 생명체가 감각하는 수소이온을 pH 단위로 정밀하게 나타내기는 매우 어렵다.

그림 3-1에서 보는 바와 같이 우리가 즐겨 마시는 오렌지주스는 pH 2.2-3.0이고 사과즙은 pH 2.9-3.3이며 요리에 쓰이는 식초는 pH 3.0 정도이다. 이것들은 산성이므로 신맛이 난다. 극단적인 산성물질은 자동차 배터리 속에 들어 있는 용액(황산)이다. 우유는 pH 6.4-7.6의 중성이므로 신맛이 나

지 않는다. 한편 빵을 반죽하기 전에 뿌리는 중조(중탄산소다)는 pH 8.2 정도이고, 벌에 쏘였을 때 바르는 암모니아수는 pH 11.0-11.5의 염기성이다.

앞에서 설명한 바와 같이 순수한 증류수는 수소이온과 수산이온이 같은 몰 수 만큼 들어 있으므로 pH 7.0의 중성이다. 하지만 이러한 물은 화학적 개념으로만 존재할 뿐이다. 실제로 20°C, 1기압에서 순수한 물(증류수)은 공기 중의 이산화탄소(CO_2)를 흡수하므로 pH 5.6 정도의 약산성을 띠게 된다.

서울의 빗물은 1980년부터 1999년 사이에 연평균 pH 4.5로 산성을 나타내었다. 한때 유럽이나 북미 대륙의 공업지대에서는 서울보다 빗물의 산도가 약 10배나 높아서 pH 3.5를 기록한 일도 있었다. 하지만 농촌지역에서는 보통 pH 4.5-7.2의 범위를 유지한다(그림 3-12 참조).

3.4 산성비의 화학성분

(1) 산성비 속의 이온들

물에 녹는 염기성 화합물이 빗물에 녹으면 음이온과 양이온으로 나누어진다. 음이온은 전자를 얻어 음전하(−)를 띠는 이온이고 양이온은 전자를 잃어 양전하(+)를 띠는 이온이다. 음이온이 많은 빗물은 산도가 높아지고(pH가 낮아지고), 양이온이 많은 빗물은 산도가 낮아진다(pH가 높아진다).

우리나라의 빗물 속에는 산도와 관련된 9가지 이온이 들어 있다(표 3-1). 산성비 속에는 황산이온(SO_4^{2-}), 질산이온(NO_3^-) 및 염소이온(Cl^-)의 3가지 음이온이 들어 있고, 수소이온(H^+), 나트륨이온(Na^+), 칼륨이온(K^+), 마그네슘이온(Mg^{2+}), 칼슘이온(Ca^{2+}) 및 암모늄이온(NH^{4+})의 6가지 양이온이 들

표 3-1. 한국의 빗물에 들어 있는 음이온과 양이온

구분	이온의 이름	화학기호
음이온	황산이온 질산이온 염소이온	SO_4^{2-} NO_3^- Cl^-
양이온	수소이온 나트륨이온 칼륨이온 마그네슘이온 칼슘이온 암모늄이온	H^+ Na^+ K^+ Mg^{2+} Ca^{2+} NH_4^+

어 있다.

(2) 음이온과 양이온

음이온은 수소이온과 결합하면 강산(strong acid)이 된다. 그림 3-2는 빗물 속의 강산인 황산(H_2SO_4), 질산(HNO_3) 및 염산(HCl)과 염기성인 마그네슘(Mg), 칼슘(Ca) 및 암모니아(NH_3)를 나타낸다. 이 밖에 빗물에는 나트륨(Na), 칼슘(Ca) 등의 먼지 성분이 포함되기도 한다.

빗물의 음이온과 양이온의 농도를 막대그래프로 나타내면 여러 지역의 빗물의 산도를 비교할 수 있다. 그림 3-3은 빗물의 이온 농도에 대해 대도시인 서울과 공기가 맑은 고성(강원도), 전국 33곳의 평균을 비교한 것이다. 그림에서 서울이 고성보다 막대그래프의 길이가 훨씬 긴 것으로 보아 서울이 고성보다 빗물의 이온 농도가 높음을 알 수 있다. 한편 빗물의 총음이온 농도와 총양이온 농도를 비교하면 새로운 사실을 알 수 있다. 서울 빗물의 총음이온 농도($128\mu eq \cdot L^{-1}$)는 총양이온 농도($142\mu eq \cdot L^{-1}$)보다 낮고, 전국 33곳에서 받은 빗물의 평균 총음이온 농도($116\mu eq \cdot L^{-1}$)는 총양이온 농

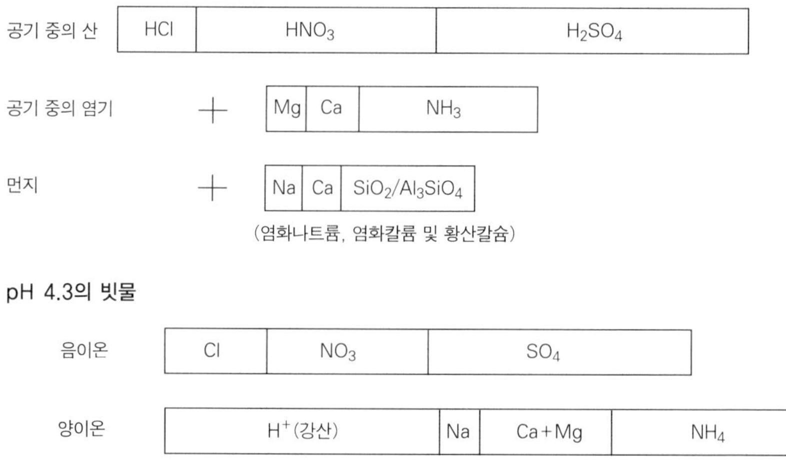

그림 3-2. 산성비의 원인물질과 산성빗물(pH 4.3) 속의 음이온과 양이온.

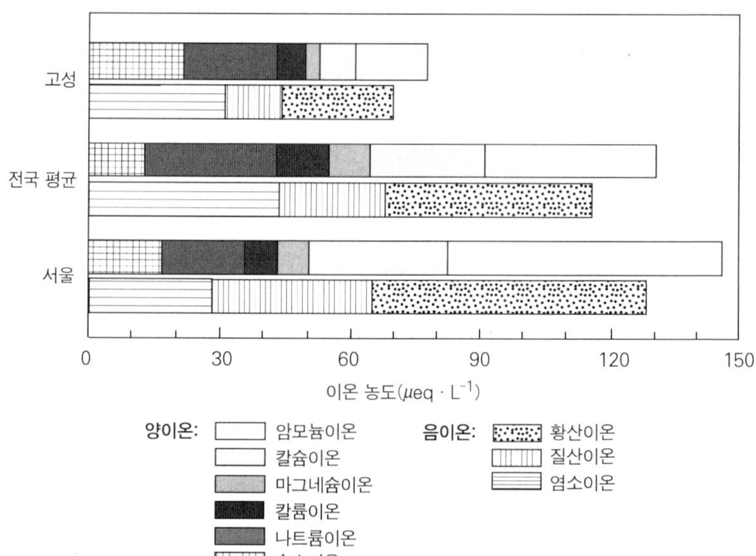

그림 3-3. 서울과 한국 33곳의 평균 및 고성(강원도)에서 받은 빗물의 양이온(위)과 음이온(아래)의 농도 비교.

도(130μeq · L^{-1})보다 낮으며, 청정지역인 고성의 총음이온 농도(70μeq · L^{-1})도 총양이온 농도(78μeq · L^{-1})보다 낮다. 이처럼 양이온에 비해 음이온이 적은 빗물은 산도가 낮아지는(pH가 높아지는) 경향이 있다. 음이온이 많으면 pH가 낮아지고 양이온이 많으면 pH가 높아지기 때문이다.

(3) 황산이온

빗물 속에 들어 있는 황산이온(SO_4^{2-})은 석유나 석탄 또는 생물체를 태울 때 황(S)이 산화되어 배출된 가스, 곧 이산화황(SO_2)에서 생긴다. 이산화황은 고약한 냄새를 풍기는 기체로 눈물이 나고 목을 자극하며 시계를 차단하여 시정(visibility)을 단축시키고 식물과 사람에 큰 피해를 입힌다(제10장 물질의 부식과 사람의 건강 참조).

이산화황은 공기 중에서 삼산화황(SO_3)을 거쳐 황산(H_2SO_4)이 형성된다. 황산은 빗물에 빠르게 녹아서 황산이온(SO_4^{2-})과 수소이온(H^+)으로 해리되므로 빗물을 산성화시킨다(p. 21, 황산화물 참조).

서울 대기의 이산화황 농도는, 그림 3-4에서 보는 바와 같이, 1996년에 0.013ppm에서 2001년 이후 0.005ppm으로 유지되어 1996-2005년의 10년간 1년에 평균 약 8%씩 감소되었다(17). 다행히 우리나라의 다른 도시들도 서울과 비슷하게 대기 중의 이산화황 농도가 낮아지고 있고 우리나라의 이산화황 배출량은 연 2%씩 감소되고 있다(31).

이렇게 이산화황 농도가 낮아지는 원인은 황이 포함된 구공탄을 적게 피우고 원유를 정제할 때 황을 뽑아내서(탈황) 저황 휘발유를 사용하며 화력발전소에서 석탄 대신 황이 없는 천연가스를 사용하고 핵발전을 하는 것과 관계가 있다. 그리고 뒤에 설명할 예정인 배출량 규제법의 시행으로 효과를 보고 있다(p. 60, 이산화황 배출의 전망 참조).

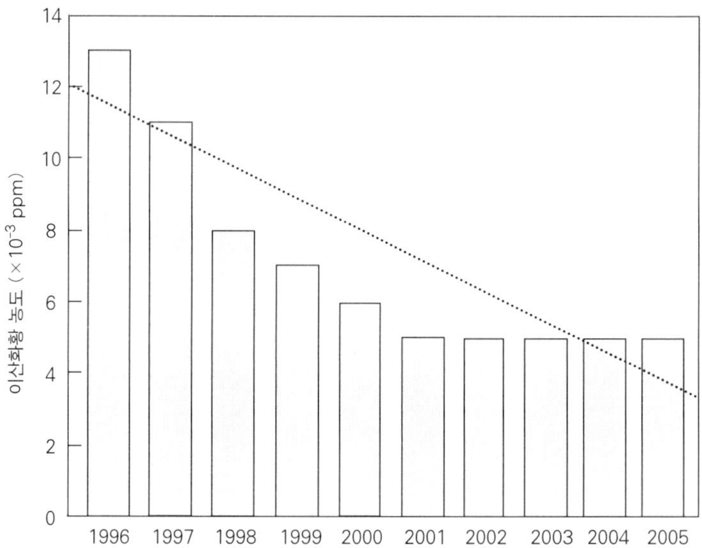

그림 3-4. 서울 대기 중의 이산화황 농도의 연도별(1996-2005년) 변화. 이산화황 농도는 1년에 약 8%씩 감소되고 있다(17).

(4) 질산이온

대기 중의 질산이온(NO_3^-)은 복잡한 경로를 거쳐 빗물을 산성화시킨다. 질소산화물은 주로 물질을 고온으로 연소하는 내연기관에서 공중질소(N_2)와 산소(O_2)가 결합하여 일산화질소(NO)나 이산화질소(NO_2)로 산화될 때 배출된다. 이 밖에 삼산화질소(NO_3), 무수질산(N_2O_5) 등이 형성되기도 한다. 질소산화물은 온도가 높고 연소하는 물질의 질소 함량이 많을수록 많이 배출된다. 그리고 질소산화물은 토양에서 배출되거나 대기질소(N_2)가 오존(O_3)이나 수산기(OH^-)와 반응하여 형성되기도 한다(그림 6-10 참조).

지구상의 질소순환은 세균에 의한 질소고정, 생물학적 환원에 의한 암모니아 생성, 탈질작용에 의한 질소산화물로부터의 질소가스 배출 등에 의해 평형이 이루어지고 있다. 하지만 인간활동에 의한 질소산화물의 배출로 말미암아 질소순환의 평형이 깨지는 경향이 있다.

지구상의 질소순환은 정량적으로 정확히 밝히기 어렵다. 왜냐하면 농경활동에 의해 질소배출량이 크게 증가하고, 육지에서 하구를 거쳐 해양으로 유출되는 질소량을 정확히 정량하지 못하며, 물질의 연소에서 오는 질소산화물이 점점 증가하기 때문이다. 더구나 지구상의 질소순환은 자연에 의한 순환과 인간활동에 의한 순환을 구분하기가 매우 어렵다.

서울 대기의 이산화질소 농도는, 그림 3-5에서 보는 바와 같이, 1996년에 0.033ppm이었는데 2003년에 0.038ppm으로 연평균 약 5%씩 증가하고, 다른 도시들도 증가하는 추세에 있다(17). 이산화질소(NO_2)는 햇빛을 받았을 때 광화학반응을 일으켜서 오존(O_3)을 형성하여 생물에 해를 끼친다. 서울과 같은 대도시에서 여름의 청명한 날 오전에 오존 경보가 내리는 원인은 출근시간에 자동차에서 뿜어내는 높은 농도의 이산화질소가 광화학반응을 일으킨 탓이다(제10장 물질의 부식과 사람의 건강 참조). 현재와 같이 서울에서 이산화질소가 증가한다면 오존 경보는 더 자주 내릴 것으로 전망된다.

우리나라의 질소산화물 배출량은 연 5%씩 증가하고 있다(31). 그 원인은

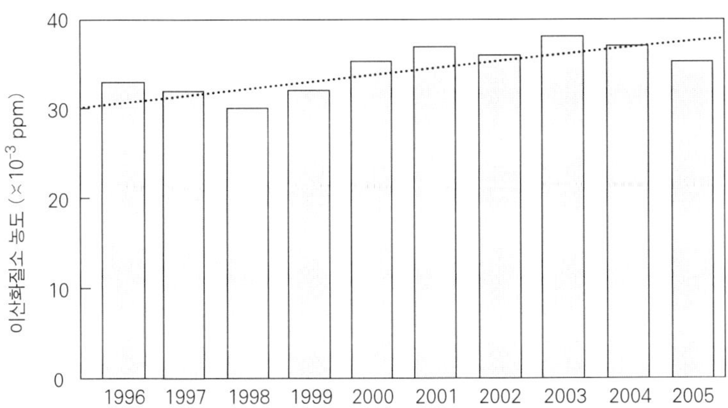

그림 3-5. 서울 대기 중의 이산화질소 농도의 연도별(1996-2005년) 변화. 이산화질소 농도는 연평균 약 5%씩 증가하고 있다(17).

자동차 수와 에너지 소비의 증가에 있을 것이다. 지금까지의 산성비는 높은 이산화황 농도가 문제였는데 앞으로는 이산화질소나 암모니아의 증가가 더 큰 문제로 자리바꿈할 것으로 보인다.

(5) 염소이온

염소이온(Cl^-)은 빗물을 산성화시키는 음이온이다. 빗물 속에 녹아 있는 염소이온은 주로 바닷물에서 기원한다. 바닷물이 바람에 날리면 그 속의 염소가 대기 중의 질산(HNO_3)이나 황산(H_2SO_4)의 미립자, 곧 에어로졸과 반응하여 염산(HCl: 염화수소)이 형성된다. 이렇게 형성된 염산은 빗방울에 녹아서 수소이온을 유리하므로 산성비로 된다. 빗물 속의 염소이온은 바다까지의 거리가 가까울수록 크게 증가한다(26)(그림 1-2 참조). 따라서 우리나라와 같은 반도나 일본과 같은 섬나라는 빗물 속에 염소가 많아서 빗물을 산성화시키는 특수한 지리적 환경에 놓여 있는 것이다. 실제로 바다에 인접한 제주, 속초, 강화 등지에서는 내륙보다 빗물의 염소이온 농도가 높아서 빗물을 산성화시키고 있다(표 3-3 참조).

(6) 양이온

빗물 속의 중요한 양이온은 수소이온(H^+), 나트륨이온(Na^+), 칼륨이온(K^+), 마그네슘이온(Mg^{2+}), 칼슘이온(Ca^{2+}) 및 암모늄이온(NH_4^+)이다(표 3-1 참조). 수소이온을 제외한 나머지 양이온들을 염기성 양이온(basic cation)이라고 한다. 앞에서 설명했듯이 염기성 양이온은 빗물 속의 음이온과 반응하여 pH를 높이는 작용을 한다(산도를 낮춘다). 예를 들면, 염소이온(Cl^-)을 함유하여 산도가 높아진 빗물이 나트륨이온(Na^+)을 흡수하면 염소와 나트륨이 결합하여 소금(NaCl)으로 중화되기 때문에 산도가 낮아진다. 하지만 수소이온은 빗물 속의 황산, 질산 및 염산에서 유리된다. 이러한 강산이 빗물에 녹아 있으면 수소이온을 유리하므로 산도가 높아지는 것이다.

표 3-2. 관악산(서울)에서 받은 빗물, 눈 및 황사와 함께 내린 빗물의 pH 비교

강수의 종류	샘플 수	pH 값
보통 빗물	211	4.28
눈을 녹인 물	24	5.00
황사 때의 빗물	4	6.23

염기성 양이온 중에서 나트륨은 염소처럼 주로 바닷물에서 날아오고, 나머지 칼륨, 마그네슘 및 칼슘의 일부도 바닷물에서 오지만, 대부분은 바람에 날린 흙먼지나 황사에서 오고 있다. 흙먼지가 날려서 눈에 섞이거나 황사현상이 심할 때 내리는 빗물 속에는 염기성 양이온이 많으므로 pH가 높아진다(7)(표 3-2). 흙이나 보통 먼지보다 황사에 염기성 양이온이 더 많이 포함되어 있다(7, 30).

(7) 암모늄이온

암모늄이온(NH_4^+)은 염기성 양이온이 아닌데도 양전하(+)를 띠므로 빗물 속에서 음이온을 중화하여 pH를 높인다. 암모늄이온은 암모니아(NH_3)에서 생긴다. 암모니아는 농경지에 질소비료를 주거나 가축농장, 재래식 화장실 등에서 휘발된다. 불결한 공중 화장실에 들어갔을 때 눈이 따갑게 느껴지는 것은 암모니아가 휘발하기 때문이다. 대기 중으로 휘발된 암모니아는 수증기와 반응하여 암모니아수(NH_4OH)로 되고, 이것은 암모늄이온(NH_4^+)과 수산이온(OH^-)으로 해리되므로 음이온을 중화하여 pH를 높인다. 그리고 대기 중에 질산(HNO_3)이나 황산(H_2SO_4)의 에어로졸이 존재할 때도 암모니아는 그것들을 중화하므로 빗물의 pH를 높인다.

암모늄이온과 암모니아는 마침내 질산이온으로 산화된다. 질산이온은

식물의 뿌리나 잎에서 흡수하는 중요한 무기영양소이다. 암모늄이온이 음이온과 결합하여 뿌리에 흡수되므로 그것에 결합되어 있던 수소이온이 뿌리 밖에 남아서 토양의 pH를 낮추게 된다(그림 4-12 참조). 한편 암모늄이온은 토양이나 물속에서 미생물에 의한 질산화작용이 일어나서 질산이온(NO_3^-)과 수소이온(H^+)이 형성되므로 pH를 낮추게 된다. 따라서 암모늄이온은 뿌리에서의 흡수와 질산화작용으로 토양이나 물을 거듭 산성화시키는 양날의 칼과 같은 존재이다.

암모니아는 대기 중에서 산성가스와 접촉해 황산암모늄이나 염화암모늄과 같은 암모늄염을 형성한다. 암모늄염은 에어로졸로 존재하다가 식물의 잎에서 흡수될 수 있다. 가축농장 주변의 소나무는 농장에서 배출하는 암모니아에서 생긴 황산암모늄을 잎에서 많이 흡수하고, 잎에서는 칼륨이나 마그네슘이 빠져나오므로 잎이 일찍 떨어져서 고사하는 예가 있다(37).

한 마리의 가축이 1년에 배출하는 암모니아의 양은 소 23.043kg, 말 12.200kg, 돼지 5.357kg, 양 1.676kg, 닭 0.248kg으로 알려져 있다(33). 우리나라에서 가축 수와 암모니아 비료의 소비량을 감안하면 암모니아 배출량은 점점 증가하는 추세이다. 가축 이외에도 요소, 황산암모늄 및 그 밖의 질소비료 중의 약 10%가 암모니아로 휘발되고 있다(34). 화학비료 중에서 암모니아 배출량은 요소가 가장 많고 인산암모늄, 황산암모늄, 질산암모늄의 순으로 적어지는데, 퇴비나 가축 두엄에서의 암모니아 배출량은 표면적을 좁힐수록 감소된다고 한다(39).

3.5 서울의 산성비

관악산(서울대학교 구내)에서 12년간(1980-1991)에 걸쳐 측정한 빗물의

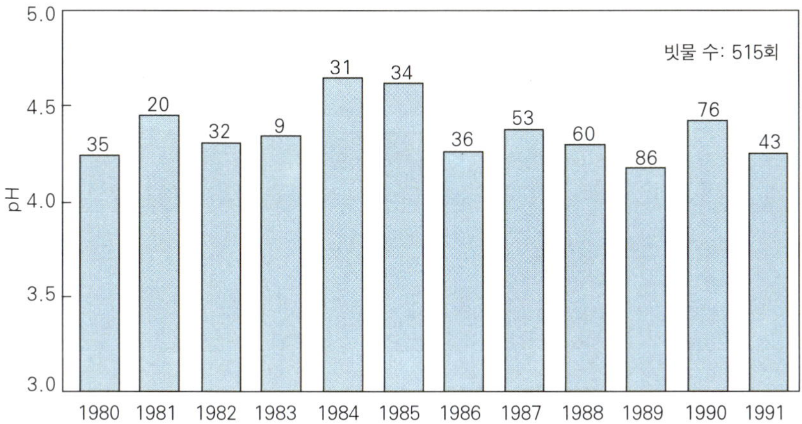

그림 3-6. 관악산(서울대학교 구내)에서 측정한 빗물의 연평균 pH의 연도별(1980-1991년) 변화. 막대 위의 숫자는 각 연도의 샘플 수이다(5).

연평균 pH 변화는 그림 3-6에서 보는 바와 같이 1986년에 가장 낮고 1984년에 가장 높았다. 1980년대에 관악산의 빗물은 pH 4.19와 4.68 사이를 오르내린 채 산도를 유지하였다(5). 표준 빗물의 산도가 pH 5.6임을 감안할 때 관악산의 빗물은 1980년대에 표준보다 10-15배나 많은 수소이온을 지닌 심한 산성비였다.

그림 3-7은 1985-1991년 사이의 84개월간 측정한 관악산 빗물의 월평균 pH이다. 빗물의 pH 변화는 대체로 겨울(1-3월과 10-12월)에 낮고 봄-여름(4-9월)에 높은 경향이다. 장마철에 높아지는 원인은 성우제거나 세적제거와 같은 대기세척작용이 일어나기 때문이고, 겨울에 낮아지는 까닭은 가정난방으로 많은 대기산성강하물을 배출하기 때문일 것이다(그림 2-2 참조).

그림 3-8은 관악산에서 12년간 조사한 빗물을 pH 0.3 단위로 구분한 pH 빈도분포이다. 빗물은 pH 4.4-4.7이 123회로 가장 많고, 이보다 pH가 낮거나 높은 빗물 횟수는 적었다. 가장 낮은 값은 pH 3.5-3.8로 20회의 빗물에서 측정되고, 가장 높은 값은 pH 6.8-7.6으로 9회의 빗물에서 측정되

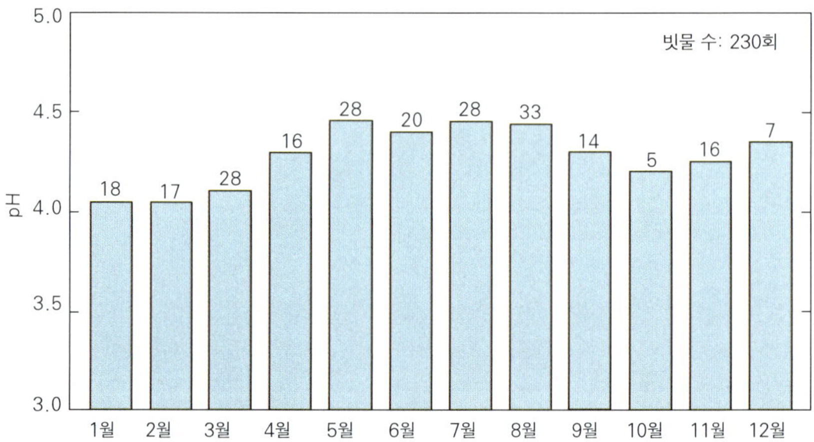

그림 3-7. 관악산(서울대학교 구내) 빗물의 1985-1991년 사이의 84개월 동안의 월평균 pH 변화. 막대 위의 숫자는 해당 월의 측정횟수이다(5).

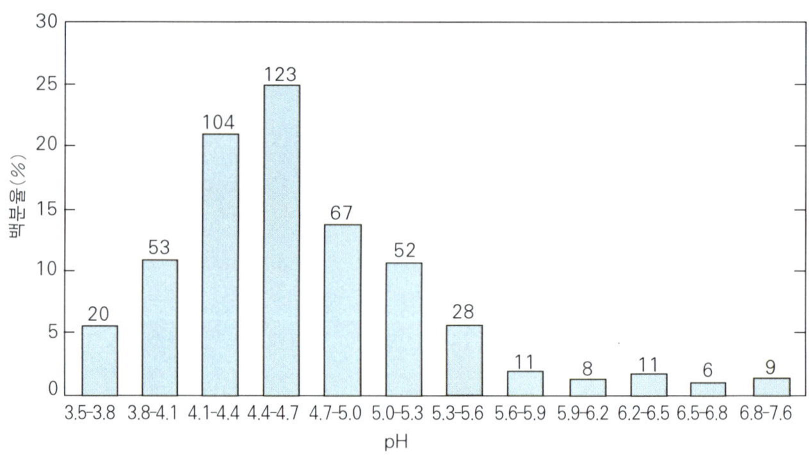

그림 3-8. 관악산(서울대학교 구내)에서 1980-1991년 사이에 받은 빗물의 pH 빈도 분포. 막대 위의 숫자는 해당 pH 단위의 측정횟수이다(5).

었다. 표준 빗물(pH 5.6)보다 pH 값이 높은 빗물은 45회(전체의 9%)뿐이고, 낮은 빗물은 447회(91%)로 대부분 산성비였다. 표준 빗물보다 높은 pH는 황사가 빗물과 섞여 내릴 때의 값이다(표 3-2 참조).

3.6 한국의 산성비

국립환경과학원에서 전국 33곳에서 2000-2004년 사이의 5년 동안 빗물을 측정한 결과는 부피 가중[2)] 연평균 pH 4.9(4.7-5.1 범위)의 약산성이었다(12-16)(그림 3-9). 지역적으로 보면 전국 24곳에서 1999년에 측정한 빗물은 pH 5.2이며(35), 9곳에서 1996-1998년 사이의 빗물은 pH 4.7이고(32), 춘천에서 1998년의 빗물은 pH 4.0-6.5 범위인데 pH 5.6 이하의 산성비가 85%였다(30). 이처럼 1990년대 이후 우리나라의 빗물은 대부분 pH 5.0 이하의 산성비였다.

표 3-3에서 보는 바와 같이 전국 33곳의 빗물은 황산이온(SO_4^{2-})이 총음이온의 41%를, 암모늄이온(NH_4^+)이 총양이온의 30%를 차지하여 두 이온이 2/3 이상을 차지하였다. 그리고 서울과 춘천의 빗물(1998년)은 황산이온이 총음이온의 각각 63%와 59%로, 암모늄이온이 총양이온의 각각 49%와 46%를 차지하여 높았다(30).

전국 33곳에서 2000-2004년 사이의 빗물의 황산이온(SO_4^{2-})과 질산이온(NO_3^-)은 최저 농도가 청정지역인 고성(강원도)에서, 최고 농도가 서울에서 측정되었다. 염소이온(Cl^-)은 최저 농도가 내륙인 구미(경북)에서, 최고 농도가 해변인 제주에서 측정되고, 나트륨이온(Na^+)은 최저 농도가 내륙인 괴산(충북)에서, 최고 농도가 해변인 속초에서 측정되어 바다로부터의 거리가 멀수록 농도가 낮아짐을 보였다. 칼슘이온(Ca^{2+})은 최저가 고성에서, 최고가 석회암지대인 제천에서 측정되어 칼슘이 많은 석회암의 영향이 반영되었다(표 3-3).

2) 비가 내릴 때마다 측정한 pH 값을 단위시간에 단위면적에 내린 강우량(부피)으로 판단한 pH 값.

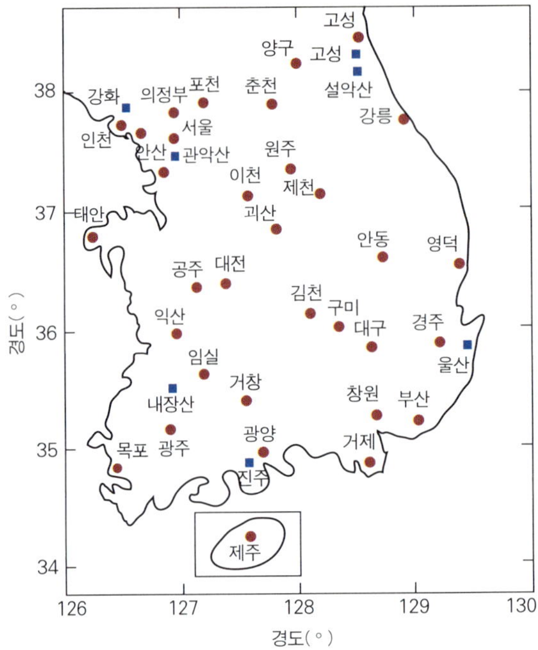

그림 3-9. 국립환경과학원에서 한국 내의 빗물을 조사한 33곳(●)과 토양을 조사한 7곳(■)(12-16).

표 3-3. 한국의 33곳에서 2000-2004년 사이 측정한 빗물의 이온 농도(12-16). 이온 농도 단위는 $\mu eq \cdot L^{-1}$

구분		33곳 평균	최저 이온 농도		최고 이온 농도	
			측정장소	농도	측정장소	농도
음이온	황산이온(SO_4^{2-})	47.4	고성	25.8	서울	62.4
	질산이온(NO_3^-)	24.5	고성	13.2	서울	37.2
	염소이온(Cl^-)	44.0	구미	21.3	제주	112.9
	총음이온의 합	115.9	-	-	-	-
양이온	수소이온(H^+)	12.5	제천 · 대전	0.9	태안	24.6
	나트륨이온(Na^+)	30.6	괴산	15.5	속초	87.7
	칼륨이온(K^+)	11.9	거제	5.3	익산	31.7
	마그네슘이온(Mg^{2+})	9.3	괴산	2.2	제주	19.7
	칼슘이온(Ca^{2+})	26.2	고성	8.1	제천	68.7
	암모늄이온(NH_4^+)	39.7	고성	16.4	인천	69.1
	총양이온의 합	130.2	-	-	-	-

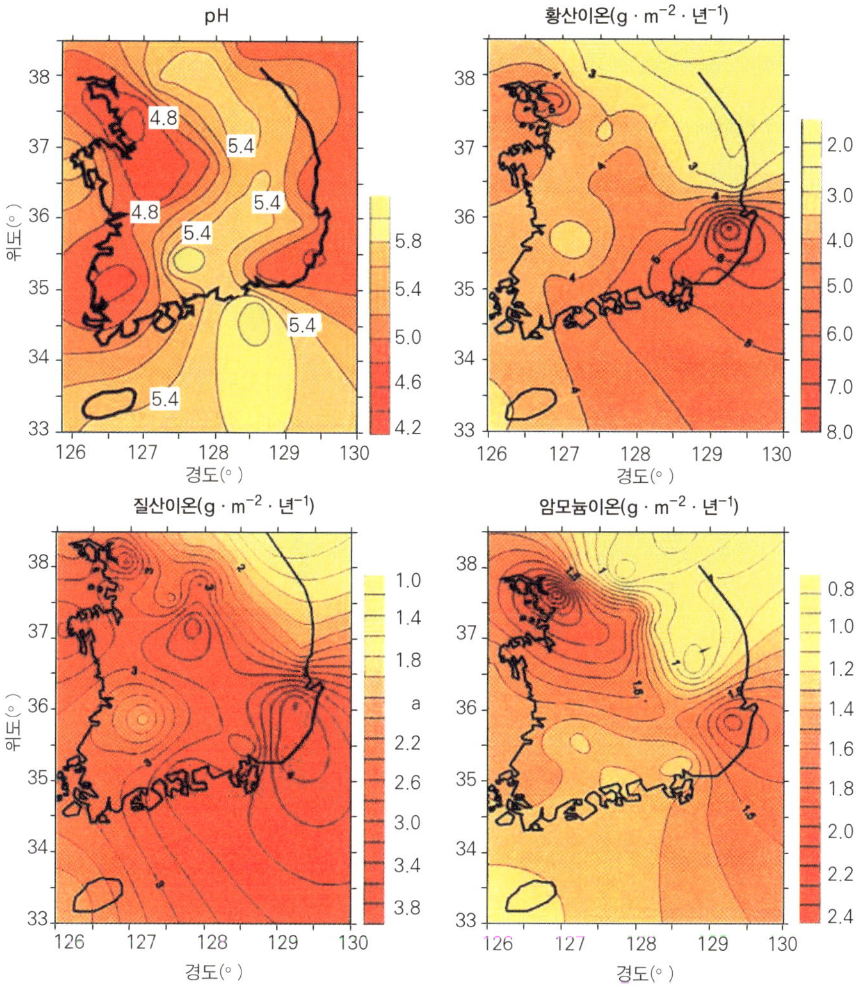

그림 3-10. 한국 빗물의 pH, 황산이온, 질산이온 및 암모늄이온 농도의 지리분포(16).

그림 3-10은 우리나라 빗물의 pH와 주요 이온 농도의 지리분포를 그린 것이다. pH와 황산이온은 경인지역과 울산-부산-여천지역에서 높고, 질산이온은 경인-충청-울산-부산-여천지역에서 높으며, 암모늄이온은 경기-충청지역과 울산-부산지역에서 높게 분포하였다(16).

3.7 도시와 농촌의 산성비 시차

애석하게도 우리나라에는 1980년 이전에 빗물의 pH를 측정한 기록이 없어 도시의 빗물이 언제부터 산성화되었는지를 알 수 없다. 1980년 이전 빗물의 산성화는 도시의 가정난방용 연료와 관계가 있었을 것이다. 그때는 공업단지를 제외하면 화석연료의 소비가 적었고 자동차 주행거리도 길지 않았다.

우리나라의 가정난방용 연료는 세 번의 혁명을 거쳤다. 1940년대까지의 장작시대, 1950년대 중반부터 1980년대의 구공탄시대, 1990년대 이후의 천연가스와 도시가스시대로 대별된다. 따라서 대도시 빗물의 산성화는 구공탄시대인 1950년대 중반부터 시작되었을 것으로 추측된다.

1980년대 초 수도권의 빗물은 이미 산성화되어 있었다. 예를 들면, 1980년에 서울(pH 4.59), 인천(4.60), 부평(4.28), 안양(3.90)의 빗물이 심하게 산성화되어 있었다. 하지만 수도권을 벗어난 중도시는 산성화되지 않았다(28). 중도시인 청주시와 그 주변 농촌의 빗물을 이희선 교수(서원대학교)가 측정한 기록에 따르면, 1982년의 청주시내와 그 주변의 빗물은 정상(pH 5.6)에 가까웠다. 그런데 1990년에 측정한 결과는 청주시내의 빗물이 대부분 산성화되었고, 주변 농촌은 정상을 유지한 채였다(그림 3-11). 이 결과로 보아 중도시의 빗물은 1980년대에 산성화된 것으로 짐작된다.

1980년대에 농촌의 빗물은 청주 주변뿐만 아니라 우리나라의 모든 농촌이 거의 정상을 유지하였다. 하지만 1990년대에는 농촌 빗물도 대부분 산성화되었다(그림 3-12). 예를 들면, 농업지대인 청원군 궁현리(한국교원대학교 구내)에서 10년(1990-1999년) 동안 측정한 빗물은 평균 pH 4.67이고(21), 수원의 빗물(1992년)은 pH 4.65-5.44인데 pH 5.6 이하가 62%이며, 인성은 pH 5.6 이하가 71%이고(8, 9), 태안은 81%이며(10), 익산은 1992년

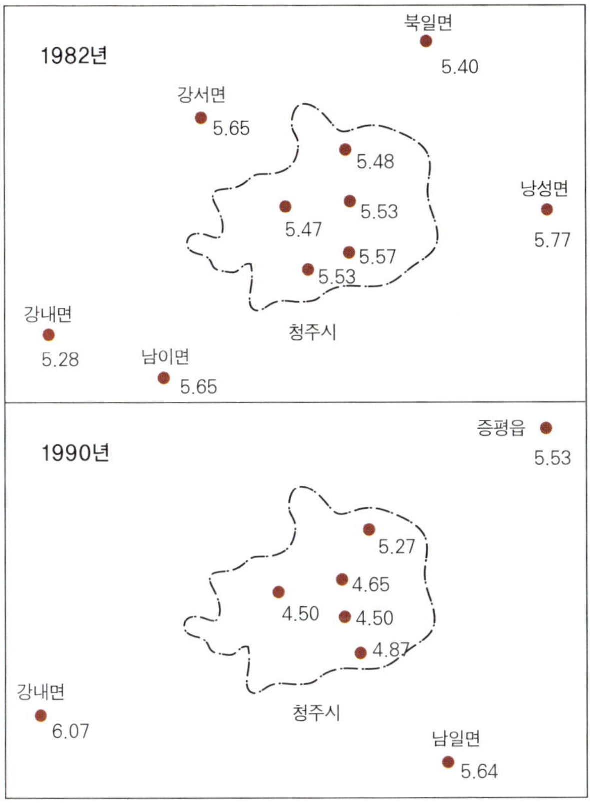

그림 3-11. 1982년과 1990년의 청주시내와 그 주변 빗물의 pH 비교(서원대학교 이희선 교수 제공).

과 1991-1995년에 pH 5.6 이하가 각각 82%와 48%이었다(1, 6). 이처럼 농촌에도 1990년대에 산성비가 내리게 되었다.

우리나라 빗물의 산성화는 중도시와 농촌 사이에 약 10년의 시차(lag)가 있었던 것으로 생각된다. 아마도 화석연료 소비량과 자동차 주행거리가 많은 데 원인이 있을 것이다. 도시는 차치하고 농촌에 산성비가 내리면, 벼논은 괜찮다 하더라도 밭 흙이 열악해지는 데 문제가 있다(p. 194, 논물의 pH 조절능 참조).

1980년대

측정장소	연도	pH
평창[2,28]	1984	6.03
수원[2,28]	1983	6.03
성환[2,28]	1982	5.59
조치원[2,28]	1982	5.46
낭성[2,28]	1982	5.77
영광[2,28]	1982	5.70
해남[2,28]	1982	5.60
장흥[2,28]	1982	5.60
보성[2,28]	1982	5.50
고흥[2,28]	1982	5.70
완도[2,28]	1982	5.70

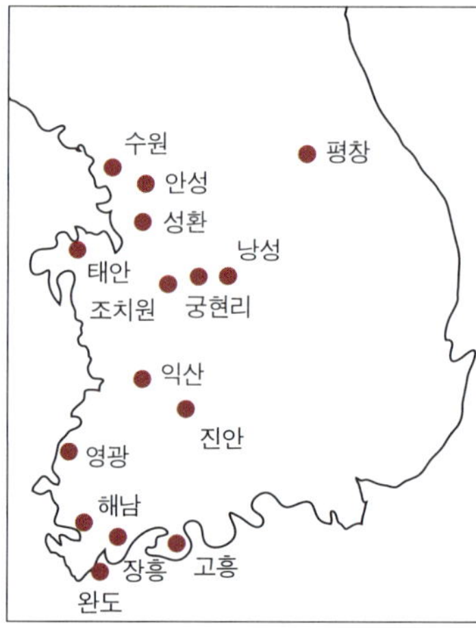

1990년대

측정장소	연도	pH
수원[2,28]	1992	4.92
수원[8,10]	1998	5.20
안성[10]	1999	4.95
태안[9]	1998	4.70
궁현리[21]	1990-9	4.67
익산[6]	1991	4.89
익산[6]	1992	4.45
익산[6]	1993	6.14
익산[6]	1994	6.17
익산[6]	1995	5.23
익산[1]	1995	4.45
진안[11]	1998	6.44-7.24

그림 3-12. 한국 농촌지역에서 1980년대와 1990년대의 빗물의 pH 비교. 지역 이름의 위첨자는 인용문헌 번호.

3.8 세계의 산성비

지구상에서 심한 산성비가 내리는 지역은 세 지역으로 압축된다(p. 2의 그림 참조). 하지만 3대 산성비지역 이외에도 국지적으로 산성비가 내려서 지구를 점점 산성화시키고 있다.

지구상에서 16개국 23곳을 랜덤하게 선정하여 빗물의 측정 자료를 모아 음이온과 양이온 농도로 구분한 결과 그림 3-13과 같이 배열되었다. 이 자료를 종합하려고 이온 농도의 단위를 $mg \cdot L^{-1}$가 아닌 $\mu eq \cdot L^{-1}$로 통일하였다(3, 4). 빗물 속의 이온은 1가와 2가 이온이 혼합되어 있어 각각 이온세기가 다르기 때문이다.

pH 단위의 척도는 단순하므로 빗물의 산도를 미세하게 구분하기가 어

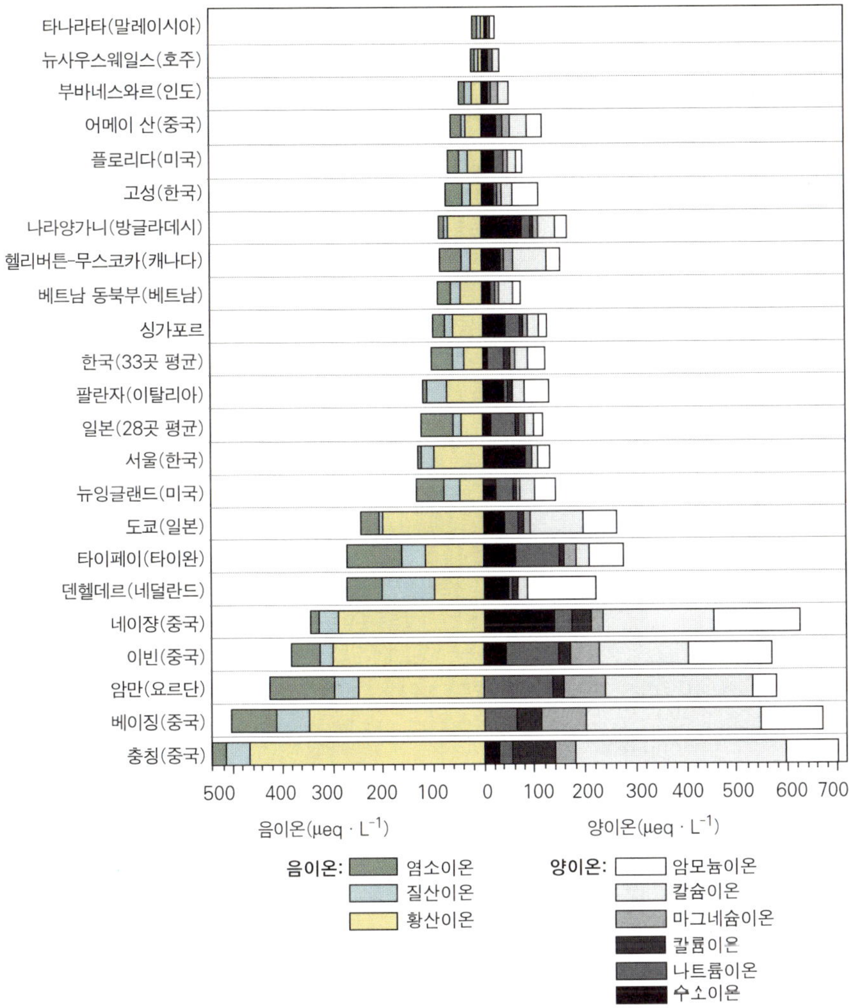

그림 3-13. 세계 16개국 23곳에서 모은 빗물의 주요 음이온과 양이온 농도의 합의 배열. 음이온 농도의 합을 기준으로 낮은 값을 위쪽에, 높은 값을 아래쪽에 배열하였다(3, 4).

려울 뿐 아니라 음이온에 비해 양이온이 많은 빗물은 pH 단위로 산도를 판정하기가 어렵다. 예를 들면, 중국 베이징의 빗물은 양이온보다 음이온 농도가 높은데도 pH 6.8로 pH가 높다. 그래서 빗물의 음이온 농도의 합을 기준으로 세계의 산성비 등급을 매기도록 시도하였다.

그림 3-13은 세계 빗물의 음이온 농도의 합을 기준으로 낮은 값에서 높은 값의 순으로 배열한 것으로 피라미드 모양을 나타내고 있다(3, 4). 가장 위쪽에는 말레이시아의 타나라타(Tana Rata)가 위치한다. 이곳은 도시나 공장지대에서 멀리 떨어진 열대 천연림지대이고 표고가 1,545m로 높아 빗물이 깨끗할 만한 환경을 갖추고 있다. 둘째 단에는 호주의 뉴사우스웨일스(New South Wales)가 위치하고, 가장 밑에는 중국의 충칭(重慶)이 위치하여 세계에서 가장 오염된 산성비가 내리고 있음을 보인다. 충칭은 공업발전을 위해 황 함량이 많은 석탄을 다량으로 소비하고 있는 지역이다. 빗물의 음이온 농도를 기준으로 볼 때 세계에서 가장 청정비가 내리는 타나라타보다 가장 오염된 충칭은 무려 34배나 많은 데 놀라지 않을 수 없다.

표 3-4. 빗물의 음이온 농도의 합을 기준으로 매긴 산성비 등급(ARG)

산성비등급 (ARG)	음이온 농도의 합 ($\mu eq \cdot L^{-1}$)
I	1-100
II	101-200
III	201-301
IV	301-400
V	401 이상

세계 산성비의 오염 정도를 판정하기 위해 표 3-4와 같이 빗물의 음이온 농도의 합을 5등급으로 구분하여 산성비등급(Acid Rain Grade, ARG)으로 매겼다. 표 3-5는 세계 빗물의 음이온 농도의 합을 산성비등급(ARG)에 따라 구분하여 낮은 빗물에서 높은 것으로 배열한 것이다(3, 4). ARG I에는 한국의 고성(음이온 농도의 합: 70$\mu eq \cdot L^{-}$)을 포함하여 말레이시아의 타나라타(16$\mu eq \cdot L^{-1}$)로부터 싱가포르(98$\mu eq \cdot L^{-}$)에 이르는 11국 13곳의 빗물이 속한다. 이 등급에 속하는 나라들은 대체로 측정장소의 위치가 도시나 공장지대에서 멀은 원격지역이거나 경제적으로 낙후되었거나 선진국 중에서 과거에 심한 산성비 피해를 경험했다가 오염물질의 배출을 규제함으로써 빗물을 개선한 나라들이다.

표 3-5. 세계 빗물의 산성비등급(ARG), pH, 음이온과 양이온의 합(meq · L^{-1}) 및 산중화능(ANC)(3, 4)

측정장소(국명)	측정기간	측정장소 수	pH	음이온합	양이온합	ANC*
ARG I						
타나라타(말레이시아)	1990-1992	1	5.13	16	23	+7
뉴사우스웨일스(호주)	1992-1994	4	4.82	19	35	+16
부바네스와르(인도)	-	-	-	44	55	+11
칼리포니아(미국)	1972-1973	2	5.10	57	61	+4
어메이 산(중국)	1982-1986	1	4.54	58	122	+64
플로리다(미국)	1978-1987	1	4.59	65	79	+14
고성(한국)	2000-2004	1	-	70	78	+8
나라양가니(방글라데시)	1994-1995	4	6.35	72	112	+40
송달(노르웨이)	1984-1987	2	4.80	72	82	+10
핼리버튼-무스코카(캐나다)	1976-1978	8	-	83	167	+84
퓬(인도)	1992-1994	-	6.28	85	154	+69
베트남 동북부(베트남)	1997-2000	5	5.80	88	78	-10
싱가포르	1997-1998	1	4.50	98	128	+30
ARG II						
한국 33곳 평균	2000-2004	33	4.90	116	130	+14
팔란자(이탈리아)	1984-1986	1	4.40	120	129	+9
일본 28곳 평균	1989-1993	29	4.80	122	117	-5
서울(한국)	2000-2004	1	-	128	146	+18
뉴잉글랜드(미국)	1978	1	4.06	128	129	+1
도쿄(일본)	1990-1999	9	4.56	131	147	+16
ARG III						
광저우(중국)	1998-1999	2	4.39	241	261	+20
타이페이(타이완)	1991-1995	1	4.37	270	276	+56
덴헬데르(네덜란드)	-	1	-	271	222	-49
ARG IV						
네이장(중국)	1982-1986	1		344	625	+281
이빈(중국)	1982-1986	1	-	381	570	+189
ARG V						
암만(요르단)	1996-1997	2	6.20	425	579	+154
베이징(중국)	1995-1998	2	6.76	504	672	+168
충칭(중국)	1987-1989	1351	4.29	542	704	+162

* ANC는 Acid Neutralizing Capacity의 약자, ANC의 계산방법은 p. 182, 물의 알칼리도와 산도를 참고할 것.

예를 들면, 고성과 타나라타는 원격지역이고, 인도, 방글라데시, 베트남은 경제적으로 낙후되어 있으며, 미국의 캘리포니아와 플로리다, 캐나다의 헬리버튼-무스코카(Haliburton-Muskoka) 그리고 노르웨이의 송달(Sogndal)은 배출을 규제한 나라들이다. 현재 심한 산성비가 내리는 중국에서 유독 어메이산(峨眉山)(58μeq · L^{-1})만이 ARG I에 속하는 까닭은 이 산의 표고가 3,070m로 높은 곳으로 음이온이 상승하지 않기 때문이다. 그러나 그 산록지대에는 심한 산성비가 내리고 있다(3).

ARG II에는 한국 33곳 평균(116μeq · L^{-1})을 비롯하여 이탈리아의 팔란자(120μeq · L^{-1}), 일본의 28곳 평균(122μeq · L^{-1}), 서울(128μeq · L^{-1}), 미국의 뉴잉글랜드(128μeq · L^{-}) 및 도쿄(131μeq · L^{-1})가 포함되어 있다. ARG III에는 중국의 광저우(241μeq · L^{-1}), 타이완의 타이페이(270μeq · L^{-1}) 및 네덜란드의 덴헬데르(271μeq · L^{-1}) 등의 대도시와 공업지역이 속한다.

ARG IV에는 중국 남서부의 공업지역인 네이장(344μeq · L^{-1})과 이빈(381.0μeq · L^{-1})이 속한다. ARG V에는 요르단의 수도 암만(425μeq · L^{-1}), 중국의 베이징(504μeq · L^{-1})과 충칭(542μeq · L^{-1})이 속한다. 베이징을 포함한 중국 북동부는 빗물의 음이온 농도가 높지만 황사가 날려서 양이온 농도도 높기 때문에 pH가 오히려 높아지고 있다.

3.9 이산화황 배출의 전망

(1) 한국

최근에 우리나라의 이산화황 배출량은 감소 추세에 있으므로 산성비도 감소될 것으로 기대된다(그림 3-4 참조). 우리나라에서는 1990년대 초부터 회석연료에 의한 황 배출을 법으로 규제해 왔다. 예를 들면, 중유의 황 함

표 3-6. 아시아의 23개국에서 1990년, 1995년 및 1997년의 국가별 이산화황(SO^2)과 질소산화물(NO_x)의 연평균 배출량의 추산 값. 단위는 1,000ton · 년$^{-1}$(40, 41)

국가명	이산화황(SO_2)			질소산화물(NO_x)		
	1990	1995	1997	1990	1995	1997
네팔	16.8	35.8	33.2	25.9	37.5	37.4
라오스	3.4	4.6	5.6	4.2	6.4	8.2
말레이시아	255.8	266.8	312.3	310.2	450.1	544.6
몽골	80.9	74.6	82.1	38.9	33.6	36.8
미얀마	19.2	20.8	21.3	45.6	55.4	71.3
방글라데시	99.7	139.4	144.7	102.7	139.8	144.7
베트남	113.0	133.0	273.0	133.7	187.0	517.1
부루나이	6.1	9.1	8.8	16.5	23.7	23.6
부탄	1.4	1.6	1.7	2.0	2.4	2.6
북한	353.3	256.8	251.5	502.7	349.4	335.5
스리랑카	26.0	38.0	61.4	47.2	64.3	69.5
싱가포르	190.8	230.3	208.4	112.6	144.5	138.6
인도	4,437.2	5,609.5	6,276.6	3,235.5	4,500.4	4,924.4
인도네시아	561.8	683.5	990.5	794.0	1,117.7	1,310.0
일본	833.1	782.9	749.8	2,817.6	3,202.0	3,270.2
중국	22,225.3	25,697.7	24,970.5	7,633.3	10,919.9	12,230.2
캄보디아	23.0	25.7	26.0	31.8	35.8	36.2
타이완	504.6	454.1	348.1	530.8	780.7	882.7
타일랜드	964.2	1,249.4	1,322.4	545.7	909.5	1,020.0
파키스탄	684.9	908.2	1,011.4	344.2	466.0	501.3
필리핀	411.8	475.6	660.2	228.9	298.6	268.9
한국	1,706.4	1,219.0	1,280.3	929.9	1,631.3	1,820.7
홍콩(중국)	152.4	154.6	140.0	216.8	272.1	307.0
합계	33,670.9	38,471.0	39,179.5	18,650.4	25,627.8	28,501.4

량을 수도권(서울-인천)은 1993년부터, 부산권은 1994년부터, 기타 중도시는 1995년부터 1.0% 이하로 규제하고, 경유의 황 함량을 수도권과 부산권에서 1993년부터 0.2%로 규제하며, 화력발전소의 석탄의 황 함량을 1993년부터 0.5% 이하로 규제하는 법을 제정하였다(40). 더구나 앞으로 이산화황 농도는 더욱 낮아질 전망이다. 수도권에서 종전에는 경유자동차의 연료로 황 함량이 430ppm 이하의 경유를 이용해 왔는데 2004년부터 30ppm 이하로 교통세법시행령을 개정하였다. 그리고 수도권의 일부 버스에는 배

기관에 정화장치를 부착하고 있다.

표 3-6에서 보는 바와 같이 우리나라의 연간 이산화황 배출량은 1985년에 128만 1,000ton이었는데, 1990년에 170만 6,000ton, 1995년에 121만 9,000ton, 1997년에 128만 ton으로 1990년을 정점으로 감소하였다.

경제 발전이 빠른 아시아 국가들 중에서 이산화황 배출량이 감소된 나라는 한국, 일본, 타이완 및 북한(이 기간에 북한의 경제는 마이너스 성장을 하였다)뿐이고 나머지 19개국은 시간이 지날수록 이산화황 배출량이 계속해서 증가하고 있어 미래 전망이 밝지 않다(40).

(2) 아시아

Streets 등(2000, 2001)은 아시아 각국의 이산화황 배출량을 RAINS-Asia 모델로 추정하여 연도별 변화를 비교하였다(그림 3-14, 표 3-6). 아시아 23개국의 이산화황 배출량을 1990년의 인구증가율, 경제성장속도, 에너지 소비율, 배출감소 규제법 등의 사회 여건을 기초로 하여 추정하면 1990년에 3,370만 ton, 1997년에 4,640만 ton으로 연평균 4.7%씩 증가하고, 그 사회 여건에 더하여 화석연료 소비를 감안한 IEA(International Energy Agency) 외삽법(연료의 황 함량 규제는 제외)으로 추정하면 1990년에 3,370만 ton, 1997년에 4,530만 ton으로 연평균 4.3%씩 증가하며, IEA 외삽법에 더하여 1997년 당시의 사회 여건과 화석연료 소비 및 연료의 황 함량 규제를 삽입하여 추정하면 1990년에 3,370만 ton, 1997년에 3,920만 ton으로 연평균 2.2%씩 증가하는 것으로 전망되고 있다.

그림 3-14는 아시아 23개국의 이산화황 배출량이 1996년을 정점으로 감소하는 경향을 보이고 있다(40). 하지만 1996년 이후에도 인구증가, 산업규모의 확대, 에너지소비의 증가가 계속될 것이므로 화석연료의 황 함량을

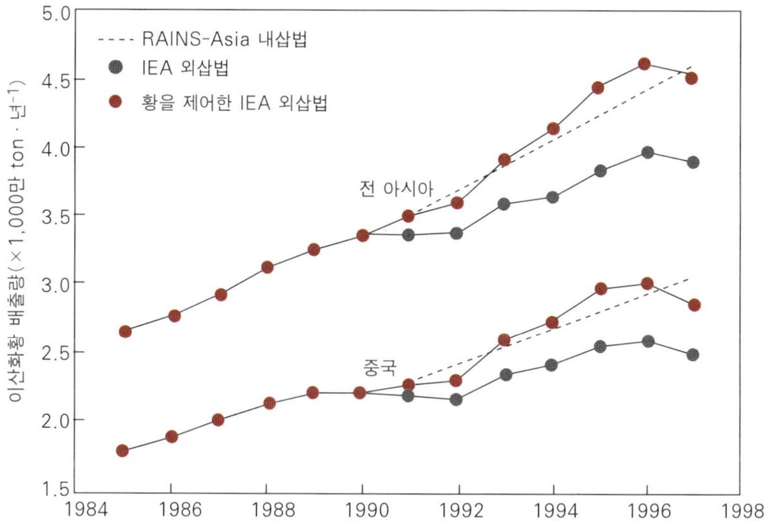

그림 3-14. 아시아 23개국과 중국의 이산화황 농도의 연도별(1985-1997년) 변화. 이 자료는 각각 RAINS-Asia 모델, IEA 외삽법 및 화석연료의 황 함량 규제법을 고려한 IEA 외삽법으로 추정한 것이다(40).

규제한다 하더라도 2020년까지는 이산화황 배출량이 증가할 것으로 전망된다. 그런데 아시아 23개국 중에서 경제성장속도가 빠른 동남아시아의 이산화황 배출량은 사정이 다르다. 특히 중국의 배출량은 1990-1997년에 2,200만 ton에서 2,500만 ton으로 급속히 증가하는 추세에 있다. 1997년에 중국의 배출량은 전 아시아 배출량의 64%나 되었다. 세계의 공장으로 일컬어지는 중국이 심각하게 고민해야 할 대목이다.

그림 3-15에서 보는 바와 같이 동남아시아의 이산화황 배출량은 1994년 현재의 추정으로 1990년 대비 2020년에 약 3배로 증가할 전망이다(24). 하지만 2000년 현재의 화력발전소, 공장, 가정난방, 수송량, 배출저감기술, 에너지 구조개선 등의 상황으로 전망한 배출량은 1990년 대비 2020년에 약 1.8배에 머물 것으로 전망되어 약간 안도의 숨이 쉬어진다(18, 40). 이산

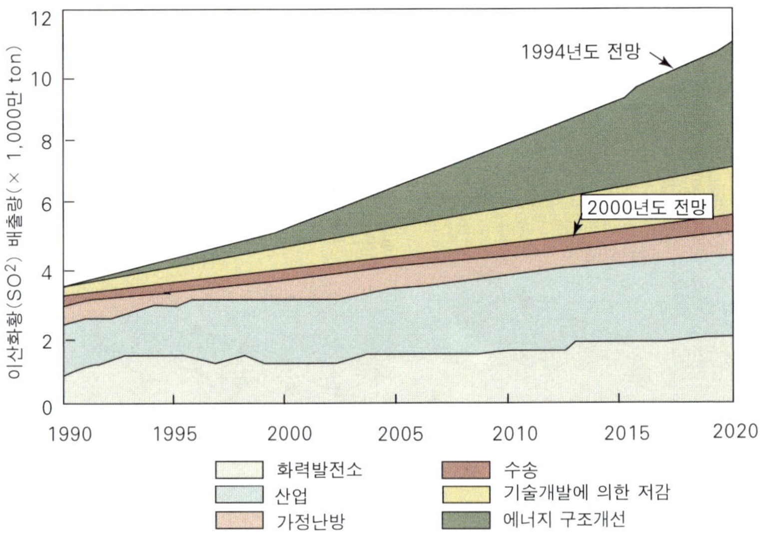

그림 3-15. 동남아시아에서 1990-2020년 사이의 이산화황 배출량 전망. 맨 위의 선은 1994년의 사회 상황으로 전망한 배출량이고, 위에서 세 번째 선은 배출저감기술을 도입한 2000년의 상황으로 전망한 배출량(18).

화황 배출량이 많을수록 산성비의 산도가 높아짐을 감안할 때 아시아의 산성비가 무한히 심해질 것으로는 보이지 않는다.

(3) 유럽

유럽의 황 배출량은 100년 전부터 추정해 왔으므로 비교적 잘 밝혀져 있다. 예를 들면, 영국의 이산화황 배출량은 19세기 중엽에 연간 100만 ton · 년$^{-1}$이었는데 1910-1920년에 정체기를 거쳐 1965년에 최고인 600만 ton · 년$^{-1}$에 달했고, 그 후 1985년에 300만 ton · 년$^{-1}$으로 감소되어 1920년대와 비슷한 수준이 되었다(20). 네덜란드에서도 1992년의 이산화황 배출량은 1985년 대비 24% 감소되었지만 1992-1993년의 배출량은 2000년의 저감 목표 값보다 2배나 많다고 염려하고 있다(23). 유럽에서는 이미 산성비의 피해를 크게 받았으므로 1960년대 중반부터 이산화황 배출량을 줄이려는 노력을 착실히 기울여 왔다. 스웨덴에서는 빗물의 산도와 이온 조성을 40년 전부터 체계적으로 조사해 왔다. 스웨덴의 이산화황 배출량은 1970년 대비 1990년대에 절반 수준으로 감소되었다(38). 노르웨이의 이산화황 배출량도 1970년보다 1980-1984년에 25% 감소되었으므로 1987년의 빗물의 산도는 1973년과 비슷한 수준으로 낮아졌다(27).

유럽 국가들은 1990년 대비 2010년의 이산화황 배출량 70%, 질소산화물 40-45%, 암모니아 24% 감소시키는 데 합의하였다. 유럽에서 이만큼 대기오염물질을 감소시키려면 그 기간의 경제성장률을 2-3%로 조정해야 가능하다고 한다(18). 환경을 우선하는 유럽의 고민이 엿보이는 대목이다.

Ammon(2001)은 전 유럽의 이산화황 배출량의 과거, 현재 및 미래를 RAINS 모델을 작동하여 전망하였다(그림 3-16). 전 유럽의 이산화황 배출량은 1960년대부터 증가하여 1980년에 고비를 넘겼고, 그 후 2020년까지 감소될 전망이다.

그림 3-16은 유럽에서 1960-2020년 사이의 이산화황 배출량, 에너지 구조개선과 효율향상기술 혁신 및 배출저감기술의 추이를 나타낸 것이다. 유럽은 지난 수십 년 동안 장기 경제성장을 지속하여 이산화황 배출이 증가해 왔지만 1979년의 1차 에너지 쇼크와 1990년의 2차 에너지 쇼크 및 1990년경부터 중앙 및 동유럽 국가의 자유화에 따라 경제구조가 재편성되어 1995년까지 이산화황 배출량이 급격히 감소되었다(그림 3-16의 맨 아래 밴드).

유럽에서는 자국산의 황이 많은 갈탄을 황이 적은 수입 석탄으로 대체하고, 중유를 저황 경유로 바꾸며, 석탄을 천연가스로 대체하는 에너지 구조개선을 펴서 큰 효과를 거두고 있다(그림 3-16의 밑에서 두 번째 밴드). 그

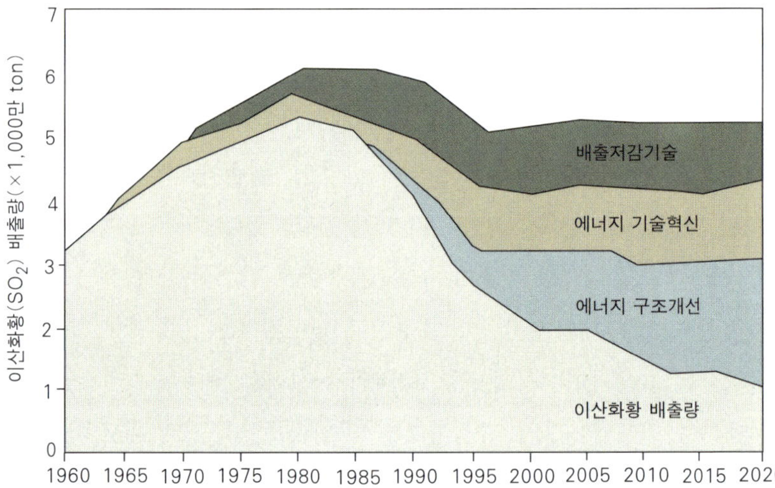

그림 3-16. 유럽에서 1960-2020년 사이의 이산화황 배출량과 그에 미치는 요인들의 전망(18).

리고 1985년부터 이산화황 배출저감기술과 에너지 효율향상기술을 획기적으로 혁신함으로써 1960년 대비 2000년에 약 40%의 이산화황 배출 감소를 이룩하였다. 이러한 정책이 실패했더라면 유럽의 이산화황 배출량은 1960년대 수준으로 후퇴했을 것이라고 분석되고 있다(18).

(4) 미국

미국은 환경에 대해 고민한 끝에 기발한 아이디어를 개발하였다. 즉 미국의 국내총생산(GDP)과 자동차주행거리는 1970년 대비 1998년에 약 2배로 증가했지만 이산화황 배출량은 약 40%, 질소산화물은 약 20% 감소되었다. 미국에서는 1996년부터 각 지역 단위로 화력발전소의 이산화황 배출량을 줄이기 위해 이산화황 혈당액(allowance)을 비축해 놓고 적게 배출하는 발전소에 많이 배당하고, 많이 배출하는 발전소에 적게 배당하는 이른바 강제 상한 거래 사업(cap and trade program)을 시행하여 효과를 거두고 있다. 이 사업은 비용을 적게 들이면서 자발적으로 배출량을 줄이는 이른바 비용–효율 전략(cost-efficiency strategy)이 적중한 예이다.

미국에서 이 사업을 시행한 바로 이듬해(1997년)에 이산화황 25%(400만 ton · 년$^{-1}$)의 저감효과를 거두었다. 이 강제 상한제 교환 사업은 미국 이외에 칠레, 슬로바키아 및 폴란드에서도 채택할 계획을 세우고, 중국에서도 채택하려고 하고 있다(19).

(5) 배출량 저감 노력

앞에서 보았듯이 산성비는 대기오염물질의 배출량에 비례한다. 그래서 각 나라 또는 지역공동체에서는 이산화황의 배출량을 줄이려고 노력하고 있다. 전 세계에는 대기오염물질의 배출량을 감소시키려는 측정망이 구축되어 있고, 측정방법과 측정자료를 통일하기 위한 지침서가 마련되어 있다. 그리고 전 세계의 자연 및 인간활동으로 배출되는 가스와 에어로졸의 배출량 자료를 수집하는 세계배출물질조사기구(Global Emission Inventory Activity, GEIA)가 1990년에 미국의 볼더(Boulder, 콜로라도 주)에서 창립되었다. 여기에서 수집한 자료는 이산화황, 질소산화물, 암모니아 등이며, 이 자료는 월, 계절 및 연도별로 웹사이트(http://www.geiacenter.org)에 데이터베이스로 정리되어 있다(18).

3.10 질소산화물 배출의 전망

질소산화물(NO_x)의 배출량은 아시아 23개국에서 1990년에 1,870만 ton,

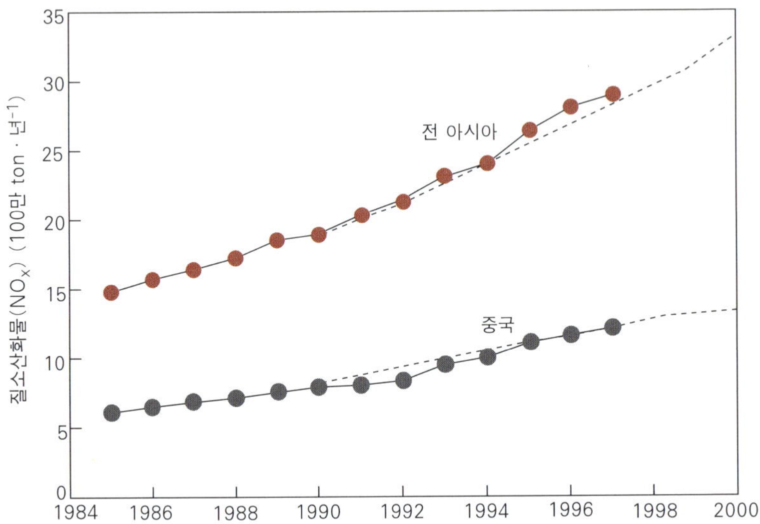

그림 3-17. 아시아 23개국과 중국의 질소산화물(NO_X) 배출량(실선)과 RAINS-Asia 모델로 추정한 값(점선)의 연도별(1984-2000년) 변화(41).

1995년에 2,560만 ton, 1997년에 2,850만으로 연평균 6.2%씩 증가하고 있다(그림 3-17 및 표 3-6). 우리나라의 질소산화물 배출량은 1990년에 93만 ton, 1995년에 163만 1,000ton, 1997년에 182만 1,000ton으로 증가하였다. 아시아의 증가속도와 평행하고 있는 중국의 배출량은 1997년에 전 아시아의 43%를 차지하였다.

한편 인공위성에 탑재한 이산화질소 관측기기로 1996-2004년 사이의 지구 대류권의 이산화질소 농도를 관측하는 연구가 이루어졌다(36). 대류권의 이산화질소 농도는 지구 표면에서의 배출량과 비례하는 것으로 알려져 있다.

그림 3-18은 1996-2002년 사이의 7년 동안 기상위성을 이용하여 대류권의 이산화질소 농도가 서유럽에서 감소하고, 일본에서 증감이 거의 없으며 미국에서 약간 증가하고 중국 동부에서 크게 증가함을 보이고 있다. 서유

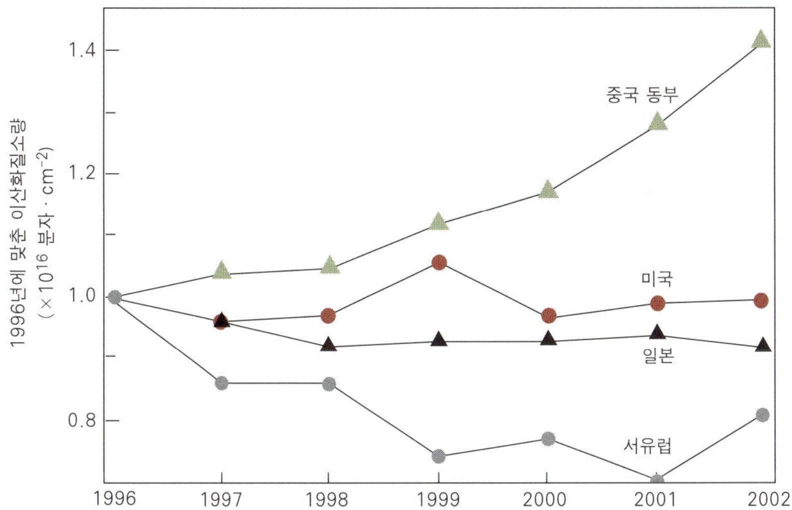

그림 3-18. 기상위성(GOME)을 이용하여 지구상에서 선정된 몇 장소의 대류권에서 관측된 이산화질소량의 연도별(1996-2002년) 변화. 이산화질소량은 1996년을 기준으로 표준화한 양이다(36).

럽에서의 이산화질소 감소는 1990-2000년 사이에 질소산화물(NO_x)을 30%, 1996-2002년 사이에 18% 감소시킨 결과가 반영된 것이다.

그림 3-19는 두 척의 기상위성, GOME와 SCIAMACHY를 이용하여 1996-2004년 사이에 관측된 중국 동부 대류권의 이산화질소의 계절변화와 연변화를 나타낸 것이다(36). 이산화질소량은 여름에 감소하고 겨울에 증가하는 뚜렷한 계절변화를 나타냈고, 또 연도가 지남에 따라 완만한 증가를 나타내고 있다.

대류권에 있는 이산화질소는 여름에 센 자외선을 받아 광화학 반응으로 오존이 형성되어 소실되고 겨울에 그 반응이 느리게 일어나서 많이 잔존되므로 뚜렷한 계절변동을 나타냈다. 이 밖에 기상조건의 변화와 겨울의 질소산화물 배출 증가로 계절변동을 설명하고 있다. 중국 동부의 이산화질소의 연 증가율은 1997년에 4%, 2002년에 무려 12%였다(36). 이처럼 중국

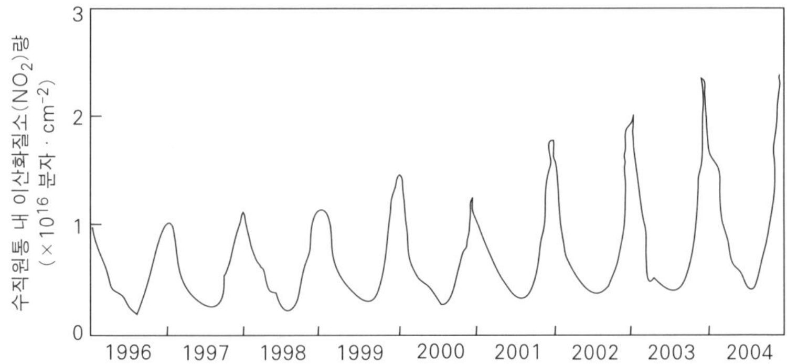

그림 3-19. 기상위성(GOME와 SCIAMACHY)을 이용하여 중국 동부의 대류권에서 관측한 이산화질소량의 계절 및 연도별(1996-2004년) 변화(36).

동부의 이산화질소는 계속해서 증가하고 있으며, 그 이웃에 위치하고 있는 우리나라에서도 계속 증가할 것으로 예상되어 새로운 고민이 생긴다.

3.11 세계의 산성비 전망

그림 3-20은 2020년에 각 대륙별로 이산화황(SO_2), 질소산화물(NO_x) 및 암모니아(NH_3)의 배출량을 RAINS 모델을 이용하여 전망한 결과이다(25). 이들 대기오염물질은 2020년에 아시아, 아프리카 및 남아메리카에서 더 많이 증가될 전망이다.

Galloway(1995)에 따르면 산업혁명 후 현재까지 대기중의 이산화황과 질소산화물은 주로 유럽과 북미에서 배출해 왔다. 세계인구의 겨우 14%가 사는 유럽과 북미에서 2가지 오염물질의 약 70%를 배출했던 것이다. 1990년의 이산화황 배출량은 아시아에서 3,370만 ton, 미국과 캐나다에서 2,400만 ton, 유럽에서 3,700만 ton으로 추정되고 있다(40). 이와는 달리 암모니아는 유럽과 북미에서 40%를 배출하고 나머지 60% 중의 약 90%를

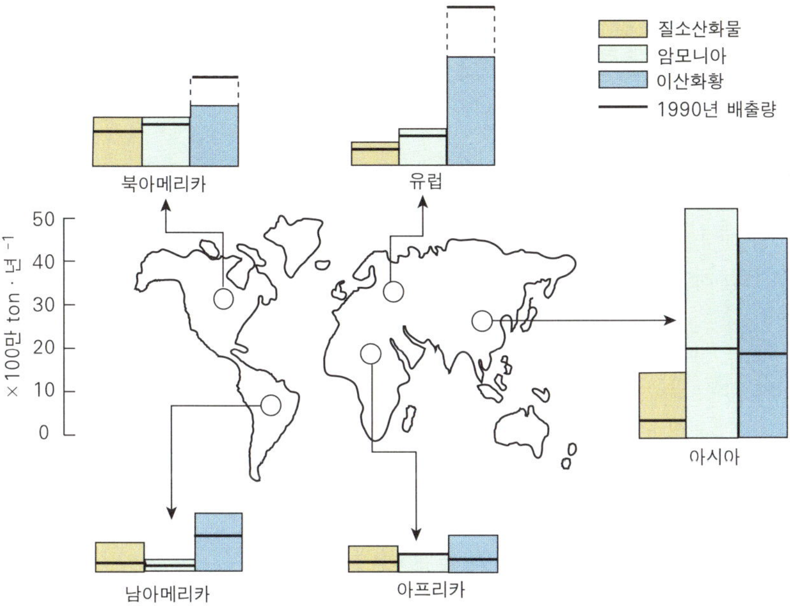

그림 3-20. 각 대륙에서 배출하는 질소산화물(NO_x), 암모니아(NH_3) 및 이산화황(SO_2)의 1990년의 배출량과 2020년의 배출 예측량. 단위는 황(S)과 질소(N)의 연 배출량×100만 ton(25).

아시아에서 배출하였다.

세계인구의 55%를 수용하고 있는 아시아는 질소비료와 화석연료를 많이 소비해야 하는 절박한 상황에 놓여 있기 때문에 앞으로 대기오염물질의 배출량이 크게 증가할 것으로 전망된다. 이에 비해 현재 배출 규제를 실시하고 있는 유럽과 북아메리카의 이산화황 배출량은 1990년 대비 2020년에 오히려 감소되어 산성비도 개선될 것으로 전망되고 있다.

전 세계의 질소산화물과 암모니아 배출은 자동차 주행거리와 농경활동으로 증가 추세에 있다. 특히 아시아, 남아메리카 및 아프리카의 인구밀집지역에서는 식량생산을 위해 농경활동을 확대하고 있으므로 암모니아 배출량이 증가될 진망이다(그림 3-20).

오늘날 질소산화물과 암모니아가 많이 배출되어 대기 중의 이산화황보다 질소산화물의 증가속도가 더 빨라졌고, 더 나아가 질소산화물보다 암모니아의 증가속도가 더 빨라지고 있다. 이러한 현상은 과거에 예상하지 못했던 환경문제였다.

암모니아는 인구를 부양하는 식량생산을 위해 배출되고, 이산화황과 질소산화물은 국가의 경제발전을 위해 배출되고 있다. 따라서 미래에 암모니아 배출 증가는 이산화황이나 질소산화물보다 더 절박한 문제로 대두될 것이다. 지구상의 질소산화물과 암모니아의 증가는 현대과학으로 해결의 실마리를 찾기 어려운 고민거리로 남겨졌다.

인용문헌

(1) 강종국, 심형권, 이종식, 김종구, 이재길, 소재돈. 1995. 전북 이리(익산)지역의 강수성분 조사. 한환경농지. 14: 15-22.

(2) 김준호. 1985. 산성비의 실태와 인간생활에 미치는 영향. 자연보존 49: 19-23.

(3) 김준호. 2005a. 자연생태계에 미치는 산성강하물의 영향. 대한민국 학술원 논문집, 자연과학편 44: 139-218.

(4) 김준호. 2005b. 대기산성강하물: 한국과 세계의 산성비 실태. 한생태지 28: 169-180.

(5) 유태철. 1994. 수도권 지역에서 산성강하물에 의한 리기다소나무림 쇠퇴의 기구와 회복. 서울대학교 박사학위논문.

(6) 이강보, 강종국, 김종구, 이경수, 소재돈. 1996. 익산지역 강수 성분의 연차 변화와 산성비 원인물질 조사. 한환경농지. 15: 188-197.

(7) 이동수. 2002. 황사의 무기성분 특성. 황사피해 최소화를 위한 대응대책 세미나. 국립환경연구원(2002. 5. 3.). pp. 61-67.

(8) 이종식, 김복영, 우기대. 1994. 수원지역 강우의 성분 조성과 작물에 미치는 영향. 한환경농지. 13: 31-38.

(9) 이종식, 정이근, 이규승. 1999. 태안지역 빗물의 화학적 특성. 한환경농지. 18: 204-208.

(10) 이종식, 김복영, 김진호, 홍승길. 1999. 수원과 안성지역 빗물의 화학 성분 조성. 한환경농지. 18: 169-173.

(11) 한강완, 조재영, 손재권. 1998. 전북 진안지역 강우의 화학성분과 천연공급량. 한환경농지. 17: 291-295.

(12) 한진석, 정일록, 박진철, 박준대, 정다위, 김소영, 안준영, 정일웅, 조창래, 김정호. 2000. 한반도 산성강하물 평가와 영향조사(II) 산성강하물(습성강하물) 모니터링. 국립환경연구원. pp. 11-127.

(13) 한진석, 홍유덕, 박진철, 벅준대, 정다위, 공부주, 김소영, 안준영, 정일웅, 조창래, 김정호, 진경선, 이덕길. 2001. 한반도 산성강하물 평가와 영향조사(III). 산성강하물(습성강하물) 모니터링. 국립환경연구원. pp. 15-88.

(14) 한진석, 서충열, 공부주, 박준대, 이상덕, 이석조, 이덕길. 2002. 한반도 산성강하물 평가와 영향조사(IV). 산성강하물(습성강하물) 모니터링. 국립환경연구원. pp. 19-82.

(15) 한진석, 서충열, 공부주, 홍유덕, 이상덕, 최진수, 안준영, 이석조, 이덕길. 2003. 한반도 산성강하물 평가와 영향조사(V). 산성강하물(습성강하물) 모니터링. 국립환경연구원. pp. 1-110.

(16) 한진석, 공부주, 홍유덕, 이민도, 이상덕, 최진수, 안준영, 신선아, 이석조, 이덕길. 2004. 산성강하물 모니터링과 생태계 영향조사(I). 국립환경연구원. pp. 1-157.

(17) 환경부. 2006. 환경통계연감. 제19호.

(18) Amonn, M. 2001. Emission inventory, emission control options and control strategies: an overview of recent developments. Water Air Soil Poll. 130: 43-50.

(19) Benkovic, S.R. and J. Kruger. 2001. U.S. sulfur dioxide emissions trading program: results and further applications. Water Air Soil Poll. 130: 241-246.

(20) Chester, P.F. 1984. Ecological effects of deposited sulphur and nitrogen compounds - General discussion. Phil. Trans. Roy. Soc. London. B 365: 564-566.

(21) Chung, Y.-S., H.-S. Kim and K.-H. Park. 2001. Acid precipitation and large-scale transport of air pollutants observed in Korea. Water Air Soil poll. 130. 367-372.

(22) Cowling, E.B. 1982. Acid precipitation in historical perspective. Environ. Sci. Tech. 16: 110A-123A.

(23) Evers, C.W.A., J.J.M. Berdowski and P.F.J. van Most. 1995. Acidifying emissions

in the Netherlands. Water Air Soil Poll. 85: 1909-1914.

(24) Foell, W., C. Green, M. Amonn, S. Bhattachary, G. Carmichael, M. Chadwick, S. Cinderby, T. Haugland, J.-P. Hettelingh, L. Hordijk, J. Kuylenstierna, J. Shah, R. Shrestha, D. Streets and D. Zhao. 1995. Energy use, emissions, and air pollution reduction strategies in Asia. Water Air Soil Poll. 85: 2277-2282.

(25) Galloway, J.N. 1995. Acid deposition: perspective in time and space. Water Air Soil Poll. 85: 15-24.

(26) Hedin, L.O., J.J. Armesto and A.H. Johnson. 1995. Patterns of nutrient loss from unpolluted, old-growth temperate forests: evaluation of biogeochemical theory. Ecology 76: 493-509.

(27) Henriksen, A., L. Lien, T.S. Traaen, I.S. Sevaldrud and D.F. Brakke. 1988. Lake acidification in Norway - Present and predicted chemical status. Ambio 17: 259-266.

(28) Kim, J.-H. and B.-K. Park. 1985. An overview on the acid precipitation of rural and urban areas in Korea. Proc. Ist Int. Cong. Atmos. Sci. Appl. Air Qual. Seoul, Korea (20-24 May, 1985).

(29) Kim, B.G., J.Y. Ahn, H.R. Noh, C.J. Park, J.S. Han and S.U. Park. 2001. Physical and chemical properties of a winter-time yellow sand event in Northeast Asia. Water Air Soil Poll. 130: 379-384.

(30) Kim, M.-K., H.-H. Kang, K.-J. Park, B.-K. Lee and D.S. Lee. 2001. Evaluation of precipitation composition at an urban and a rural area for the central Korean peninsula. Water Air Soil Poll. 130: 439-444.

(31) Lee, B.-K., D.S. Lee and M.-K. Kim. 2001. Rapid variations in chemical composition of precipitation in South Korea. Water Air Soil Poll. 130: 427-432.

(32) Lee, B.-K., S.H. Hong and D.S. Lee. 2000. Chemical composition of precipitation and wet deposition of major ions on the Korean peninsula. Atm. Environ. 34: 563-575.

(33) Lee, Y.-H. and S.-U. Park. 2002. Estimation of ammonia emission in South Korea. Water Air Soil Poll. 135: 23-37.

(34) Murano, K. and S. Hatakeyama, T. Mizoguchi and N. Kuba. 1995. Gridded ammonia emission fluxes in Japan. Water Air Soil Poll. 85: 1915-1920.

(35) Park, C.J., H.R. Noh, B.G. Kim, S.Y. Kim, I.U. Jung, C.R. Cho and J.S. Han. 2001. Evaluation of acid deposition in Korea. Water Air Soil Poll. 130: 445-450.

(36) Richter, A., J.P. Burrows, H. Nüss, C. Granier and U. Niemeier. 2005. Increase in tropospheric nitrogen dioxide over China observed from space. Nature 437: 129-132.

(37) Roelofs, J.G.M., A.T. Kempers, A.F.M. Mouduk and J. Jansen. 1985. The effect of air-borne ammonium sulphate on *Pinus nigra* var. *maritima* in the Netherlands. Plant Soil 84: 45-56.

(38) Sanden, P., A. Grimvall and U. Lohm. 1987. Acidification trends in Sweden. Water Air Soil Poll. 36: 259-270.

(39) Sommer, S.G. and N. Hutchings. 1995. Techniques and strategies for the reduction of ammonia emission from agriculture. Water Air Soil Poll. 85: 237-248.

(40) Streets, D.G., N.Y. Tsai, H. Akimoto and K. Oka. 2000. Sulfur dioxide emissions in Asia in the period 1985-1997. Atm. Environ. 34: 4413-4424.

(41) Streets, D.G., N.Y. Tsai, H. Akimoto and K. Oka. 2001. Trends in emission of acidifying species in Asia, 1985-1997. Water Air Soil Poll. 130: 187-192.

04

토양의 산성화

토양이 산성비를 맞으면 어떤 영향을 받을까? 암석이 쪼개져서 구성된 토양 입자는 물리적 · 화학적 · 생물학적 풍화를 받아 더 잘게 쪼개지는데, 산성비는 그 풍화속도를 가속화시킨다. 토양 입자의 표면에는 식물의 무기영양소인 염기성 양이온이 결합되어 있는데, 산성비가 내리면 그 이온과 수소이온이 교환하여 염기포화도가 낮아져서 토양이 척박해진다. 토양은 산이나 염기가 가해져도 산도를 거의 일정하게 유지하는 완충작용이 있지만 오랫동안 산성비에 노출되면 완충작용의 한도를 넘어 산성화된다. 석회암 토양을 제외하고 서울을 비롯한 우리나라의 토양은 산성비 피해를 받았던 외국의 토양과 비슷하게 산성화되어 있다.

4.1 빗물과 토양

토양에 스며들고 남은 빗물은 땅 표면을 흘러 지표유출수(runoff)로 되며, 이것이 모여서 계류수나 하천수로 되고 마침내 호수나 바다로 흘러든다. 지표유출수, 계류수와 하천수 및 호수의 물을 통틀어 지표수(surface water)라고 한다. 토양은 빗물과 지표수를 연결하는 다리 구실을 할 뿐만 아니라 자체에서 산성물질을 생산하는 점에서 주목되고 있다.

토양은 지표수의 질을 결정하는 데 매우 큰 구실을 한다(16). 이는 토양이 토양용액이나 유기물질에 녹는 광물질의 공급원이기 때문이다. 토양에서는 식물이 무기영양소를 흡수하고 생물체가 분해되는 과정에서 스스로 산성화(acidification)가 일어난다. 어떤 지역에서는 1년 동안의 산성강하물의 양보다 토양에서 배출하는 산성물질의 양이 더 많은 곳도 있다. 더구나 강수량이 많은 지역의 토양과 지표수는 많은 빗물에 의해 토양으로부터 염기성 양이온이 씻겨 나가기 때문에 산성화가 빠르게 진행된다.

4.2 토양단면의 특성

토양은 본디 모암(parent rock)이 분해된 산물이거나 모암이 분해된 뒤 바람이나 물에 의해 먼 곳으로 운반된 다음 쌓여서 형성된 산물이다. 토양

토양의 단면		pH	교환성 양이온 (Ca^{2+} + Mg^{2+})	알루미늄이온 (Al^{3+})
낙엽층	F/H	3.74	26	5
유기물층	A	3.6	11	14
		3.8	1	8
집적층	B	4.3	0.5	18
모재료	C	5.0	-	-

그림 4-1. 토양단면에 따른 pH, 교환성 양이온(Ca^{2+}, Mg^{2+}) 및 알루미늄이온(Al^{3+})의 수직 분포 모식도. 단위는 meq · kg 토양$^{-1}$(16).

은 마치 죽은 물체처럼 보이지만 사실 그 속에는 미생물이 우글거리고 작은 동물이 살며, 식물의 뿌리가 뻗어 있어 숨을 쉬는 살아 있는 실체이다.

오랜 세월에 걸쳐 교란되지 않은 자연 토양을 수직으로 깊이 파 보면 맨 위의 낙엽층(부식질층)으로부터 맨 아래의 모암이 풍화된 모재료(parent material)에 이르기까지 몇 단의 층으로 구별된다. 그림 4-1에서 보는 바와 같이 토양단면(soil profile)의 맨 위에는 낙엽이 썩은 유기물이 쌓여서 pH가 매우 낮은 낙엽층(부식질층)이 형성된다. 그 아래에는 부식질과 무기토양이 알맞게 섞이고 부식질층에서 스며 나온 물질로 흑갈색을 띠며 pH가 비교적 낮은 A층(유기물층)이 발달한다. A층 밑에는 A층에서 녹은 물질이 흘러내려서 황갈색을 띠며 pH가 약간 높은 B층(집적층)이 형성된다. 맨 밑의 C층은 모재료의 빛깔과 같으며 풍화되지 않은 무기질 토양이고 pH가 비교적 높다. 이처럼 토양은 수직적으로 특색 있는 토양단면을 형성하지만 각 층은 서로 밀접하게 연결되어 있다.

4.3 토양의 풍화

(1) 물리적 · 화학적 · 생물학적 풍화

토양의 모재료를 구성하는 광물질은 얼거나 녹거나 덥거나 춥거나 하는 동안에 부피가 변하고, 건조하거나 물에 젖는 동안에 수축하거나 팽창하며, 물에 씻기는 동안에 표면이 마모된다. 토양 입자가 이러한 물리적 작용을 받으면 잘게 쪼개진다.

토양 입자는 물과 반응하여 수산화물을 형성하는 이른바 가수분해(hydrolysis)가 일어나면 물에 잘 녹는다. 토양 입자는 물과 이산화탄소(CO_2)가 반응하여 탄산(H_2CO_3)이 생기는 이른바 탄산화작용(carbonation)이 일어나면 가용성 중탄산과 반응하여 물에 잘 녹는다. 그리고 물과 결합하여 수화(hydration)가 일어나면 연해지고 부피가 커지며 구조가 변하고 압력이 가해진다. 토양 입자는 산소와 화학적으로 결합하는 이른바 산화(oxidation)가 일어나면 전기적 중성이 깨지고, 전자를 얻어서 음성 원자가가 높아지고 양성 원자가가 낮아지는 이른바 환원(reduction)이 일어나서 전기적으로 불안정한 화합물이 되므로 물에 의해 부풀어서 압력을 받는다.

이처럼 토양 입자는 가수분해, 탄산화작용, 수화, 산화 및 환원과 같은 화학작용을 받으면 잘게 쪼개진다. 이 밖에 토양 입자는 식물의 뿌리에서 나오는 산에 의해 잘게 쪼개진다. 토양 입자가 물리적 · 화학적 · 생물학적 작용을 받아 잘게 쪼개지는 현상을 풍화(weathering)라고 한다. 이처럼 토양은 모암이 풍화를 거쳐 생긴 산물이다.

(2) 산성비와 토양의 풍화

무엇보다 중요한 점은 토양의 풍화가 산성비에 의해 촉진된다는 것이다. 토양이 풍화되면 토양 입자의 표면에 결합되었던 염화물, 황화물, 탄산화물 및 염기성 양이온이 세탈되는데, 산성토양일수록 많이 세탈된다(11). 산성토양에서는 염기성 양이온이 세탈되지만 풍화가 일어나서 토양 입자가 잘게 쪼개지면 표면적이 넓어지므로 염기성 양이온이 보충된다.

풍화는 토양의 풍화층이 얇은 산성토양보다 두꺼운 비산성토양(예: 석회암 토양)에서 더 빠르게 일어난다. 풍화층이 두꺼운 일본의 토양과 얇은 북미 북동부의 토양을 비교하면 일본의 토양은 화학적 풍화속도가 빠르고 산중화능(ANC)이 높다. 따라서 대기산성강하물이 많이 내리더라도 화학적 풍화에서 생긴 염기성 양이온이 그것을 중화하기 때문에 계류수가 산성화되지 않는다(17). 유럽과 북미는 빙하의 영향을 받아 토양표면이 깎여서 풍화층이 얇고 아시아는 빙하의 영향을 적게 받아 풍화층이 두껍게 형성되어 있다. 따라서 아시아에서 산성비가 내리더라도 계류수가 곧바로 산성화되지 않는 것으로 생각되고 있다.

(3) 화강암 토양과 석회암 토양의 풍화

우리나라에서 넓은 면적을 차지하는 화강암 토양은 풍화가 느리게 일어난다. 화강암에서 풍화된 토양은 보통 모래질이며 무기영양소가 적으므로 척박하다. 실제로 춘천의 화강암에서 형성된 소나무숲 토양은, 다음에 설명할, 양이온교환능(9.1-10.4$cmol_c \cdot kg$ 토양$^{-1}$)이 적고, 염기포화도(8.8-13.9%)가 대단히 낮아서 풍화속도가 느린 것으로 밝혀졌다(28). 이에 비해 충청북도와 강원도의 일부 지역에 분포하는 석회암(반은 탄산염, 반은 점토 · 실트 · 모래로 구성)은 풍화가 비교적 빠르게 일어나고 양토와 점양토가 형성되므로 비교적 비옥하다. 그리고 석회암 토양은 대기산성강하물을 거의 완전히 중화하는 능력이 있다.

토양의 풍화는 토양 입자의 표면적이 넓을수록 빨라진다. 토양 입자의 표면적은 유기물(유기산)이 많은 토양보다 적은 토양이 넓고, 유기물이 적을수록 더욱 넓어진다. 그리고 토양은 늙을수록 유기물량이 증가되므로 토양 입자가 유기물에 싸여 표면적이 좁아져서 풍화가 느리게 일어난다(29).

화강암에서 발달한 김제(전라북도)의 토양과 석회암에서 형성된 평창(강원도)의 토양은 산화제로 유기물을 녹여냈을 때 표면적이 더 넓어지는데, 화강암 토양(18.3-29.9%)은 석회암 토양(5.0-20.5%)보다 더 넓어진다. pH 변화에 따른 토양의 산중화능(ANC)은 유기물을 녹여내기 전보다 후에 더 높아진다(29). 이는 유기물을 녹여내면 표면적이 넓어지기 때문이다. 앞으로 대기산성강하물이 증가하여 토양의 산성화가 더욱 진행되면 산중화능이 낮아질 것으로 예상된다.

(4) 토양의 풍화속도

토양 입자 표면에 붙어 있는 염기성 양이온은 산성비 속의 수소이온과 교환한다(그림 4-2 참조). 토양의 풍화는 외부에서 토양으로 수소(산)가 많이 유입되고 산중화능(ANC)의 재보충이 빠를수록 빨라진다.

표 4-1은 스코틀랜드의 세 삼림분수계와 노르웨이의 한 삼림분수계에서 토양의 풍화속도를 계산한 결과이다. 풍화속도는 과거 1만 년간의 장기간에 걸친 속도를 지르코늄(Zr)을 이용하여 계산하고, 최근 6개월간의 단기간에 걸친 속도는 산성비와 계류수의 방사성 스트론튬($^{87}Sr/^{86}Sr$) 비의 차이로 계산하였다(6).

표 4-1. 스코틀랜드와 노르웨이의 삼림분수계에서 과거의 장기간(1만 년)과 최근의 단기간(6개월)의 토양의 화학적 풍화속도(meq · m^{-2} · $년^{-1}$)(6)

조사 장소	측정항목	나트륨이온 (Na^+)	칼륨이온 (K^+)	마그네슘이온 (Mg^{2+})	칼슘이온 (Ca^{2+})	합계
스코틀랜드 A (Mharcaidh)	장기간 풍화속도	18	21	3	3	45
	단기간 풍화속도	24	1	5	19	49
스코틀랜드 B (Kelty)	장기간 풍화속도	10	11	3	2	26
	단기간 풍화속도	6	<0.1	2	11	19
스코틀랜드 C (Chon)	장기간 풍화속도	32	23	12	5	72
	단기간 풍화속도	<0.1	<0.1	21	23	44
노르웨이 (Høylandet)	장기간 풍화속도	33	10	24	57	124

장기간에 걸친 토양의 화학적 풍화속도는 스코틀랜드 A와 B에서 칼륨>나트륨>마그네슘>칼슘의 순으로 빠르고, 스코틀랜드 C에서 나트륨>칼륨>마그네슘>칼슘의 순으로 빨랐으며, 스코틀랜드 C(72meq · m^{-2} · $년^{-1}$)가 스코틀랜드 A와 B보다 빨랐고, 스코틀랜드 B(26meq · m^{-2} · $년^{-1}$)가 가장 느렸다(표 4-1). 따라서 산성비를 통해 산이 유입될 때 중화시키는 토양의 능력은 스코틀랜드 C>A>B의 순으로 크게 나타났다. 노르웨이 토양의 장기간 풍화속도는 스코틀랜드 토양보다 마그네슘 2-8배, 칼슘 11-29배나 빨랐지만, 칼륨은 오히려 느렸다.

단기간(6개월)의 나트륨 풍화속도는 스코틀랜드 A에서 빨랐고 C에서 아주 느렸으며, 칼슘은 스코틀랜드 C에서 빨랐다. 장기간 풍화에 의한 이온 농도의 합계를 보면 노르웨이 토양과 스코틀랜드 C가 높은 것으로 보아 산성화에 대한 저항이 크고, 스코틀랜드 B가 가장 낮은 것으로 보아 산성화에 취약한 토양이라고 판단되고 있다. 특히 풍화속도가 빠른 노르웨이 토양은 염기성 양이온이 풍부한 토양으로서 산성화에 견디는 능력이 뛰어나다고 말할 수 있다(6).

4.4 양이온교환과 산성비

토양 입자의 표면은 음전하(-)를 띠고 있으므로 정전기 인력에 의해 표면의 교환기에 양이온이 흡착되어 있다. 흡착된 양이온은 흐르는 물에 거슬러서 붙어 있지만, 그 종류에 따라 정전기 인력이 각각 다르기 때문에 토양 입자 표면에서 다른 양이온끼리 서로 교환하게 된다. 이렇게 토양 입자 표면에서 한 양이온이 다른 양이온과 교환하는 현상을 양이온교환(cation exchange)이라고 한다.

그림 4-2는 토양 입자에 이미 결합되어 있던 염기성 양이온(Ca^{2+}, Mg^{2+}, K^{+}, Na^{+})이 흘러 들어간 산성비의 수소이온(H^{+})과 교환하여 염기성 양이온이 떨어져 나오고, 그 자리에 수소이온이 흡착되는 양이온교환을 나타내고 있다. 이러한 양이온교환은 토양 입자뿐만 아니라 부식질(humus)이나 식물의 뿌리에서도 일어난다(11).

토양 입자에 결합되어 있는 양이온의 양은 토양의 pH에 따라 달라진다. 제어된 실험조건에서 토양의 pH를 점진적으로 낮게 유지하면 토양 입자에

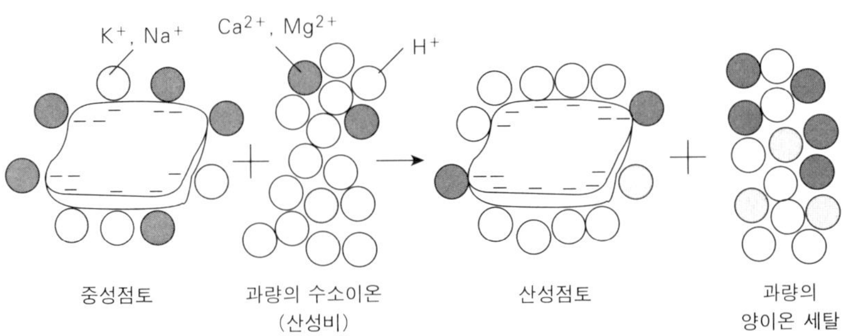

그림 4-2. 토양 입자의 양이온교환. 산성비 속의 수소이온(H^{+})은 토양 입자 표면의 교환기에 붙어 있던 칼슘이온(Ca^{2+}), 마그네슘이온(Mg^{2+}), 칼륨이온(K^{+}) 또는 나트륨이온(Na^{+})과 교환하므로 입자 표면이 수소이온으로 채워져서 산성화되고, 염기성 양이온은 세탈되어 지하수로 흘러 나간다(11).

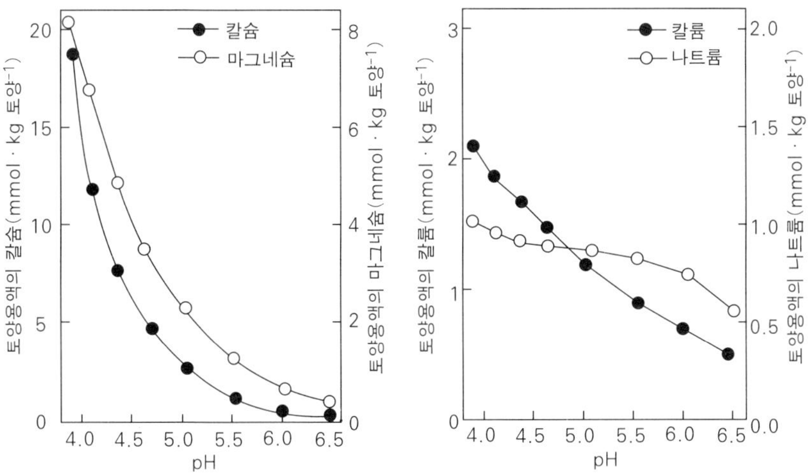

그림 4-3. 토양의 pH와 양이온 세탈의 관계. 제어된 실험조건에서 토양의 pH를 점진적으로 낮추면 양이온이 토양 용액으로 떨어져 나온다. pH가 낮아짐에 따라 2가 양이온(칼슘과 마그네슘)은 빠르게, 1가 양이온(칼륨과 나트륨)은 천천히 떨어진다(13).

서 양이온이 떨어져 나간다(세탈). 그림 4-3에서 보는 바와 같이 칼슘이온이나 마그네슘이온과 같은 2가 이온(알칼리토금속)은 pH 5.0 이하에서 급속히 떨어지지만, 칼륨이온이나 나트륨이온과 같은 1가 이온(알칼리금속)은 천천히 떨어진다. 산성비에 의해 토양의 pH가 낮아지면 양이온이 세탈되므로 토양이 산성화된다(13).

토양의 단위무게당 보유하는 교환성 양이온을 양이온교환능(cation exchange capacity, CEC)이라고 한다. 양이온교환능은 100g의 건조 토양당의 화학당량(chemical equivalent: meq · 100g 토양$^{-1}$)으로 나타낸다. 일정량의 토양 입자는 보유하는 음전하 수가 일정하고, 이온은 종류에 따라 고유한 원자가를 가지므로 화학당량의 단위를 사용하는 것이다. 토양 입자의 교환기에 결합된 양이온을 무게(원자량: mg · 100g 토양$^{-1}$)로 표시하면 어느 순간의 양이온교환능은 양이온의 종류(2가 이온과 1가 이온)에 따라 달라지기 때문에 화학당량으로 나타내야 한다. 토양 100g당 양이온의 무게를 X mg로 측정하면 각 양이온의 화학당량은 X를 각 이온의 화학당량으로 나누면 된다. 양이온교환능은 토양의 종류에 따라 다르며 토양 입자가 작을수록 커진다(표 4-2). 즉 토양의 양이온교환능은 대부분의 점토와 부식질에서 높고 또 점토보다는 부식질에서 더 높다.

표 4-2. 토성과 양이온교환능의 관계(11). 단위는 meq · 100g 토양$^{-1}$

토성	양이온교환능
모래	1-5
세사양토	5-10
양토와 실트	5-15
점양토	15-30
점토	30 이상

토양 입자의 교환기에 붙는 양이온은 칼슘이온(Ca^{2+}), 마그네슘이온(Mg^{2+}), 칼륨이온(K^+) 및 나트륨이온(Na^+)과 같은 염기성 양이온과 알루미늄(Al^{3+}), 수소(H^+)와 같은 산성 양이온으로 구분된다. 염기성 양이온은 식물의 무기영양소로 이용되지만 산성 양이온은 이용되지 못한다. 염기성 양이온과 산성 양이온을 모두 합한 값을 유효양이온교환능(effective cation exchangeable capacity, ECEC)이라고 한다. 그런데 음이온인 황산이온, 질산이온, 염소이온, 인산이온 등은 토양의 양이온 교환기에 결합되지 않는다.

4.5 염기포화도와 산성비

앞에서 토양 입자에 결합된 산성 양이온(Al^{3+}, H^+)과 염기성 양이온(Ca^{2+}, Mg^{2+}, K^+, Na^+)을 합한 모든 양이온을 유효양이온교환능(ECEC)이라 하는 것을 알았다. 유효양이온교환능 중에서 염기성 양이온의 백분율(%)을 염기포화도(base saturation, BS)라고 한다. 염기포화도는 토양이 지니는 양이온 중에서 식물의 영양소로 쓰이는 이온이 얼마나 되는가를 나타내는 척도이므로 대단히 중요한 의의를 갖는다. 토양의 비옥도를 평가할

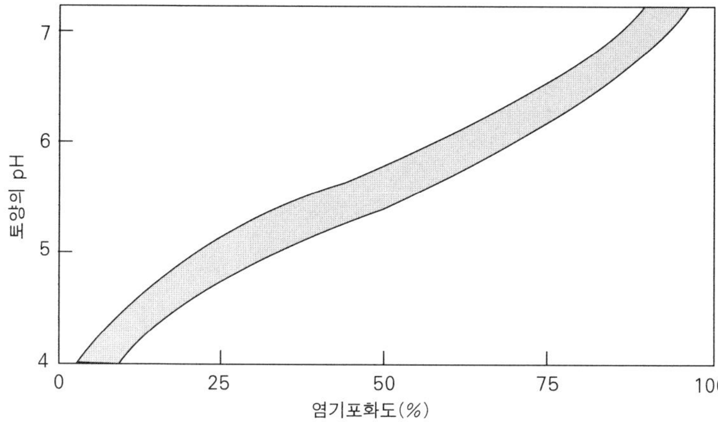

그림 4-4. 무기토양의 pH와 염기포화도의 관계. pH 5.5-6.5에서 염기포화도는 거의 직선으로 높아진다(11).

때 하나하나의 이온보다 염기포화도만 고려하면 되는 이유가 여기에 있다. 보통 토양의 염기포화도는 30-70%의 범위에 속한다.

염기포화도(BS)는 다음과 같이 계산한다. 어떤 토양의 유효양이온교환능(ECEC)이 16meq · 100g 토양$^{-1}$이고 그중에서 산성 양이온인 알루미늄과 수소를 합한 값이 4.2meq · 100g 토양$^{-1}$이라고 하면, 이 토양의 나머지 교환기에는 염기성 양이온이 결합되어 있을 것이다. 따라서

염기성 양이온: 16.0−4.2 = 11.8meq · 100g 토양$^{-1}$

염기포화도: (11.8 ÷ 16.0) × (100) = 73.7%

토양의 염기포화도는 pH와 밀접한 관계가 있다. 그림 4-4는 토양이 오랫동안 산성비에 젖어서 pH가 낮을수록(산도가 높을수록) 염기포화도(%)가 낮아짐을 나타내고 있다. 토양이 pH 7 또는 그 이상이면 염기포화도는 100%에 가까워지는데 이때 산성 양이온인 알루미늄과 수소의 함량은 0%에 가까워진다.

4.6 토양의 완충능과 산성비

토양에는 웬만큼 산성비에 젖거나 알칼리성 물질이 첨가되어도 pH가 크게 변하지 않는 완충작용(buffer action)이라는 특수한 기능이 있다. 산성비나 탄산에서 해리된 수소이온(H^+)이 토양 입자에 결합되어 있던 칼슘이나 마그네슘과 이온교환을 하여 pH가 일정하게 유지되기 때문에 완충작용이 일어난다. 토양의 pH 변화를 억제하는 완충작용의 크기를 완충능(buffering capacity)이라 한다. 하지만 산성비가 계속 내려서 수소이온이 지나치게 많이 유입되면 토양은 완충능의 한계를 넘어 산성화된다(11). 토양의 완충능은 양이온교환능(CEC)이 클수록 증가한다. 따라서 양이온교환능이 큰 석회암 토양은 교환능이 작은 화강암 토양보다 완충능이 크다.

4.7 토양의 산성화

(1) 저절로 일어나는 산성화

토양은 항상 겉모습이 같은 것처럼 보이지만 오랜 세월에 걸쳐 천천히 변화한다. 오늘날의 토양은 2만 년 전의 후빙기 이후 천천히 변화해 왔고, 약 160년 전의 산업혁명 이후 산성강하물이 증가함에 따라 비교적 빠르게 변화하고 있다. 앞으로 대기 중의 산성강하물이 감소된다면 또 다른 방향으로 변화할 것이다.

토양에서는 자연적인 산성화와 산성강하물에 의한 인위적 산성화가 동시에 일어나고 있다. 자연적인 산성화는 토양의 호흡, 유기물 분해 및 뿌리에서의 양이온 흡수에 의해 저절로 일어난다. 뿌리 · 미생물의 호흡이나 유기물의 분해에서 생긴 이산화탄소(CO_2)는 물(H_2O)과 반응하여 수소이온(H^+)과 약산인 탄산이온(CO_3^-)을 형성하여 토양을 산성화시킨다.

삼림 토양에서 낙엽이 분해되면 유기산이 생성되므로 토양은 저절로 산성화된다. 특히 침엽수림 토양에서는 유기산이 많이 생성되므로 활엽수림보다 산성화가 빠르다. 그리고 생물의 사체가 분해될 때 생긴 암모늄이온(NH_4^+)은 미생물에 의해 질산이온(NO_3^-)과 수소이온(H^+)이 되므로 토양이 산성화된다. 또한 뿌리가 염기성 양이온을 흡수하면 뿌리세포에서 수소이온을 배출하므로 토양은 저절로 산성화된다(그림 4-12 참조).

뿌리에서 나오는 수소이온을 정량하기는 어렵지만 뿌리에 인접한 토양은 뿌리에서 먼 토양에 비해 pH가 1.2 단위나 낮은 것으로 미루어 뿌리에서 수소이온이 배출되는 것을 짐작할 수 있다(23). 이처럼 토양은 산성비의 영향을 받지 않더라도 저절로 산성화되는 경향이 있다.

(2) 산성비에 의한 산성화

산성비 속의 황산이나 질산은 토양 속에서 황산이온(SO_4^{2-})이나 질산이온(NO_3^-)과 수소이온(H^+)으로 해리되어 토양을 산성화시킨다. 즉 수소이온을 함유한 산성빗물이 토양 입자 사이를 흐르면 수소이온은 이미 토양 입자에 결합되어 있던 염기성 양이온과 이온교환을 하여 토양을 산성화시키는 것이다(그림 4-2 참조).

토양 입자는 염기성 양이온을 많이 세탈할수록, 또 염기성 양이온 함량이 적은 토양일수록 빠르게 산성화된다. 따라서 산성비와 관계없이 강수량이 많은 지역일수록 토양의 산성화가 빠르게 진행된다. 하지만 석회암 토양은 칼슘이나 마그네슘을 많이 보유하므로 산성비가 내리더라도 산성화가 느리게 진행된다. 이 밖에도 토양이 pH 5.5 이하로 산성화되면 수화 알

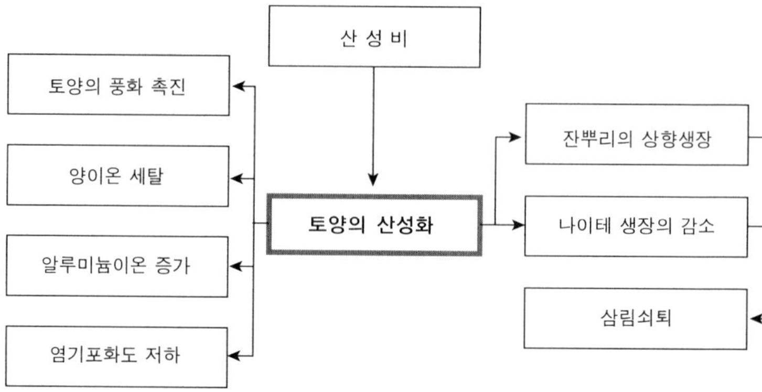

그림 4-5. 산성화된 토양에서 일어나는 중요한 변화와 식물에 미치는 영향.

루미늄이온($(Al(H_2O)_6)^{3+}$) 농도가 높아져서 수소이온을 유리하므로 토양이 산성화된다. 그리고 토양은 염기포화도(BS)가 낮거나 교환성 산도(exchangeable acidity)가 높으면 쉽게 산성화된다(5). 드문 예이기는 하지만 산성의 모암에서 산성토양이 형성되는 예도 있다.

결론적으로 산성비에 의해 토양이 산성화되면 풍화속도가 빨라지고, 양이온이 많이 세탈되어 염기포화도가 낮아지며, 알루미늄이온이 증가하여 식물의 생육이 저해된다(그림 4-5).

(3) 토양 산성화의 예

긴 세월에 걸친 토양의 산성화를 밝히기는 대단히 어렵다. 하지만 마침 스웨덴의 토양학자 Tamm은 자기 아버지가 1927년에 연구한 기록을 57년이 지난 1984년에 찾아내서 아버지가 실험했던 삼림 토양에서 똑같은 방법으로 pH를 조사하는 행운을 얻었다. 그 장소의 토양은 교란되지 않았고, 식생이 자랐을 뿐 다른 변화가 없었다(27).

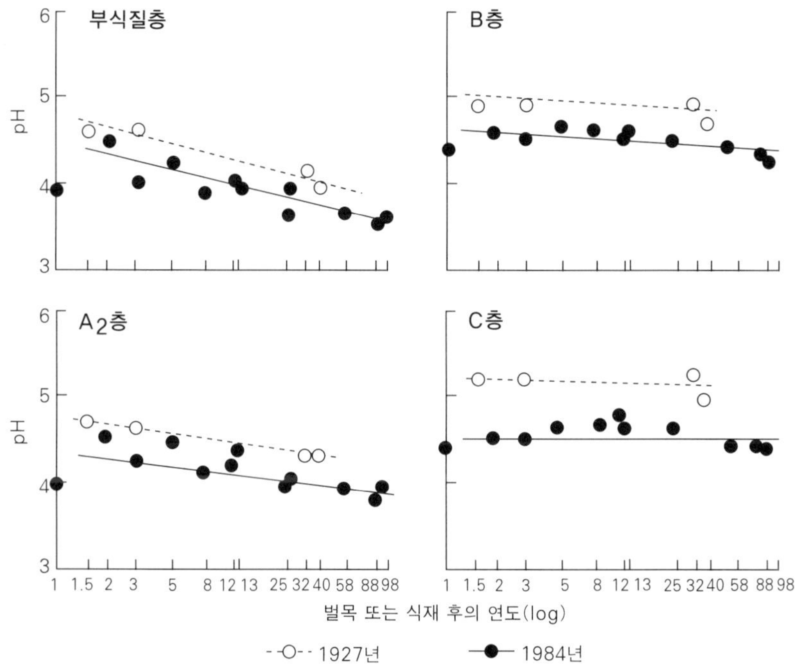

그림 4-6. 가문비나무숲 토양의 부식질층, A_2층, B층 및 C층(70cm 깊이)에서 1927년과 1984년의 pH 변화 비교(27).

그림 4-6은 1927년과 1984년의 토양의 pH를 비교한 것이다. 57년간 토양의 pH 변화는 부식질층에서 pH 0.3 단위로 작았지만, C층(70cm 깊이)에서 pH 0.9 단위로 비교적 컸다. 그리고 침엽수림(가문비나무숲)과 활엽수림(너도밤나무 · 참나무숲) 토양 사이의 pH 차이가 있기는 했지만 57년간의 pH 차이보다는 작았다. 이렇게 토양의 pH가 낮아지는 원인은 삼림의 생장과 성숙에 기인한 자연적 산성화뿐만 아니라 산업혁명 후 산성 강하물이 증가했기 때문이라고 해석되고 있다.

4.8 토양 산성화의 과거, 현재 및 미래

토양의 산성화가 어떤 속도로 진행되는가를 아는 것은 흥미로운 문제이다. 지구상의 토양 산성화는 빙하기부터 산업혁명 때까지 천천히 진행되다가 그 이후 빠르게 일어난 것으로 짐작되고 있다. 대기산성강하물은 산업혁명 이전에 극히 적었지만 그 이후 증가했기 때문이다. 그리고 유럽과 북미에서는 빗물의 황산이온이 1985년 이후 감소되기 시작했지만 토양 산성화에는 아직 영향이 미치지 않고 있다.

노르웨이 삼림연구원은 현지에서 수집한 토양 데이터를 모델로 시뮬레이션하여 1845년부터 2125년까지의 염기포화도(BS)와 pH의 변화를 추정하였다(24). 이 지역의 강수량과 유출수량은 1845년과 2125년에 각각 1,510mm와 1,183mm이고, 표토층에서 심토층으로 이동하는 물은 강수량의 71%이며, 표토층에서 계류수로 이동하는 물은 강수량의 29%이다. 1990년의 토양의 유기물층과 B층의 염기포화도는 각각 11.3%와 7.1%이고, 풍화속도는 각각 8.5와 12.8μeq · m^{-2} · 년$^{-1}$이었다.

이들의 자료를 MAGIC(Model of Acidification of Groundwater In Catchments) 모델에 입력하여 시뮬레이션한 토양의 염기포화도(BS)와 pH의 연도 변화가 그림 4-7에 표시되어 있다(p. 29, 모델의 종류 참조). 토양의 염기포화도는 1845년에 약 75%였는데 2025년에 약 11%로 급하게 낮아지고, pH는 1845년에 약 6.1이었는데 2025년에 약 4.4로 낮아질 전망이다(24).

미래의 염기포화도와 pH 변화를 전망하기 위해 1990년 현재 배출하는 황산이온을 30%, 60% 및 90% 감소시켰을 경우를 시뮬레이션하였다. 황산이온을 30% 감소시키면 표토층의 염기포화도는 거의 변하지 않고, 60%를 감소시키면 약 17%로 약간 높아지고, 90% 감소시키면 약 29%로 높아지지

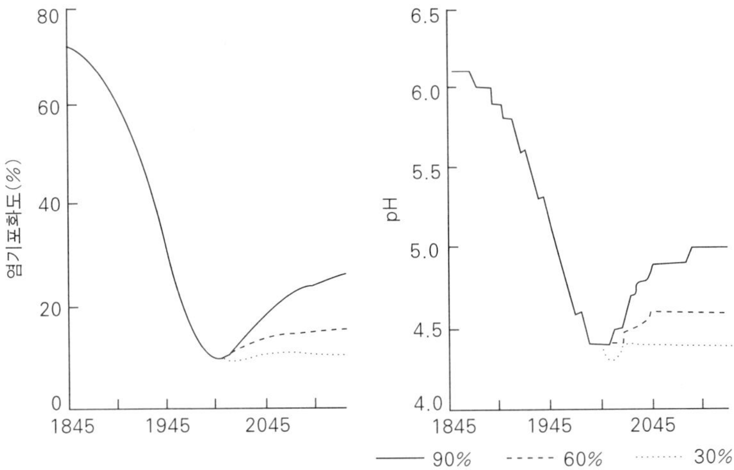

그림 4-7. 노르웨이에서 삼림 표토층의 염기포화도(%)와 pH의 연도별 변화. 1990년의 황산이온 배출량을 30%, 60% 또는 90% 감소할 것으로 예상하고, MAGIC 모델을 작동하여 시뮬레이션한 결과이다(24).

만 2125년이 되어도 1845년의 원상태(75%)로 회복되지는 않는다.

표토층의 pH는 황산이온을 30% 감소시키면 2025년의 수준을 2125년까지 유지하고, 60% 감소시키면 2025년보다 2125년에 pH 0.2 단위 높아질 뿐이고, 90% 감소시키면 2125년에 pH 5.0 정도로 높아질 전망이다. 표토층의 pH가 높아지면 계류수의 pH도 높아지겠지만, 황산이온을 90%로 감소시킨다 해도 계류수의 pH가 5.0 이상으로 높아질 가능성은 없다. 따라서 황산이온 강하량을 90%로 감소시킨다 해도 2125년에 중성수를 선호하는 민물고기에게 좋은 서식지를 제공하기 어렵다는 비관적인 전망이다(24). 결국 토양의 산성화는 전 인류가 고민해야 할 문제인 것이다.

4.9 수도권(서울)의 토양 산성화

산성비가 내리는 서울 주변의 토양이 어떻게 변했는가를 알아보기로 한다. 서울의 도심(광화문)을 중심으로 하여 동심원상으로 60km 범위 내에서 33곳의 리기다소나무숲의 토양이 조사되었다(그림 4-8). 그리고 토양의 분석 결과를 도심(도심에서 0-10km 범위), 교외(10-20km) 및 농촌(20-60km)으로 구분하였다.

수도권(서울) 토양의 pH는 그림 4-9와 표 4-3에서 보는 바와 같이 도심에 가까울수록 낮고 교외와 농촌의 순으로 높았다. 그리고 토양의 염기성 양이온(Ca^{2+}, Mg^{2+}, K^{+})은 도심에서 멀어질수록 많았다(그림 4-10). 이와 반대로 알루미늄이온은 도심에 가까울수록 증가할 뿐만 아니라 그 양도 엄청나게 많았다(22)(그림 4-11).

한편 수도권(서울)에서 조사한 토양의 양이온교환능(CEC)과 염기포화도

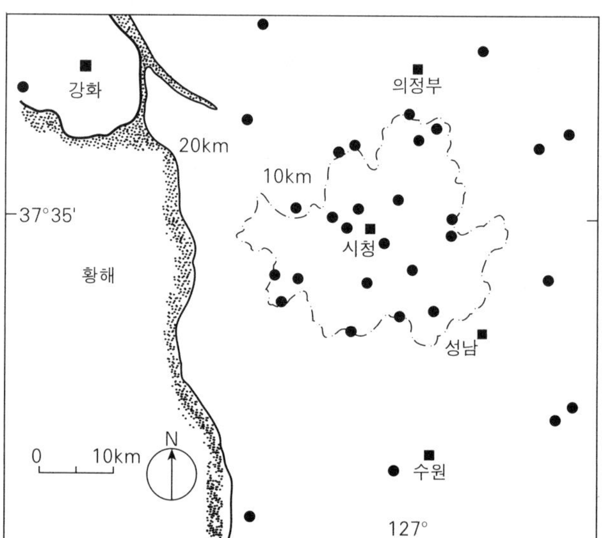

그림 4-8. 서울 도심에서 60km 범위 내 33곳에서 리기다소나무숲의 토양, 잔뿌리 및 나이테 생장을 조사한 장소(21).

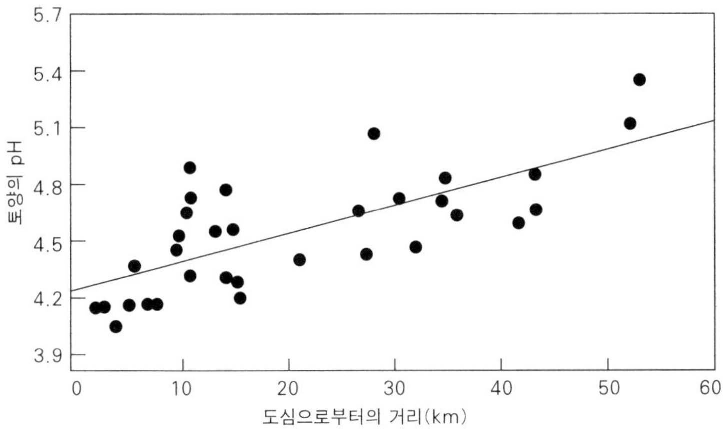

그림 4-9. 서울 도심으로부터의 거리에 따른 리기다소나무숲 토양의 pH 변화 경향(22).

표 4-3. 수도권(서울)에서 리기다소나무숲 토양의 주요 이온 농도(meq · kg 토양$^{-1}$), 양이온교환능(meq · kg 토양$^{-1}$), 염기포화도(%) 및 염기성 양이온/알루미늄이온(BC/Al^{3+})의 몰 비. 토양은 0-10cm층에서 채토(21)

항목	도심 (0-10km)	교외 (10-20km)	농촌 (20-60km)
pH 값	4.20	4.53	4.70
나트륨이온(Na^+)	0.7	0.6	1.0
칼륨이온(K^+)	1.3	1.2	1.7
마그네슘이온(Mg^{2+})	1.7	1.7	2.2
칼슘이온(Ca^{2+})	2.7	2.9	3.4
알루미늄이온(Al^{3+})	10.9	8.9	7.8
황산이온(SO_4^{2-})	97.7	79.4	44.9
양이온교환능(CEC)	6.4	6.4	8.3
염기포화도(BS, %)	37.0	41.8	51.6
염기성양이온/알루미늄(BC/Al^{3+}) 몰 비	0.59	0.72	1.05

(BS)는 도심에서 낮고 농촌에서 높았다(21)(표 4-3). 즉 도심에서는 염기성 양이온이 적고 산성 양이온인 알루미늄이온이 많았다. 이상을 요약하면 도심의 토양은 산성비에 오랫동안 노출되어 pH가 낮아졌고, 염기성 양이온이 많이 세탈되었으며 알루미늄이온이 증가하였는데, 이러한 토양은 식물의 생육에 아주 부적합하다.

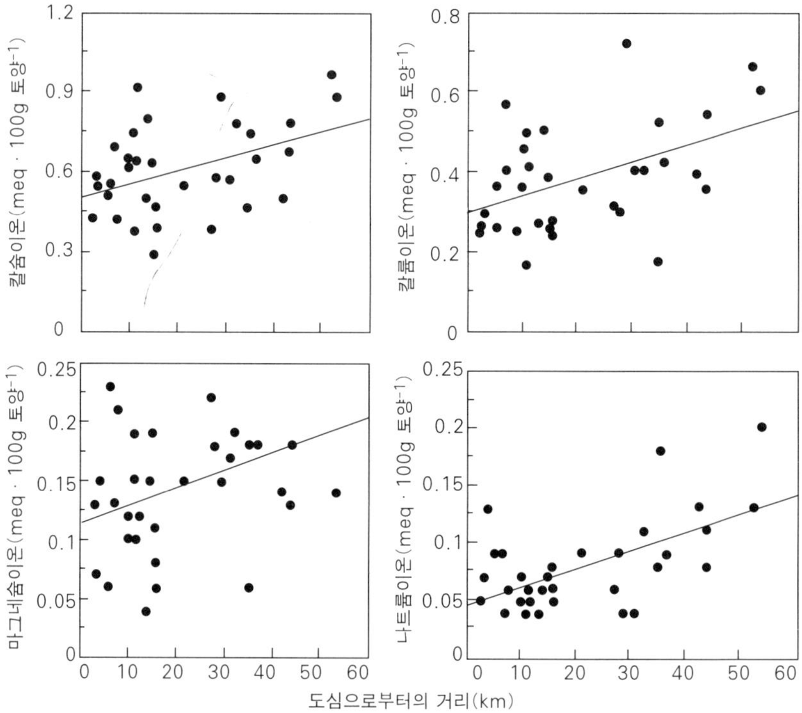

그림 4-10. 수도권(서울) 도심으로부터의 거리에 따른 리기다소나무숲 토양의 칼슘이온, 마그네슘이온, 칼륨이온 및 나트륨이온의 농도 변화 경향(22).

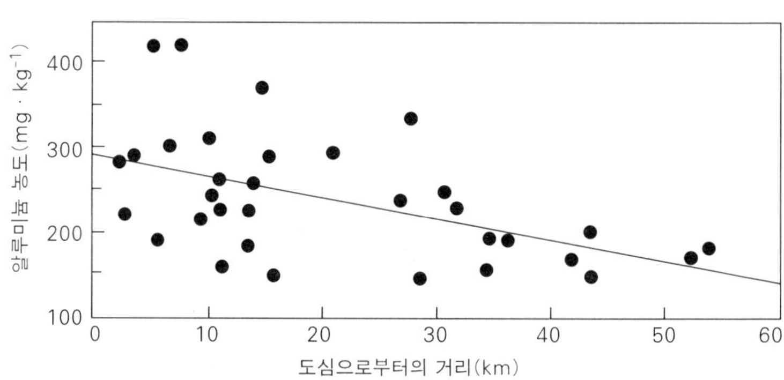

그림 4-11. 수도권(서울) 도심으로부터의 거리에 따른 알루미늄이온(Al^{3+})의 농도 변화 경향(21).

4.10 한국의 토양 산성화

(1) 척박해진 토양

국립환경과학원에서는 1998-2003년의 6년 동안 전국 7곳에서 대기산성강하물과 관련하여 삼림토양을 조사하였다(1-4)(그림 3-9 참조). 표 4-4는 우리나라의 지역별 토양의 pH, 주요 이온 농도, 양이온교환능(CEC), 염기포화도(BS) 및 염기성 양이온/알루미늄이온의 몰 비를 조사한 결과이다. 우리나라의 삼림토양은 연평균 pH 4.93-5.34의 범위이다. 그리고 춘천에서 1999년에 조사한 소나무숲의 토양은 pH 4.79-5.41이었다(28). 이 토양들은 산성이다. 하지만 제천군(충청북도)과 영월군(강원도)의 석회암 토양은 식물군집의 종류에 관계없이 pH 7.0-8.4 범위이다.

우리나라에서 토양의 양이온교환능(CEC)이 가장 높은 울산 · 진주와 가장 낮은 강화 사이에는 약 5배의 차이를 보였다(표 4-4). 양이온교환능이

표 4-4. 한국의 7곳에서 1998-2003년 사이에 조사한 토양의 pH, 연평균 이온 농도(meq · kg 토양$^{-1}$), 양이온교환능(CEC: meq · kg 토양$^{-1}$), 염기포화도(BS, %) 및 염기성 양이온/알루미늄이온(BC/Al^{3+})의 몰 비

항목	관악산	울산	강화	진주	고성	설악산	내장산
pH 값	5.16	4.93	4.99	5.19	5.15	5.34	5.01
수소이온(H^+)	6.7	8.3	6.3	6.3	5.1	5.3	6.7
나트륨이온(Na^+)	1.1	6.6	1.1	1.7	1.1	1.2	0.8
칼륨이온(K^+)	1.4	5.7	2.2	3.7	2.7	3.0	2.5
마그네슘이온(Mg^{2+})	1.4	10.4	1.1	11.9	2.1	1.9	1.4
칼슘이온(Ca^{2+})	2.2	4.7	1.1	8.6	1.7	5.9	3.5
알루미늄이온(Al^{3+})	7.7	21.5	13.3	13.2	14.9	11.9	10.7
양이온교환능(CEC)	6.1	27.4	5.5	25.9	7.6	12.0	8.2
염기포화도(BS)	29.8	47.9	21.9	57.0	27.5	41.1	32.0
BC/Al^{3+} 몰 비	0.78	1.27	0.41	1.97	0.51	1.01	0.76

주: 이들 토양은 0-10cm층에서 채토하였다(1-4).

높은 울산과 진주는 공업단지나 도시에 인접해 있어 염기성 양이온이 많이 강하한 것으로 생각되고, 양이온교환능이 낮은 관악산은 수도권의 많은 산성강하물에 의해 토양에서 양이온이 세탈되었다고 생각된다. 강화, 고성, 설악산 및 내장산은 우리나라를 대표하는 산지 또는 농촌지역인데도 양이온교환능이 낮은 것으로 보아 우리나라 전체의 토양이 열악하게 되었다고 볼 수 있다.

토양 비옥도의 기준이 되는 염기포화도(BS: 21.9-57.0%)는 가장 높은 진주와 가장 낮은 강화 사이에 약 2배의 차이가 있었다. 보통 삼림토양의 염기포화도는 30-70%의 범위이므로 관악산, 울산, 진주, 설악산 및 내장산의 토양은 그 범위 내에 들지만 강화와 고성은 그 범위보다 낮았다. 염기포화도가 40% 이하의 토양에서는 염기성 양이온 부족으로 식물이 정상적 생장을 못할 뿐 아니라 뿌리를 깊게 뻗지 못하여 바람에 넘어지는 비율이 높아진다(8).

한편 생물에 해를 끼치는 알루미늄이온은 가장 많은 울산과 가장 적은 관악산 사이에 약 3배의 차이가 났다. 알루미늄이온에 대한 염기성 양이온(BC/Al^{3+})의 몰 비가 1 이상은 울산, 진주 및 설악산뿐이고, 나머지 장소는 1 이하였다. 뒤에 설명하는 바와 같이 BC/Al^{3+} 몰 비가 1 이하인 토양에서는 알루미늄 독성으로 식물이 정상생장을 하지 못한다(p. 103, 육상식물에 대한 알루미늄 독성 참조).

이상의 결과로 보아 우리나라의 토양은 식물의 무기영양소인 칼슘, 마그네슘 및 칼륨이 아주 부족하고, 해로운 알루미늄이온과 수소이온이 많으며, 염기포화도(BS)가 낮음을 나타내고 있다. 이처럼 교환성 양이온(Ca^{2+}, Mg^{2+}, K^+)이 적은 원인은 산성비에 의해 세탈되었기 때문이다.

우리나라에서 산성비가 내리지 않았던 옛날에는 토양 속에 양이온이 많았겠지만, 근래에는 산성비로 인해 염기성 양이온 농도가 낮아지고 산성

양이온 농도가 높아져서 염기포화도가 낮아진 것이다.

(2) 산성비 피해를 받은 외국의 토양

산성비의 피해를 이미 받았던 외국의 토양과 우리나라의 토양을 비교해 보기로 한다. 표 4-5는 오랫동안 산성비의 피해를 받은 외국 토양의 특성을 나타낸 것이다. 양이온교환능(CEC)은 스위스의 몬테세네리(Monte Ceneri), 캐나다의 온타리오(Ontario) 및 독일의 슈바르츠발트(Schwarzwald, Black forest)보다 우리나라의 토양이 훨씬 낮았다. 그리고 염기포화도(BS)는 캐나다의 온타리오보다 우리나라의 토양이 낮았다(7, 10, 12, 20). 염기포화도가 낮은 프랑스의 보주(Vosges) 산과 독일의 슈바르츠발트는 열악한 토양 때문에 이미 삼림쇠퇴가 진행된 곳으로 널리 알려져 있다. 이상의 결과로 보아 우리나라 토양의 양이온교환능과 염기포화도는 외국 토양에 비해 열악함을 알 수 있다.

표 4-5. 오랫동안 산성비에 노출되어 삼림쇠퇴가 일어난 외국 토양의 특성(meq · kg 토양$^{-1}$)(7, 10, 12, 20)

항목	몬테세네리 (스위스)[7]	온타리오 (캐나다)[12]	보주 산 (프랑스)[10]	슈바르츠발트 (독일)[20]
pH 값	4.04	5.10	3.50	3.80
수소이온(H^+)	16.2	-	25.0	15.1
나트륨이온(Na^+)	4.0	0.5	-	-
칼륨이온(K^+)	73.0	23.0	4.0	-
마그네슘이온(Mg^{2+})	27.5	25.0	1.0	4.5
칼슘이온(Ca^{2+})	82.5	156.0	-	1.5
알루미늄이온(Al^{3+})	68.3	-	9.7	52.7
양이온교환능 (CEC)	187.0	204.0	14.7	74.3
염기포화도(BS, %)	27.6	59.0	7.5	3.2
BC/Al^{3+}몰 비	0.91	-	0.23	-

주: 표 속의 위 첨자는 인용문헌 번호.

4.11 산성토양에서의 식물의 적응

산성토양에서 식물은 어떻게 견디며 사는가 알아보기로 한다. 산성토양에서는 수소, 알루미늄, 망간의 농도가 높아져서 그 이온들의 독성이 나타나고, 칼슘, 마그네슘, 칼륨, 인, 몰리부텐 등이 부족하여 그들의 결핍증이 나타나서 뿌리의 생장이 억제된다(19). 식물에 미치는 산성토양의 영향은 식물의 종류, 토양의 pH, 알루미늄 농도와 그 종류에 따라 다르게 나타난다. 예를 들면, 같은 산성토양이라도 침엽수림보다 활엽수림에서 피해가 더 크게 나타나고, 유기물이 많은 표토층에서는 수소이온의 독성이 나타나지만 무기토양인 하토층에서는 알루미늄 독성이 크게 나타난다.

Marschner(1991)에 따르면 산성토양(pH 3.0-5.0)에서 자라는 뿌리의 표피세포는 세포질의 수소이온 농도가 세포벽이나 토양용액보다 pH 3.0-4.0 단위만큼이나 높아서 pH 7.0-7.5로 유지되어 있다(그림 4-12). 뿌리세포는 액포막(tonoplast)과 세포질막(plasma membrane)에 양자펌프(proton pump)[1]가 자리잡고 있다. 세포질은 양자펌프의 작용으로 수소이온을 토양이나 액포로 수송하여 pH 7.0-7.5로 높게 유지한다. 이때 많은 에너지가 소비된다.

수소이온 농도의 급한 기울기에 역행하여 염기성 양이온이 세포질막을 통해서 막수송(membrane transport)이 일어나려면 전기적 기울기(전위차)에 역행하여 양이온을 흡수하는 추진력이 생겨야 한다. 그 추진력을 양자펌프가 담당한다. 양자펌프는 ATP 에너지를 공급받는다. 따라서 식물이 산성토양에서 무기영양소를 흡수하려면 중성토양보다 많은 에너지가 소비되므로 생장이 느려질 수밖에 없다.

---

1) 생체막의 양쪽에 있는 수소이온의 전기화학적 퍼텐셜 차에 역행하여 수소이온의 능동수송을 일으키는 막단백질.

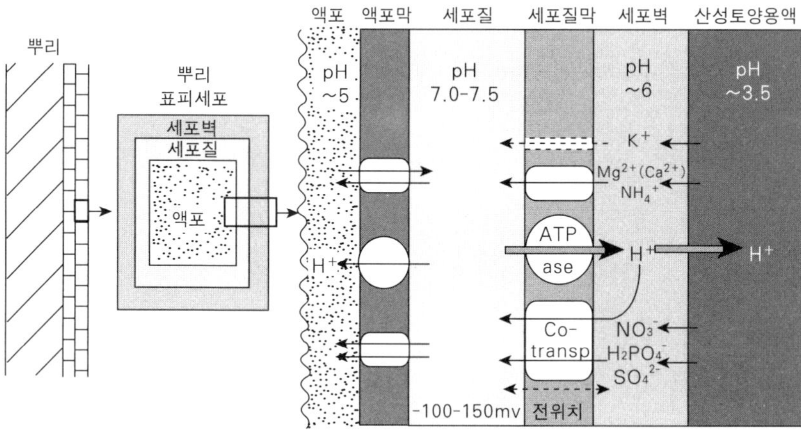

그림 4-12. 산성토양에서 생육하는 뿌리 표피세포의 양자펌프의 위치와 기능 및 쌍을 짓는 이온 수송의 모식도. ATPase: ATP아제, Co-transp: 양성자-음이온 공동수송, H^+: 수소이온, K^+: 칼륨이온, Mg^{2+}: 마그네슘이온, Ca^{2+}: 칼슘이온, NH_4^+: 암모늄이온, NO_3^-: 질산이온, $H_2PO_4^-$: 인산이온, SO_4^{2-}: 황산이온(19).

한편 뿌리의 세포질막에는 마그네슘이온(Mg^{2+})보다 칼륨이온(K^+)을 빠르게 수송하는 특이한 통로가 있다. 하지만 칼슘이온(Ca^{2+})은 마그네슘이온이나 칼륨이온과 다른 경로를 통해 흡수된다. 뿌리의 세포질은 칼슘이온의 막수송이 극단적으로 억제되어 있으므로 마그네슘이온(0.5-5.0mM)이나 칼륨이온(100-150mM)보다 칼슘이온(0.2-0.3μM) 농도가 훨씬 낮게 유지되어 있다. 그래서 칼슘이온은 주로 아포플라스 경로(apoplasmic pathway)[2)]를 통해 수송된다. 이 경로는 뿌리끝과 피층에 특히 많이 분포되어 있다.

세포질막에서 급한 기울기에 거슬러 수송되는 수소이온은 음이온 수송을 위한 양성자-음이온 공동수송(H^+-anion cotransport)[3)]이라는 특수한 추진력에 의해 수송된다. 양성자-음이온 공동수송의 존재는 낮은 pH의 토

2) 뿌리 피층의 세포간극과 세포벽을 지나는 통로.

3) 원형질막을 중심으로 양자펌프인 ATPase에 의해 전기화학적 양자 기울기가 형성된 뒤 양자가 세포질로 다시 돌아올 때 음이온과 짝을 이루어 같은 방향으로 수송되는 것을 말한다.

양용액에서 양이온, 특히 마그네슘이온의 흡수가 억제되는데도 불구하고 음이온의 흡수가 촉진되는 것으로 확인된다.

산성토양에서 마그네슘이나 칼슘은 알루미늄에 대해 칼륨과는 다른 반응이 일어난다. 즉 뿌리 피층세포의 아포플라스트(apoplast)에 결합되어 있는 마그네슘과 칼슘은 알루미늄과 대치된다. 하지만 칼륨은 알루미늄에 의해 대치되지 않는다. 이처럼 알루미늄은 피층세포의 아포플라스트에 결합된 마그네슘과 칼슘의 농도에 깊은 영향을 미친다. 그래서 토양이나 배양용액에서는 알루미늄, 칼슘 또는 마그네슘의 농도를 하나하나 개별적으로 나타내는 것보다 Ca/Al 또는 Mg/Al의 몰 비로 나타내는 것이 합리적이다. 한편 아포플라스트에는 마그네슘보다 칼슘이 더 단단히 결합되어 있으므로 알루미늄에 의해 대치되는 칼슘의 양은 마그네슘보다 적어진다(19).

4.12 토양 내 알루미늄 독성

(1) 토양 속의 알루미늄

많은 사람들이 알루미늄(Al)을 양은그릇을 만드는 경금속 물질이라는 정도로 알고 있을 뿐 흙의 중요한 구성성분이며, 산성비와 깊은 관계가 있다는 것은 잘 모르고 있다. 알루미늄은 보통 원소이며 중성의 물에 잘 녹지 않아 겨우 1ppm 이하 또는 수 ppm 정도의 낮은 농도로 녹는다. 그리고 알루미늄은 지표수 속에 있는 여러 가지 무기 또는 유기물질과 미량이기는 하지만 복합물을 형성한다.

토양 입자는 많은 알루미늄으로 구성되어 있어 토양이 산성화되면 토양 입자에서 알루미늄이온(Al^{3+})이 녹아 나온다. 그림 4-13은 토양의 알루미늄

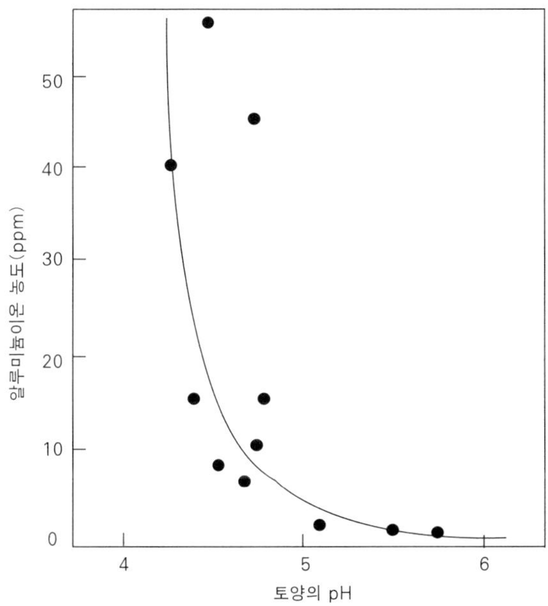

그림 4-13. 토양의 pH와 토양용액의 알루미늄이온 농도의 관계(18).

이 pH 5.0 이상에서 용해도가 낮지만 pH 5.0에서 유리되기 시작하여 pH 4.5 이하에서 빠르게 유리됨을 보이고 있다(18). 따라서 산성토양이나 산성수에서는 알루미늄이온이 높은 농도를 유지하게 된다.

알루미늄이온은 한편으로는 토양을 산성화시키고, 다른 한편으로는 뿌리의 생장과 수서생물의 생활을 저해한다. 즉 토양 입자에서 떨어져 나온 알루미늄이온은 그 자체가 약염기이므로 물을 가수분해하여 수산화알루미늄($(AlOH)^{2+}$)과 수소이온(H^+)으로 해리되어 토양을 산성화시킨다(14). 토양에서 세탈된 알루미늄은 물속에서 수서생물에 큰 피해를 입힌다(제8장 참조).

(2) 육상식물에 대한 알루미늄 독성

알루미늄은 뿌리 끝의 세포분열을 저해하여 그 신장생장을 억제한다. 세

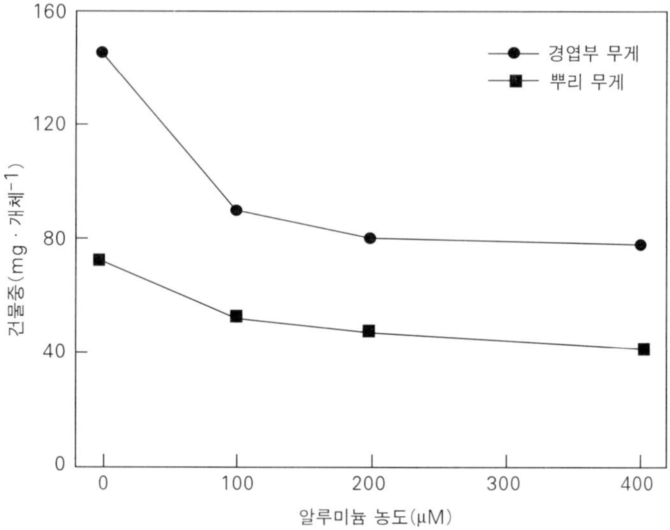

그림 4-14. 알루미늄이온에 의한 리기다소나무 유식물의 뿌리와 경엽부의 생장 저해(9).

포분열이 억제되므로 뿌리가 자라지 못하여 짧아진다. 시간이 지나면 짧은 뿌리 끝에서 측근이 발생하지만 다시 그 끝의 세포분열도 억제되므로 짧은 뿌리들이 얽힐 뿐 길게 자라지 못한다. 이와 같은 세포분열의 억제는 알루미늄이온이 세포의 DNA와 RNA를 교란시키기 때문이다. 이 교란에는 비교적 높은 농도의 알루미늄이 작용하고, 중간 정도의 농도로는 세포의 신장생장이 억제될 뿐이다. 뿌리 세포의 신장생장이 억제되는 까닭은 세포벽의 중층(middle lamella)을 구성하는 칼슘을 알루미늄이 대치하기 때문이다(19)(p. 100, 산성토양에서의 식물의 적응 참조).

그림 4-14는 알루미늄이 리기다소나무의 뿌리와 경엽부의 생장을 억제하는 현상을 보이고 있다(9). 비교적 낮은 농도(100μM)의 알루미늄은 뿌리의 생장을 29%, 경엽부의 생장을 39% 억제한다.

그림 4-15는 높은 농도(400μM)의 알루미늄에 의해 광합성률과 증산율이

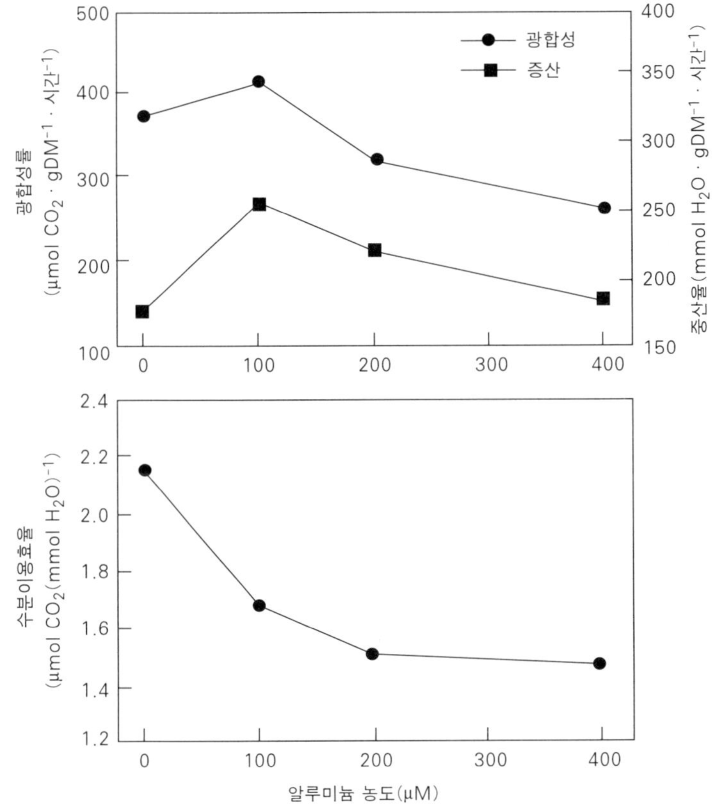

그림 4-15. 알루미늄이온에 의한 리기다소나무 유식물의 광합성과 증산(위) 및 수분의 이용효율(아래)의 저해(9).

낮아지지만 낮은 농도(100μM)에서 오히려 증가됨을 보인다. 그리고 알루미늄이온은 물의 이용효율을 감소시킨다. 한편 앞에서 설명했듯이 알루미늄은 뿌리에서의 칼슘과 마그네슘의 흡수를 억제하기 때문에 잎의 엽록소 함량을 감소시킨다(9).

토양의 알루미늄이온(Al^{3+})에 대한 염기성 양이온(BC: Ca^{2+}, Mg^{2+}, K^+, Na^+의 합)의 몰 비, 즉 BC/Al^{3+} 몰 비는 토양의 pH가 낮아짐에 따라 작아진다. 그림 4-16에서 보는 바와 같이 BC/Al^{3+} 몰 비는 1을 기준으로 하여

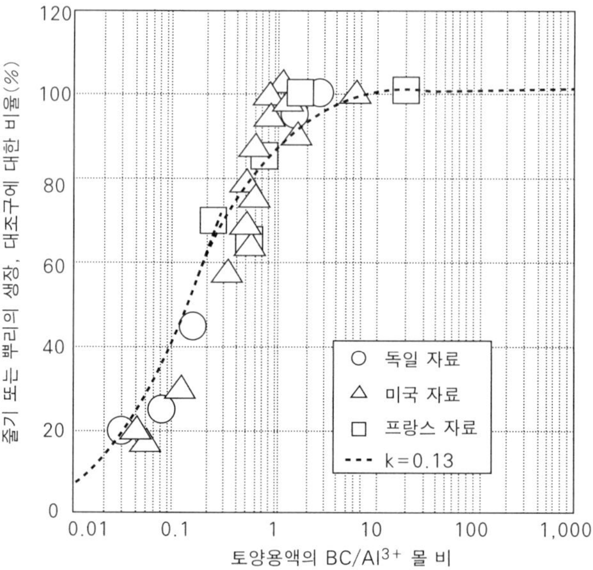

그림 4-16. 토양의 알루미늄이온에 대한 염기성 양이온(BC/Al^{3+})의 몰 비와 침엽식물(*Picea abies*, *Picea rubens* 및 *Abies alba*)의 뿌리 또는 경엽부 생장 사이의 관계(25, 26).

1보다 높으면 식물의 뿌리와 경엽부가 정상적으로 생육하지만 1보다 낮으면 생육이 급속히 감소된다(15, 25, 26).

BC/Al^{3+} 몰 비가 0.5 이하에서는 뿌리의 생장이 20%로 감소되고, 근균근의 생장이 억제되며, 0.15 이하에서는 심한 삼림쇠퇴가 일어난다. 그래서 BC/Al^{3+} 몰 비는 토양의 산성화에 따른 식물 생장을 판정하는 기준으로 이용될 수 있다.

다음에 우리나라 토양의 알루미늄이온에 대한 염기성양이온(BC)(BC/Al^{3+})의 몰 비를 살펴보기로 한다(표 4-4 참조). 우리나라의 토양에서 BC/Al^{3+} 몰 비는 울산, 진주 및 설악산이 1 이상으로 식물의 정상생장이 일어날 수 있는 좋은 토양이다. 하지만 관악산, 강화, 고성 및 내장산은 1 이하이고, 특히 강화와 고성은 0.5로서 식물의 생장을 억제시키는 열악

표 4-6. 아시아의 여러 식생형에 대한 토양의 염기성 양이온/알루미늄이온(BC/Al^{3+})의 몰 비(15)

식생형	BC/Al^{3+} 몰 비	식생형	BC/Al^{3+} 몰 비
극지 또는 바위사막	6.0	아열대건조림	2.0
툰드라	2.0	아열대습윤림	1.0
냉대반사막/관목림	2.0	열대건조림	1.0
고산성냉대관목림/초지	2.0	열대습윤림	0.6
냉대관목림/초원	2.0	열대사바나	10.0
타이가	2.0	일반 농경지	10.0
침엽수림	1.5	해안습윤림	10.0
혼효림	1.0	고온관목림/초원	10.0
온대활엽수림	0.6	다즙식물/유극건조림	10.0
교란된 온대임지	1.0	반건조림	10.0
건조/고지 임지	2.0	비극지성 바위식생	10.0
지중해성 임지	1.0	사지 및 반사막	10.0
교란된 열대임지	2.0		

한 토양이다.

Hettelingh 등(1995)은 아시아에 분포하는 여러 식생형에 대해 토양의 BC/Al^{3+} 몰 비를 조사하였다. 표 4-6에서 여러 식생형 중 BC/Al^{3+} 몰 비가 1 미만인 삼림은 온대활엽수림과 열대습윤림뿐이고 나머지 삼림은 모두 1 이상이다. 표 4-6의 BC/Al^{3+} 몰 비를 기준으로 평가하면 우리나라의 토양이 얼마나 열악하게 되었는지를 짐작할 수 있다(표 4-4 참조).

인용문헌

(1) 박종겸, 김태승, 노희정, 윤정기, 김혁, 김종하. 2003. 산성강하물에 의한 토양영향 평가. 한반도 산성강하물 평가와 영향조사(V). 국립환경연구원. pp. 133-189.

(2) 이민효, 박종환, 윤정기, 안창엽, 최미정. 2000. 산성강하물에 의한 토양영향 평가. 한반도 산성강하물 평가와 영향조사(II). 국립환경연구원. pp. 175-222.

(3) 이민효, 노희정, 윤정기, 김혁, 김문수. 2001. 산성강하물에 의한 토양영향 평가.

한반도 산성강하물 평가와 영향조사(III). 국립환경연구원. pp. 153-184.

(4) 이민효, 박종겸, 노희정, 윤정기, 김혁, 김종하. 2002. 산성강하물에 의한 토양영향 평가. 한반도 산성강하물 평가와 영향조사(IV). 국립환경연구원. pp. 103-141.

(5) Bache, B.W. 1984. Soil-water interactions. *In*: Ecological Effects of Deposition Sulphur and Nitrogen Compounds. Phil. Trans. Roy. Soc. London. B 305: 135-150.

(6) Bain, D.C., A. Mellor, M.J. Wilson and D.M.L. Duthie. 1990. Weathering in Scottish and Norwegian catchments. *In*: The Surface Waters Acidification Programme. B.J. Mason. (ed.) Cambridge Univ. Press. Cambridge.

(7) Blaser, P., M. Zyset, S. Zimmermann and J. Luster. 1999. Soil acidification in southern Switzerland between 1987 and 1997: a case study based on the critical load concept. Environ. Sci. Tech. 33: 2383-2389.

(8) Braun, S., C. Schindler, R. Volz and W. Flükriger. 2003. Forest damages by the storm 'Lother' in permanent observation plots in Switzerland: the significance of soil acidification and nitrogen deposition. Water Air Soil Poll. 142: 327-340.

(9) Cumming, J.R. and L.H. Weisntein. 1990. Aluminum-mycorrhizal interactions in the physiology of pitch pine seedlings. Plant Soil. 125: 7-18.

(10) Dambrine, E., B. Pollier, A. Poszwa, J. Ranger, A. Probst, D. Viville, P. Biron and A. Granier. 1998. Evidence of current soil acidification in spruce stands in the Vosges Mountains. Water Air Soil Poll. 105: 43-52.

(11) Donahue, R.L., R.W. Miller and J.C. Shickluna. 1977. Soils. 4th ed. Prentice Hall, London.

(12) Foster, N.W., I.K. Morrison and J.A. Nicolson. 1986. Acid deposition and ion leaching from a podzolic soil under hardwood. Water Air Soil Poll. 31: 879-889.

(13) Haynes, R.J. and R.S. Swift. 1995. Effects of soil acidification and subsequent leaching on levels of extractable nutrients in a soil. Plant Soil. 95: 327-336.

(14) Hendershot, W. and F. Courchesne. 1991. Simulation of solution chemistry in an acidic forest soil. Water Air Soil Poll. 60: 11-25.

(15) Hettelingh, J.-P., H. Sverdrup and D. Zhao. 1995. Deriving critical loads for Asia. Water Air Soil Poll. 85: 2565-2570.

(16) Howells, G. 1990. Acid Rain and Acid Waters. Ellis Horwood, London.

(17) Ikeda H. and Y. Miyanaga. 2001. Comparison of acid neutralization by chemical weathering between acidified and non-acidified watersheds. Water

Air Soil Poll. 131: 407-436.

(18) Kinraide, T.B. 1991. Identity of the rhizotoxic aluminium species. Plant Soil. 134: 167-178.

(19) Marschner, H. 1991. Mechanisms of adaptation of plants to acid soils. Plant Soil. 134: 1-20.

(20) Prietzel, J. and K.H. Feger. 1992. Dynamics of aqueous aluminium species in a podzol affected by experimental $MgSO_4$ and $(NH_4)_2SO_4$ treatments. Water Air Soil Poll. 65: 153-173.

(21) Rhyu, T.C. and J.-H. Kim. 1994a. Cation deficiencies in needles and fine roots of pitch pine in Seoul Metropolitan area. Korean J. Ecol. 17: 277-286.

(22) Rhyu, T.C. and J.-H. Kim. 1994b. Growth decline of pitch pine caused by soil acidification in Seoul metropolitan area. Korean J. Ecol. 17: 287-297.

(23) Skeffington, R.A. 1987. Soil and its responses to acid deposition. CEGB Research 20: 16-29.

(24) Stone, A., N. Christophersen, H.M. Seip and R.F. Wright. 1990. Prediction of stream acidification by using the Birkenes and MAGIC models. *In*: The Surface Waters Acidification Programme. (ed.) B.J. Mason.

(25) Sverdrup, H., P. Warfving and D. Britt. 1996. Assessing the potential for forest effects due to soil acidification in Maryland. Water Air soil Poll. 87: 245-265.

(26) Sverdrup, H., P. Warfving and B. Nihlgärd. 1994. Assessment of soil acidification effects on forest growth in Sweden. Water Air and Soil Poll. 78: 1-36.

(27) Tamm, C.O. and L. Hallbäcken. 1986. Changes in soil pH over a 50-year period under different canopies. Water Air Soil Poll. 31: 337-341.

(28) Yagasaki, Y., T. Chishima, M. Okazaki, D.-S. Jeon, J.-H. Yoo and Y.-K. Kim. 2001. Acidification of red pine forest soil due to acidic deposition in Chunchon, Korea. Water Air Soil Poll. 130: 1085-1090.

(29) Yeo, S.J., B. Lee, S. Sung and S.J. Kim. 2002. The changes of specific surface area of soils after peroxidation and its implication for the calculation of critical loads of soil acidification. J. Miner. Soc. Korea 15: 195-204.

05

삼림의 쇠퇴와 반작용

산성비와 삼림 사이에서는 상반된 관계를 찾아볼 수 있다. 삼림은 산성비에 의해 생육이 저해되는 한편, 삼림은 산성비의 해독작용을 완화시킨다. 산성비지역에서 자란 리기다소나무는 잔뿌리를 땅 표면에 뻗고 나이테가 자라지 못하며 삼림쇠퇴가 일어난다. 하지만 삼림은 산성비의 어떤 성분을 흡수하고 다른 성분을 배출하여 산도를 완화시킨다. 환경이 생물에 영향을 미치는 관계를 작용(action)이라 하고, 생물이 환경을 자신에게 알맞도록 변화시키는 관계를 반작용(reaction)이라고 한다. 산성비가 삼림을 거쳐 계류수에 이르면 산도가 낮아져서 생태계에 이롭게 된다. 이처럼 숲은 산성비에 대해 반작용을 하여 환경 스트레스를 완화시키는 기능을 가지고 있다.

5.1 잔뿌리의 상향생장

물과 무기영양소를 흡수하는 뿌리는 보통 지름이 2mm 이하인 잔뿌리(fine root)이다. 따라서 잔뿌리가 땅속 깊이 뻗어야 식물은 건강하게 생육할 수 있다. 산성토양에서 식물은 잔뿌리를 깊이 뻗지 못하고 땅 표면 가까이에 얕게 뻗는데 이를 상향생장(superficial growth)이라고 한다. 특히 대도시 주변의 산성토양에서 자라는 리기다소나무의 잔뿌리는 흔히 상향생장을 한다.

산성비가 자주 내리는 수도권(서울)에서는 낙엽이 빠르게 썩지 않으므로 나무 밑에 두꺼운 부식질층이 형성된다. 부식질층은 대부분 유기물로 구성되고, 표토층(0-5cm 깊이)은 유기물과 무기토양이 섞이며, 심토층(5-10cm 깊이)은 거의 순수한 무기토양이다. 수도권(서울) 주변의 산성토양에서 자란 리기다소나무는 잔뿌리를 땅 표면의 부식질층에 많이 뻗고 무기토양층에 적게 뻗는 모습이 관찰되고 있다(그림 5-1).

수도권(서울)의 60km 범위를 동심원상으로 도심(0-10km 범위), 교외(10-20km) 및 농촌(20-60km)으로 나누고 각 범위에서 자라는 리기다소나무의 잔뿌리를 조사한 연구가 이루어졌다(그림 4-8 참조). 그림 5-2는 잔뿌리를 부식질층, 표토층 및 심토층으로 구분해 무게를 비교한 것이다. 잔뿌리는 도심에 가까울수록 부식질층에 많고 농촌에 가까울수록 심토층에 많이 뻗었다(12). 이처럼 도심에서 잔뿌리가 부식질층에 많이 뻗는 원인은 심토층

그림 5-1. 산성토양에서 자란 리기다소나무의 잔뿌리가 상향생장을 하여 부식질층에 뻗은 모습.

보다 부식질층에 칼슘과 마그네슘이 적고 알루미늄이 많기 때문이다(9, 12).

잔뿌리가 땅 표면에 있는 부식질층에 뻗으면 수분을 적게 흡수하고, 가뜩이나 가뭄이 오랫동안 지속되면 나무는 만성적으로 물과 무기영양소를 흡수하지 못하여 생장이 억제된다. 토양의 건조가 표면에서부터 일어나기 때문이다. 실제로 수도권 주변에서 자라는 리기다소나무의 잎은 수분결핍의 징후가 나타나고 있다(10).

식물은 좋지 못한 환경에 적응하기 위해 악조건을 참고 견디는 내성(tolerance)과 악조건을 회피하는 기피(avoidance)라는 2가지 전략을 가지

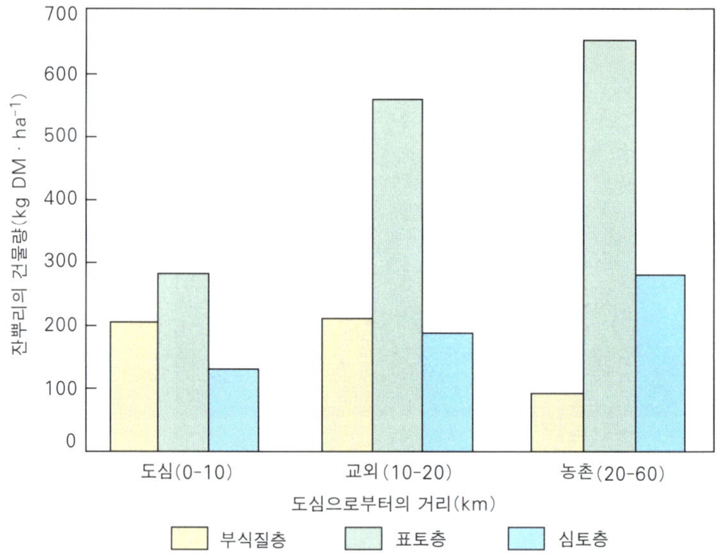

그림 5-2. 수도권(서울)의 도심(0-10km 범위), 교외(10-20km) 및 농촌(20-60km)에서 자라는 리기다소나무숲 토양의 부식질층, 표토층(0-5cm) 및 심토층(5-10cm)에 뻗는 잔뿌리의 건물량 비교(12).

고 있다. 여기에서 리기다소나무의 잔뿌리가 알루미늄이 많고 칼슘과 마그네슘이 적은 무기토양에 뻗지 않는 특성은 기피전략이라고 말할 수 있다(6).

5.2 나이테 생장의 감소

온대지방의 나무들은 나이테를 1년에 하나씩 형성한다. 나이테는 좋은 환경에서 두껍게 형성되고 나쁜 환경에서 얇게 형성되며, 늙은 나무보다 어린 나무에서 더 두껍게 형성된다.

수도권(서울)에서 리기다소나무의 나이테 두께를 측정하여 도심, 교외 및 농촌으로 나누어 비교하면, 그림 5-3과 같이, 나이테는 도심에서 얇고

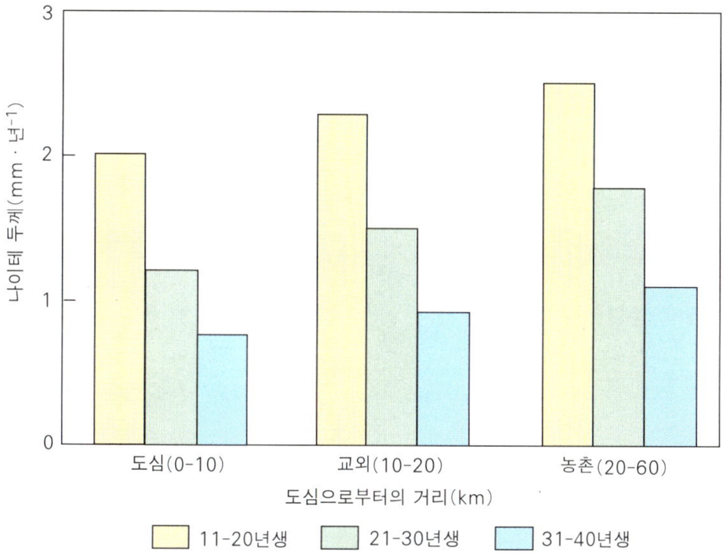

그림 5-3. 수도권(서울)의 도심(0-10km 범위), 교외(10-20km) 및 농촌(20-60km)에서 자란 리기다소나무의 나이테 두께 비교(12).

표 5-1. 수도권(서울)의 도심(0-10km 범위), 교외(10-20km) 및 농촌(20-60km)에서 자라는 리기다소나무의 연령에 따른 연평균 나이테 두께의 비교(12). 단위는 mm · 년$^{-1}$

구분	나무의 연령			
	11-15년	16-20년	21-25년	26-30년
도심	1.91	1.51	1.39	1.07
교외	2.18	1.63	1.62	1.30
농촌	2.61	2.33	1.86	1.19

농촌으로 갈수록 두껍게 자란다. 나이테를 연령별로 구분하여 도심, 교외 및 농촌을 비교해도 같은 결과가 나온다(표 5-1). 즉 11-15년생 나무의 도심을 100으로 하여 비교했을 때 교외와 농촌이 각각 114와 137로 농촌에서 많이 자란다(12). 이렇게 도심에서 나이테가 얇게 자라는 까닭은 앞에서 설명했듯이 잔뿌리가 상향생장을 함으로써 물과 무기영양소를 흡수하지

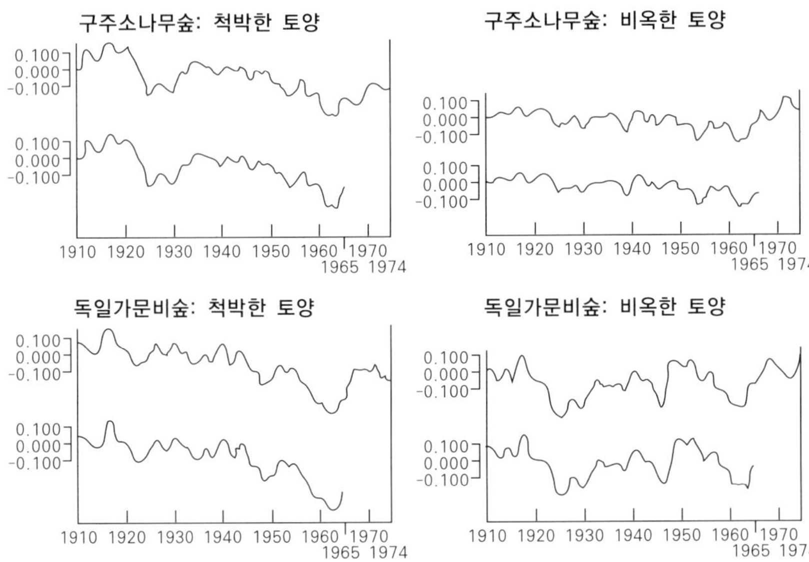

그림 5-4. 스웨덴 남부에서 산성비에 의해 척박해진 두 삼림과 산성비의 영향권에서 벗어난 두 삼림의 구주소나무와 독일가문비의 나이테 생장의 비교. 단위는 나이테 두께(mm · 년$^{-1}$)를 log로 바꾼 값(17).

못하고, 대기오염이 심하기 때문이다. 뿐만 아니라 농촌에 비해 도심에서 자란 잔뿌리와 잎 속에는 독성 이온인 알루미늄이 많이 들어 있고, 무기영양소인 칼슘과 마그네슘이 적게 들어 있는 사실도 밝혀졌다(11).

한편 산성비와 관련하여 장기간에 걸쳐 나이테를 조사하는 연구가 이루어졌다. 그림 5-4는 스웨덴 남부의 척박한 삼림과 비옥한 삼림의 구주소나무와 독일가문비의 나이테 생장이 1910년부터 1965년까지 감소하다가 그 이후부터 1974년까지 증가하는 경향을 보이고 있다(17). 이 경향은 1950년 이래 산성비가 내려서 나이테 생장이 감소되었고, 1960년 이래 대기질소강하량이 증가하여 질소시비효과가 나타나서 생장이 증가했다고 해석되고 있다. 그리고 비옥한 삼림보다 척박한 삼림에서 생장이 감소하는 경향은 더 뚜렷하게 나타났다.

5.3 삼림쇠퇴

앞에서 살펴본 바와 같이 리기다소나무의 잔뿌리는 농촌에 비해 도심에 가까울수록 흙 표면에 뻗고 나이테는 얇게 형성되고 도시와 공업단지 주변의 수목은 때에 어울리지 않게 잎이 황색으로 변해 잎이 일찍 떨어진다. 소나무 가지에 붙는 잎을 자세히 살펴보면 도시에서 멀리 떨어진 청정지역에서는 가지 끝에서 3마디까지 잎이 촘촘히 붙는데, 도심에 가까울수록 끝의 첫마디에만 붙는다. 이처럼 수목들이 활력을 잃고 고사하는 징후를 삼림쇠퇴(forest decline)라 한다(18). 삼림쇠퇴는 주로 대기오염과 토양의 산성화 때문에 일어난다(그림 4-5 참조). 유럽의 공업단지 주변에서는 1960년대 중엽에 벌써 삼림쇠퇴가 관찰되었다. 우리나라에서도 울산과 여천공업단지 및 수도권(서울) 주변에서 삼림쇠퇴가 관찰되고 있다(그림 5-5).

그림 5-5. 리기다소나무의 쇠퇴 징후. 서울 근교에서 자란 리기다소나무의 수관에서 잎이 떨어져서 가지만 앙상하게 남았다.

삼림쇠퇴는 직접 원인과 간접 원인에 의해 일어난다. 직접 원인은 대기 중의 이산화황, 암모니아, 오존 같은 가스상 대기오염물질이 잎에 직접 닿음으로써 일어나는데, 이런 삼림쇠퇴는 곧 눈에 띄므로 쉽게 발견할 수 있다. 간접 원인은 산성비와 건성강하물에 의해 토양이 산성화됨으로써 잔뿌리가 상향생장을 하고(그림 5-1 참조), 토양의 염기성 양이온이 세탈되어 부기영양소가 부족하며, 알루미늄이온(Al^{3+}) 농도가 높아져서 BC(= $K^{+}+Mg^{2+}+Ca^{2+}$)/Al^{3+} 몰 비가 낮아짐으로써 뿌리와 줄기가 자라지 못하거나 잔뿌리에 병이 생겨서 삼림쇠퇴가 일어난다. 이러한 현상은 주로 흙 속에서 일어나기 때문에 눈에 쉽게 띄지 않아서 10-20년이 지난 다음에 비로소 발견된다. 삼림쇠퇴가 심하게 진행되면 숲이 완전히 고사하고 만다.

뒤에 설명하겠지만 요즈음의 대기산성강하물 중에는 질소산화물(NOx)과 암모니아(NH_3)와 같은 질소 성분이 많아져서 삼림의 생장이 일시적으로 증가하지만, 쇠약해져서 병충해 피해를 쉽게 받고 노화가 빠르게 일어난다(제6장 참조). 이 밖에 가뭄, 고온, 서리 등의 기후요인도 삼림쇠퇴의 간접 요인으로 작용한다. 대기오염과 산성비에 의해 일어나는 삼림쇠퇴는 인류가 해결해야 하는 고민거리의 하나가 되었다.

5.4 수관의 산도 중화 기능

(1) 삼림생태계의 물질순환

빗물이 삼림에 내리면 수관이나 줄기(수간)를 적시고 임상에 쌓인 부식질층, 삼림토양의 A층, B층 및 C층을 거쳐 지하수나 계류수로 흘러 나간다(그림 5-6). 이 일련의 경로를 거치면서 빗물은 어떻게 변하여 삼림생태계에 어떤 영향을 미치고, 삼림은 빗물에 대해 어떠한 반작용(reaction)을 가하는가를 알아보기로 한다.

우리나라의 대도시와 공업단지 주변에는 산성비가 내리는데도 하천의 물은 빗물보다 pH가 높아서 중성이나 약알칼리성을 띠고 있으며(표 7-1 참조), 산성비가 내리는데도 유럽처럼 심한 삼림쇠퇴가 일어나지 않는다.

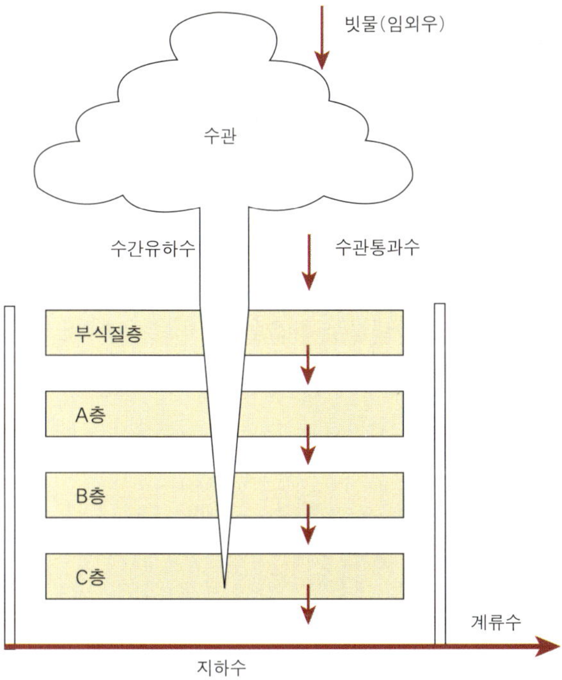

그림 5-6.
삼림생태계에 내린 빗물이 계류수까지 이동하는 경로.

그 원인은 무엇일까? 산성비는 삼림생태계를 통과하는 동안 거의 중화되기 때문이다. 그렇다면 도대체 삼림생태계는 어떠한 기능이 있기에 산성비를 중화시키며 그 사실을 과학적으로 어떻게 증명할 수 있을까?

삼림생태계는 다양한 식물 · 동물 · 미생물과 같은 생물 요소와 습기, 무기영양소 및 유기물질을 간직한 토양과 같은 비생물 요소로 구성되어 있다. 삼림생태계 내에서는 생물과 비생물 사이에 활발한 상호관계가 이루어져서 안정상태가 유지된다. 그리고 삼림생태계에서 물질의 흐름은 식물이 토양에서 물과 무기영양소를 흡수하고, 낙엽 · 낙지가 분해된 무기영양소가 토양으로 되돌아가는 내부순환으로 이루어진다.

이 물질순환의 고리는 완전히 개방되어 있다. 즉 대기로부터 건성강하물과 습성강하물이 삼림으로 유입되고, 지표유출수와 깊은 토양층에서 스며 나온 물질이 계류나 하천의 물을 거쳐 유출된다. 따라서 대기에서 삼림생태계로 유입되는 산성강하물의 동태를 이해하려면 삼림생태계를 물질순환이라는 관점에서 바라볼 필요가 있다.

(2) 빗물과 수관통과수의 pH 비교

그림 5-7은 일본 홋카이도의 한 삼림분수계에서 3년간 빗물과 계류수의 pH를 비교한 결과이다(14). 빗물은 대체로 산성(pH 4.0-5.5)인데 계류수는 거의 pH 6.5 이상을 유지하고 있다. 이것으로 보아 산성빗물은 숲을 통과하면서 나무의 잎이나 가지를 적시는 동안에 어떤 반응이 일어나서 빗물의 pH가 높아졌다는 것을 짐작할 수 있다. 그 원인을 알아보기 위해 활엽수림(참나무)과 침엽수림(스토로브잣나무)에서 숲 밖의 빗물(임외우)과 숲 밑에 떨어지는 물(수관통과수)의 pH를 비교하였다(15)(그림 1-4 참조). 그림 5-8과 같이 침엽수림에서는 빗물과 수관통과수의 pH가 거의 같았지만 활엽수림에서는 여름(6-10월)에 빗물보다 수관통과수의 pH가 훨씬 높았다. 즉 활엽수림의 수관(잎과 가지)이 빗물의 pH를 높인 것이다.

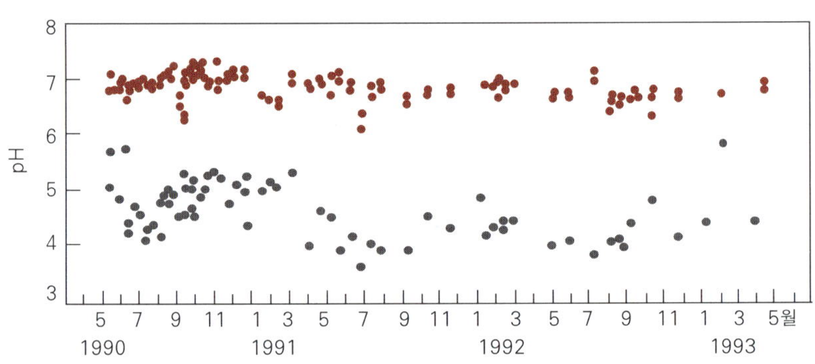

그림 5-7. 삼림분수계(일본 홋카이도)의 빗물과 계류수의 pH 비교(14).

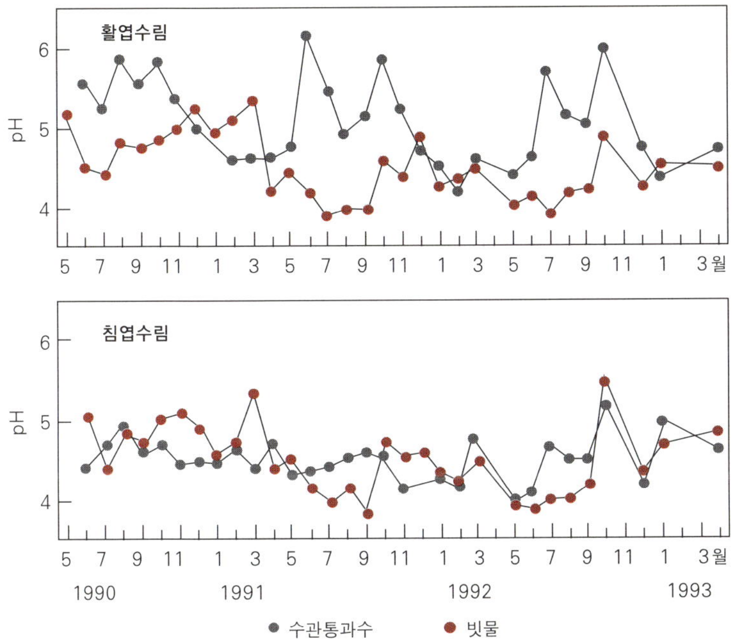

그림 5-8. 활엽수림과 침엽수림에서 숲 밖에 내리는 빗물(임외우)과 수관통과수의 pH 비교(15).

5.5 수관의 이온 선택 기능

(1) 칼륨 세탈 기능

수관에 어떤 기능이 있는지를 밝히기 위해 빗물과 수관통과수의 칼륨이온(K^+) 농도를 측정하였다. 그림 5-9는 활엽수림의 칼륨이온 농도가 빗물보다 수관통과수에서 높음을 보여 준다(15). 그 원인은 빗물 속의 수소이온(H^+)과 잎 속의 칼륨이온이 잎 표면에서 교환하여 수관통과수에 칼륨이온이 녹는 데 있다(3). 침엽수림도 활엽수림처럼 수관통과수의 칼륨이온 농도

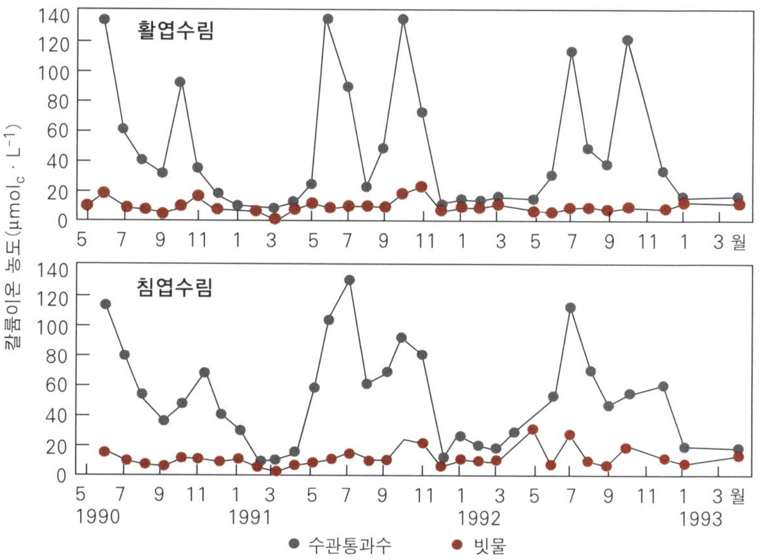

그림 5-9. 활엽수림과 침엽수림에서 빗물(임외우)과 수관통과수의 칼륨이온(K^+) 농도 비교(15).

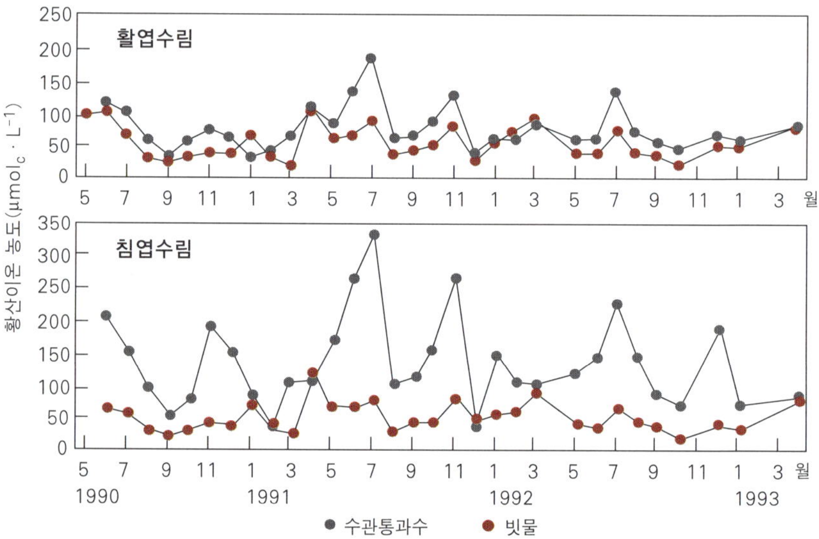

그림 5-10. 활엽수림과 침엽수림에서 빗물(임외우)과 수관통과수의 황산이온(SO_4^{2-}) 농도 비교(15).

가 높지만, pH는 거의 높아지지 않았다(15)(그림 5-8 참조).

다음에 빗물과 수관통과수의 황산이온(SO_4^{2-}) 농도를 측정하였다. 황산이온은 활엽수림보다 침엽수림에서, 그리고 빗물보다 수관통과수에서 훨씬 많았다(15)(그림 5-10). 그 원인은 잎의 표면적이 좁은 활엽수림보다 넓은 침엽수림의 수관에 이산화황 가스나 황산 에어로졸이 많이 묻어 있다가 빗물에 씻겨 내리기 때문이다.

침엽수림의 수많은 바늘잎은 활엽수림의 납작한 잎보다 표면적이 훨씬 넓은 것이다. 이처럼 침엽수림과 활엽수림의 수관은 빗물의 pH, 칼륨이온 및 황산이온의 농도를 변화시키는 기능이 다르다.

(2) 질산이온 흡수 기능

앞에서 잎 속의 칼륨이온(K^+)은 빗물의 수소이온(H^+)과 교환하여 수관통과수에 녹아서 임상에 떨어진다는 사실을 알았다(그림 5-9 참조). 수관은 칼륨이온을 세탈하지만 다른 이온을 흡수하는 기능도 아울러 가지고 있다.

흡수하는 이온을 알아보기 위해 광릉시험림(경기도)의 침엽수림(잣나무, 전나무 및 리기다소나무로 구성된 숲)과 활엽수림(졸참나무, 서어나무 및 까치박달로 구성된 숲)에서 빗물(임외우), 수관통과수 및 수간유하수의 주요 이온 농도를 측정하였다(1). 그리고 각 이온별로 빗물에 대한 수관통과수(수관통과수/빗물)의 비, 또는 빗물에 대한 수간유하수(수간유하수/빗물)의 비를 계산하였다.

그림 5-11은 수관통과수/빗물의 비와 수간유하수/빗물의 비가 1보다 큰 이온과 1보다 작은 이온으로 구분되고 있다. 그들의 비가 1보다 크면 빗물보다 수관통과수나 수간유하수의 농도가 높고, 1보다 작으면 빗물보다 수관통과수나 수간유하수의 농도가 낮음을 뜻한다.

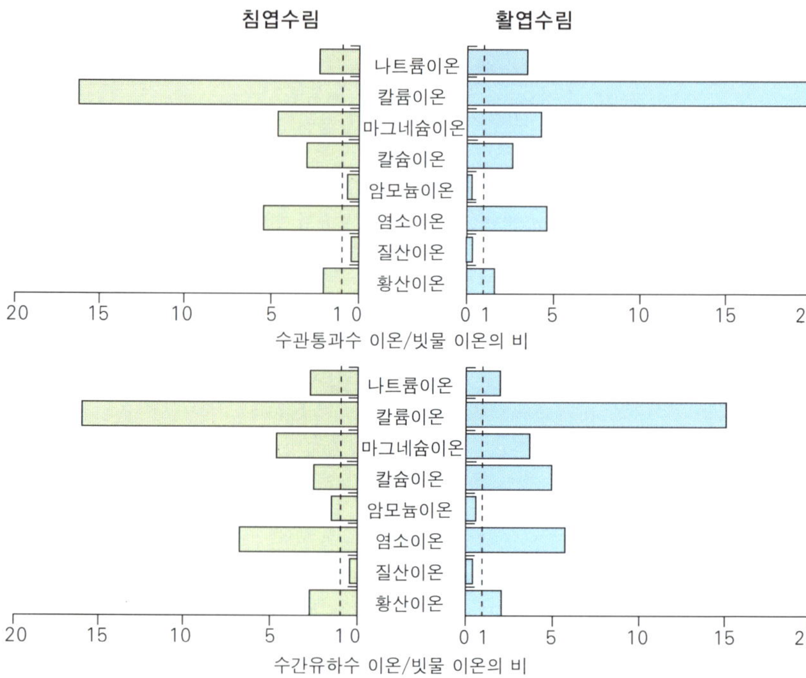

그림 5-11. 광릉시험림에서 침엽수림과 활엽수림의 주요 이온($\mu eq \cdot L^{-1}$)의 수관통과수/빗물의 비(위) 또는 수간유하수/빗물의 비(아래)의 비교(1).

수관통과수나 수간유하수의 이온 농도가 빗물보다 높아지는 원인은 2가지로 생각할 수 있다. 하나는 이온이 잎 자체에서 스며 나온 경우와 다른 하나는 수관에 이미 묻어 있던 건성강하물이 빗물에 씻겨서 수관통과수나 수간유하수에 녹아 나온 경우이다.

빗물보다 수관통과수의 농도가 무려 15-20배나 높은 칼륨이온은 잎에서 세탈되었다고 생각할 수밖에 없다. 수관에서의 칼륨이온 세탈은 홋카이도와 광릉의 삼림에서 공통적으로 나타나는 현상이다(그림 5-9 참조). 하지만 이온의 비가 1.6-5.5배로 높아지는 나트륨이온, 칼슘이온, 마그네슘이온, 염소이온 및 황산이온은 수관에 묻어 있다가 빗물에 씻겨 나왔다고 생각할 수 있다. 이와 반대로 암모늄이온과 질산이온은 그들의 비가 1보다 작았다. 따라서 수관통과수가 빗물보다 낮았으므로 이 이온들은 수관에서 흡수했다고 해석해도 무리가 없을 것이다. 이처럼 수관은 빗물 속의 이온을 선택적으로 세탈하거나 흡수하는 기능을 가지고 있다.

숲은 빗물이 수관과 수간(나무 줄기)을 적시면서 내려오는 동안 칼륨이온을 세탈하여 공급원(source)의 기능을 하고, 이와 반대로 암모늄이온과 질산이온을 흡수하여 수용원(sink)의 기능을 하는 양면성이 있다.

5.6 부식질층의 중화 기능

나뭇잎이 임상에 떨어져서 썩은 부식질층은 어떤 구실을 하는지 알아보기로 한다. 부식질층은 미생물과 소동물의 활동으로 낙엽이 서서히 분해되어 형성된 것이다. 인위적으로 만든 산성빗물을 활엽수림과 침엽수림의 부식질층에 살포한 다음 그 층을 통과한 침투수를 모아서 pH를 측정하는 실험이 이루어졌다(16). 여기에서 살포한 인공산성빗물은 물에 묽은 황산을 타서 pH 4.0으로 맞춘 것이다.

그림 5-12에서 보는 바와 같이 부식질층을 통과한 침투수는 pH 5.0 이상을 유지하고 있다(16). 즉 부식질층은 pH 4.0의 인공산성비를 pH 5.0 이상으로 높여 주는 특이한 기능을 한다. 인공산성비를 살포한 초기에 침투수의 pH는 침엽수림보다 활엽수림에서 더 높았다. 그 이유는 활엽수림보다 침엽수림의 부식질에 유기산이나 황산이온이 더 많아서 pH가 낮아진 것이다. 유기산은 침엽수림의 낙엽이 분해될 때 저절로 생성되는 물질이다. 이처럼 삼림은 잎이 수관에 붙어 있을 때뿐만 아니라 부식질층을 형성한 다음에도 산성비의 pH를 높이는 기능을 한다.

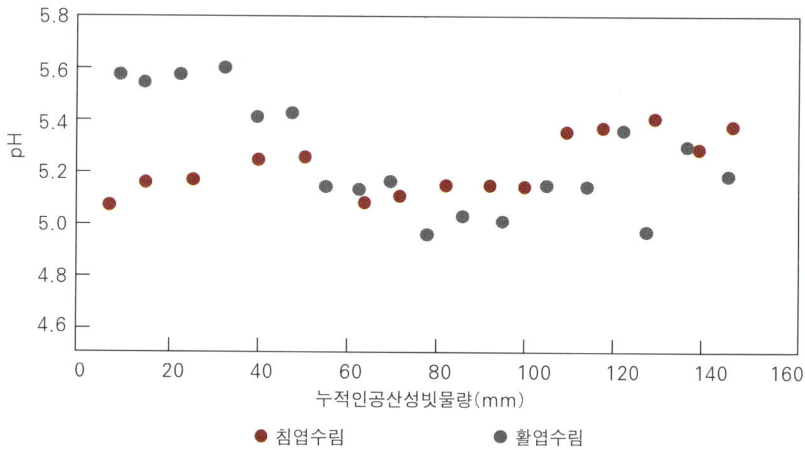

그림 5-12. pH 4.0의 인공산성비를 부식질층에 살포했을 때 침투수의 pH 변화(16).

5.7 임상 토양층의 기능

토양단면에서 설명한 바와 같이 삼림토양을 수직으로 파 내려가면 낙엽층(부식질층), A층(유기물층), B층 및 C층으로 구분된다(그림 4-1 참조). 수관통과수와 수간유하수를 합한 총수관통과수(total throughfall)는 수관을 거쳐서 임상에 떨어진 다음 토양단면의 낙엽층, A층, B층 및 C층을 차례로 스며 내려간다(그림 5-6 참조). 다음에 총수관통과수가 토양층을 내려가면서 이온이 각 층에 얼마나 보유(retention)되고 세탈(leaching)되는가를 살펴보기로 한다.

Phrainen 등(2002)은 핀란드의 독일가문비(침엽수림) 숲에서 총수관통과수와 각 토양층의 이온 농도를 측정한 다음 단위면적(ha)당의 연평균 이온 농도로 환산하였다. 표 5-2에서 보는 바와 같이 총수관통과수 중에서 가장 많이 유입된 칼륨이온(181eq · ha^{-1} · $년^{-1}$)은 A층, B층 및 C층에서 각각

표 5-2. 독일가문비 성숙림에서 총수관통과수에 의해 유입된 연평균 이온 농도와 여러 토양층에서의 이온의 보유(+)와 세탈(−) 농도(8). 단위는 eq · ha^{-1} · $년^{-1}$

구분	나트륨이온 (Na^{+})	칼륨이온 (K^{+})	마그네슘이온 (Mg^{2+})	칼슘이온 (Ca^{2+})	황산이온 (SO_4^{2-})
총수관통과수	69(100%)	181(100%)	32(100%)	76(100%)	159(100%)
A층(0-12cm)	+12(17%)	+14(8%)	-15(45%)	-22(28%)	+46(58%)
B층(12cm 깊이)	+16(24%)	+72(40%)	+23(70%)	+56(74%)	+7(8%)
C층(35cm 깊이)	+21(30%)	+80(44%)	+16(50%)	+30(39%)	+15(19%)
C층 이하로 유출	20(29%)	15(8%)	8(25%)	12(15%)	12(15%)

주: 이 조사지의 연평균 강수량은 502mm였다.

8%, 40% 및 44%가 보유되고 C층 이하로 겨우 8%만 흘러 나갔다. 마그네슘과 칼슘은 A층에서 각각 45%와 28%가 세탈되고 B층과 C층에서 많은 양이 보유된 다음 C층 이하로 각각 25%와 15%가 흘러 나갔다.

황산이온은 A층, B층 및 C층에 각각 58%, 8% 및 19%가 보유되고 C층 이하로 15%만 흘러 나갔다. 이처럼 총수관통과수의 이온은 각 토양층을 통과하면서 보유되므로 C층 밑으로 내려오는 이온은 훨씬 감소된다. C층 이하로 흘러 나간 이온들은 지하수나 계류수로 들어가게 된다. 여기에서 토양층은 총수관통과수로 유입된 다량의 이온을 계류수로 소량만 흘려 보내고 있음을 알 수 있다. 아마도 우리나라의 연 강수량(1,200mm)은 핀란드(502mm)보다 많으므로 계류수로 흘려 보내는 이온의 양이 핀란드보다 많을 것으로 짐작된다.

5.8 삼림분수계의 이온 농도 조절

능선으로 둘러싸인 자연지형에서 능선 내의 강수(비와 눈), 지표수, 지하수 및 계류수가 모이는 한 묶음의 자연 단위를 분수계(catchment) 또는 집

표 5-3. 광릉시험림의 침엽수림과 활엽수림 분수계 내에서 1992-1993년 사이에 단위면적(ha)당 빗물과 총수관통과수의 이온 유입량 및 계류수를 통한 이온 유출량의 연평균 수지(1). 단위는 eq · ha^{-1} · $년^{-1}$

구분	빗물	침엽수림분수계			활엽수림분수계		
		총수관통과수	계류수	유실 또는 보유	총수관통과수	계류수	유실 또는 보유
수소이온(H^+)	0.052	0.05	0.001	+0.045	0.026	0.002	+0.024
나트륨이온(Na^+)	308	468	1,057	- 591	513	1,758	-1,245
칼륨이온(K^+)	104	1,242	127	+1,116	1,893	206	+1,687
마그네슘이온(Mg^{2+})	231	468	641	-198	596	1,086	-491
칼슘이온(Ca^{2+})	154	391	626	-236	491	908	-417
암모늄이온(NH^{4+})	320	299	미검출	+299	50	미검출	+50
염소이온(Cl^-)	290	1,066	728	+338	1,088	924	+164
질산이온(NO_3^-)	104	53	1	+52	43	2	+41
황산이온(SO_4^{2-})	2,042	2,731	980	+1,751	1,759	1,385	+374

주: +는 보유량, −는 유실량.

수역(watershed)이라고 한다(2). 한 분수계는 단위면적 내의 강수, 지표유출수, 총수관통과수 등을 연구하는 데 흔히 이용되고 있다(그림 1-4 참조).

산성비의 이온이 삼림을 거쳐 계류수로 흐르는 과정이 광릉시험림의 분수계에서 연구되었다(1). 표 5-3은 침엽수림과 활엽수림 분수계에 내리는 단위면적(ha)당 연 강수량, 연 총수관통과수량 및 연 계류수량과 그 속에 들어 있는 각 이온 농도를 계산한 결과이다.

표 5-3에서 보는 바와 같이 이온의 유입량(input)은 빗물(임외우)보다 총수관통과수가 훨씬 많고, 이온의 유출량(output)은 그 종류에 따라 총수관통과수보다 계류수에서 많은 것과 적은 것으로 구분된다.

총수관통과수에 의한 칼륨의 유입량은 총수관통과수에 의해 침엽수림과 활엽수림에 많이 유입되고 유출량이 적었으므로 분수계 내에 대단히 많이 보유되었다.

마그네슘은 침엽수림과 활엽수림에서 유입량보다 유출량이 많았으므로 분수계로부터 유실된 양은 별로 많지 않았다. 칼슘은 유입량보다 유출량이 많았으므로 분수계로부터 유실된 양이 많았다.

암모늄이온은 총수관통과수를 통해 각각 299와 50eq $NH_4^+ \cdot ha^{-1} \cdot 년^{-1}$ 만큼 유입되었지만 계류수에서 검출되지 않았으므로 유입량이 모두 분수계 내에 보유된 것으로 생각된다.

질산이온은 총수관통과수를 통한 침엽수림과 활엽수림으로의 유입량이 빗물의 약 절반이었고, 계류수를 통한 유출량은 아주 적었으므로 분수계 내에 대부분 보유되었다. 질산이온의 유출량이 활엽수림보다 침엽수림에서 다소 많은 원인은 전자보다 후자가 어린 숲이므로 많이 흡수되었기 때문일 것이다.

황산이온은 침엽수림과 활엽수림에서 총수관통과수를 통한 유입량보다 계류수를 통한 유출량이 적었으므로 분수계 내의 보유량이 많은 편이었다. 여기에서 주목되는 점은 황산이온의 유입량이 활엽수림보다 침엽수림에서 1.5배나 많았지만 계류수로 흘러 나간 유출량은 후자보다 전자가 1.4배나 많았다. 따라서 황산이온의 보유량은 활엽수림보다 침엽수림에서 약 5배나 많은 셈이다. 이처럼 황산이온은 침엽수림으로 많이 유입될 뿐만 아니라 많이 보유되고 있다. 그 원인은 앞에서 설명한 바와 같이, 잎의 표면적이 넓은 침엽수림에 건성강하물이 많이 묻었기 때문이다(그림 5-10 참조).

수관통과수의 황의 86-98%는 건성강하물에서 유래한다. 활엽수림에서는 그중의 50% 이상이, 침엽수림에서는 30% 이상이 빗물에 씻겨서 수관통과수에 포함된다. 방사성 황(^{35}S)을 목본식물에 주입한 실험으로 잎 자체에서 세탈되는 황은 수관통과수 중 겨우 5.2-7.4%로 적다고 알려져 있다(5).

이들의 결과를 요약하면 식물의 무기영양소인 칼륨, 암모늄 및 질산은 분수계 내에 많이 보유되지만 마그네슘과 칼슘은 유실량이 많았다. 그리고 총수관통과수를 통한 많은 칼륨의 유입은 수관에서 세탈되었음을 다시 확인한 셈이다. 이렇게 많이 유입된 칼륨은 분수계 내에 역시 많이 보유되었다. 마그네슘과 칼슘이 계류수로 많이 유실된 까닭은 광릉시험림이 산성토양이기 때문일 것이다.

암모늄이온이 계류수에서 검출되지 않은 까닭은 수관에서 그 이온을 흡수하고 또한 암모늄이온이 토양미생물의 질산화작용(nitrification)을 받아 질산이온으로 산화되었기 때문일 것이다. 질산이온이 계류수로 유출되는 현상은 후술하는 삼림의 질소포화와 관련하여 주목되고 있다(제6장 참조).

아무튼 현재 광릉시험림의 침엽수림과 활엽수림의 토양에 황산이온(SO_4^{2-})이 매년 1ha당 각각 1,751eq(=약 70kg)와 374eq(=약 15kg)씩 축적되고, 특히 Phrainen 등(2002)이 지적한 바와 같이, 토양의 A층에 그 58%가 축적되고 있으니 그 생태계가 영원히 건강하게 유지되기는 어려울 것으로 보인다(표 5-2 참조).

5.9 빗물과 계류수의 이온 농도 비교

(1) 광릉시험림의 예

앞에서 빗물의 이온이 삼림분수계 내의 수관, 부식질층(A층) 및 무기토양층을 통과하여 계류수로 유출되는 과정을 살펴보았다(표 5-2 참조). 다음에 삼림분수계의 단위면적당 1년 동안 유입되는 강수량과 유출되는 계류수가 함유하는 이온 농도를 비교하기로 한다.

그림 5-13은 광릉시험림의 침엽수림과 활엽수림 분수계에서 1992-1994년 사이에 1ha당 빗물의 연평균 이온 농도에 대한 계류수의 이온 농도(계

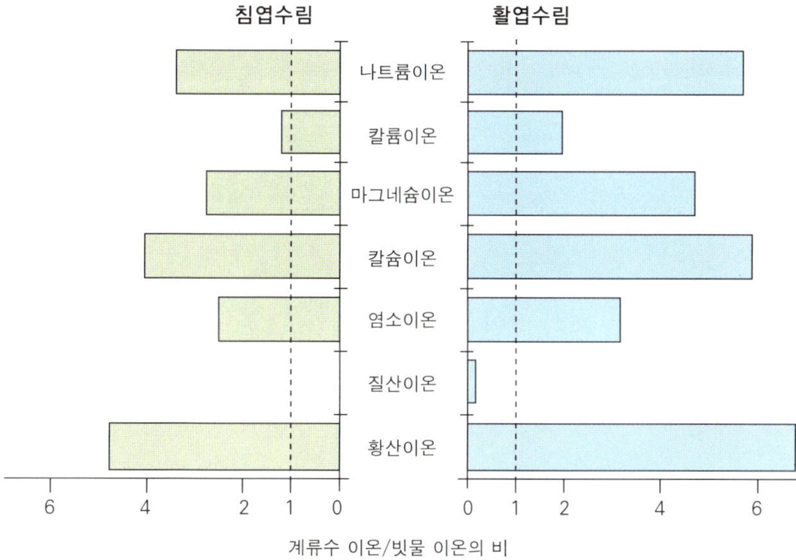

그림 5-13. 광릉시험림의 침엽수림과 활엽수림 분수계의 연평균 단위면적(ha)당 계류수 이온 농도(eq · ha^{-1} · $년^{-1}$)/빗물의 이온 농도(eq · ha^{-1} · $년^{-1}$)의 비(1).

류수/빗물)의 비를 계산한 결과이다(1). 여기에서 계류수/빗물의 비가 1보다 크면 계류수 이온 농도가 빗물보다 높음을 뜻하고, 1보다 작으면 계류수 이온 농도가 낮음을 뜻한다.

침엽수림분수계에서는 빗물보다 계류수에 나트륨이온, 칼륨이온, 마그네슘이온, 칼슘이온, 염소이온 및 황산이온이 각각 약 3.5배, 1배, 3배, 4배, 2.5배 및 5배가 많았고, 활엽수림에서는 빗물보다 계류수에 각각 6배, 2배, 5배, 6배, 3배 및 7배가 많았다. 계류수를 통한 이온의 유출량은 침엽수림보다 활엽수림에서 많은 경향이었다. 그런데 암모늄이온(NH_4^+)은 계류수에서 검출되지 않고, 질산이온(NO_3^-)은 계류수/빗물의 비가 1 이하였다. 빗물에 함유된 이들 두 이온이 계류수에서 검출되지 않거나 미량만 검출된 까닭은 수권에서 흡수했기 때문일 것이다.

(2) 오리건 주 천연림의 예

미국 오리건 주의 캐스케이드(Cascade) 산에서 450년 이상 보호된 침엽수림(더글러스전나무숲)분수계의 빗물과 계류수의 이온 농도를 10년 이상 측정한 결과를 살펴보기로 한다(7). 숲의 수령은 광릉보다 오리건 주에서 많았고, 빗물의 이온 농도는 광릉보다 오리건 주에서 낮았다.

표 5-4에서 보는 바와 같이 오리건 주 침엽수림분수계의 빗물은 pH 5.4였는데 계류수는 pH 7.3으로 높았다. 이 빗물의 pH는 앞에서 보았던 일본 홋카이도의 빗물과 계류수의 pH 차이와 일치한다(그림 5-7 참조). 오리건 주에서 단위 지면적당 계류수의 칼륨이온(5배), 마그네슘이온(16배), 칼슘이온(16배), 탄산이온(10배)은 빗물보다 대단히 많았다. 양이온의 합은 빗물보다 계류수가 약 11배, 음이온의 합은 약 9배나 많았다.

계류수를 통한 이온의 유출량은 오리건 주가 광릉보다 많음을 알 수 있다. 하지만 질산이온(NO_3^-)은 오리건 주와 광릉에서 다 같이 계류수에 미

표 5-4. 오리건 주 캐스케이드 산의 교란되지 않은 침엽수림분수계의 빗물 pH, 계류수 이온 농도/빗물의 부피가중 이온 농도 및 단위 지면적당의 이온 양의 비(7)

구분	물 1L당 이온 농도 (μeq · L^{-1})			단위 지면적당 이온 농도 (eq · ha^{-1} · $년^{-1}$)		
	빗물(P)	계류수(S)	S/P 비	빗물(P)	계류수(S)	S/P 비
pH	5.4	7.3	-	-	-	
나트륨이온(Na^+)	11	108	9.8	234.9	1,335.4	5.7
칼륨이온(K^+)	2	11	5.5	51.2	143.2	2.8
마그네슘이온(Mg^{2+})	3	48	16.0	74.1	584.4	7.9
칼슘이온(Ca^{2+})	9	145	16.5	184.6	1,746.5	9.5
질산이온(NO_3^-)	2	0	0	11.3	1.6	0.1
탄산이온(HCO_3^-)	33	326	9.9	140.9	785.0	5.6
양이온 합계	29	312	10.8	-	-	-
음이온 합계	35	328	9.04	-	-	-

량만 검출되거나 검출되지 않았다. 이들 두 결과로 보아 삼림은 빗물의 pH를 높여 줄 뿐만 아니라 질산이온을 제외한 나머지 이온들을 계류수를 통해 많이 유출시키고 있음을 알 수 있다. 이처럼 삼림은 빗물의 이온 농도를 변화시켜 계류수로 흘려 보내는 특이한 기능, 즉 반작용을 하고 있는 것이다.

5.10 군락구조의 변화

대기산성강하물이 증가된 뒤 삼림에서 임상식물의 종류가 변화되고 있다. Rodenkirchen(1992)에 따르면 옛적에 독일 남부의 바바리아(Bavaria) 지방에서는 구주소나무숲에 산불, 방목, 과벌목, 낙엽 제거 등 전통적인 수탈을 해 왔다. 그래서 삼림 토양에 질소, 인, 칼슘 및 마그네슘이 부족하여 시비를 해야 나무가 자랄 정도로 토양이 메말랐고 임상식물이 느리게 자랐다. 그런데 수십 년 전부터 대기산성강하물이 증가했으므로 시비를 중단하였다. 요즈음은 수관통과수의 황(S)이 46kgS · ha^{-1} · $년^{-1}$(1년에 1ha당 황 46kg)만큼 많이 강하하고 토양에 질소가 포화되고 있다. 하지만 토양의 염기포화도(BS)는 아직도 5-10%로 아주 낮으며 토양이 산성화되어 있다.

이러한 구주소나무숲의 임상식물의 군락구조를 1946년에 조사한 자료가 1987년에 발견되었다. 그래서 전에 조사한 숲에서 똑같은 방법으로 군락구조를 조사하였다. 조사지의 숲은 41년 전처럼 낙엽제거구와 낙엽보존구로 나누고, 각각의 장소에 어떤 종류의 임상식물이 출현하며 각 종의 피도(cover)는 몇 %를 차지하는가를 조사하여 차이를 비교하였다.

41년 전보다 후에 관속식물은 14%, 은화식물은 39% 증가하고, 부식질이 많아졌을 때 출현하는 몇 가지 선류(*Polytrichum attenuatum* 등)와 높은 농도의 이산화황(SO_2)이나 낮은 pH의 빗물에 견디며 사는 태류(*Dicranella heteromall, Hypnum cupressiforme, Dicranum scoparium*)가 새로 출현하였다. 이와 반대로 산성토양에서 출현하였던 종(*Sphagnum acutifolium, Hylocomium splendens*)은 없어졌다.

41년 전에 피도가 높았던 지상지이(epigeic lichens: *Cladonia* spp., *Cetraria islandica*)는 피도와 항존도(constancy)가 현저히 감소하였다. 이들은 질소 함량이 적고 썩지 않은 부식질의 극산성 토양을 좋아하며, 관속식물과의 경쟁력이 약한 종들이었다. 따라서 이들의 감소는 토양의 산성화와 질소 함량의 증가를 입증하는 것이었다.

구주소나무숲의 임상에는 몇 가지 교목(*Quercus rubur, Betula pendula, Sorbus aucuparia*)마저도 새로 출현하였다. 그 원인은 질소강하량이 많아짐으로써 발아와 유시물 정착 조건이 개선되고, 관목인 *Calluna vulgaris*와의 경쟁이 적어진 것과 관계가 있었다.

*C. vulgaris*는 조사지의 약 70%에서 토양에 유기질이 쌓이고 월귤속 식물(*Vaccinium myrtillus*)이나 좀새풀속 식물(*Deschampsia flexuosa*)과의 경쟁이 치열해져서 피도가 낮아졌다. 좀새풀속 식물이 *C. vulgaris*를 대치하는 직접 원인은 질소강하량의 증가에 있다고 해석되었다.

저질소요구성이며 왜성 관목인 월귤(*Vaccinium vitis-idaea*)의 피도는 지난 41년 동안 조사지의 약 60%에서 절반으로 낮아졌다. 이와 반대로 조사지의 약 75%에서 내산성종인 좀새풀속 식물(*D. flexuosa*)은 증가하고, 심지어 과거에 번성했던 월귤속 식물(*V. myrtillus*)마저도 쫓겨났다.

이 구주소나무숲에서 좀새풀속 식물의 생장을 제한하는 요인은 질소과다임이 밝혀졌다. 좀새풀속 식물은 유도질산환원효소를 지니고 있어 질산태질소(NO_3^--N)를 이용하고 있기 때문이었다.

5.11 박새의 개체군 조절

삼림토양이 산성화되면 그곳에서 사는 조류의 알껍질이 얇아져서 생식에 실패하는 비율이 높아진다. 네덜란드에서는 산성강하물에 의해 토양이 척박해진 삼림과 산성강하물의 영향권 밖에 있는 비옥한 삼림에서 각각 세력권을 형성하면서 사는 박새의 개체군 크기가 달라졌다(4). 그 원인을 알아보기 위해 6년간 알의 상태를 조사하였다. 그림 5-14는 알껍질이 전혀 없거나 있어도 탈습(desiccation)되어 부화하지 못하는 부실한 알의 피해율

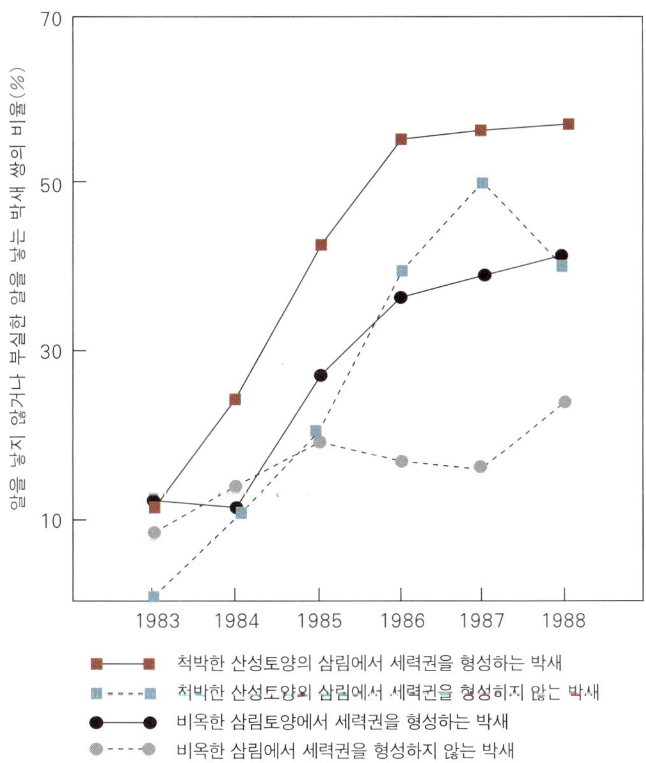

그림 5-14. 세력권을 형성하는 박새 중에서 알껍질이 없거나 껍질이 부실한 쌍의 비율(4).

표 5-5. 척박한 산성토양과 비옥한 중성토양에서 자란 나뭇잎의 칼슘 함량(4). 단위는 meq · kg 건조량$^{-1}$

나무 이름	척박한 산성토양	비옥한 중성토양
흰자작나무(*Betula alba*)	59	66
유럽너도밤나무(*Fagus silvestris*)	38	67
유럽소나무(*Pinus sylvestris*)	34	53
로부르참나무(*Quercus robur*)	34	54
붉은참나무(*Quercus rubra*)	32	44

이 척박한 삼림에서 57%이고 비옥한 삼림에서 40%임을 보이고 있다.

피해 알의 껍질은 얇고 과립상이며 아주 작은 구멍이 뚫려 있고 깨지기 쉬우며 색반이 없고 칼슘 함량이 적었다. 피해율이 높은 삼림의 척박한 토양은 pH가 낮고 칼슘이온/알루미늄이온(Ca^{2+}/Al^{3+})의 몰 비가 1 이하이며 0.3 이하인 곳도 있었다. 아울러 척박한 산성토양에서 자란 나뭇잎의 칼슘 함량은 표 5-5에서 보는 바와 같이 비옥한 숲에서 자란 것보다 적었다.

박새가 봄 · 여름에 즐겨 먹는 곤충을 참나무 잎에서 채집하여 측정한 칼슘 함량은 잎의 칼슘 함량이 많을수록 많았다. 척박한 산성토양의 삼림에서 여러 영양단계(토양 → 나뭇잎 → 곤충 → 알껍질)에 걸친 낮은 칼슘 함량은 산성비가 내림으로써 토양에서 칼슘이 세탈되는 데 원인이 있다고 해석되었다. 이처럼 대기산성강하물의 증가는 토양을 산성화시킬 뿐 아니라 조류의 개체군 크기를 감소시키는 증거가 나타났다.

인용문헌

(1) 유영한. 1994. 광릉의 활엽수림과 침엽수림 소유역 생태계 내 무기영양소의 유입과 유출. 서울대학교 박사학위논문. p. 142.

(2) Black, P.E. 1991. Watershed Hydrology. Prentice-Hall, New York.

(3) Cronen, C.S. and W.A. Reiners. 1983. Canopy processing of acidic precipitation by coniferous and hardwood forests in New England. Oecologia 59: 216-223.

(4) Drent, P.I. and J.W. Woldendorp. 1989. Acid rain and eggshellls. Nature 339: 431 only.

(5) Lindberg, S.E. and C.T. Garten, Jr. 1988. Source of sulphur in forest canopy throughfall. Nature 336: 148-151.

(6) Marschner, H. 1991. Mechanisms of adaptation of plants to acid soils. Plant Soil. 134: 1-20.

(7) Martin, C.W. and R.D. Harr. 1988. Precipitation and streamwater chemistry from undisturbed watersheds in the Cascade Mountains of Oregon. Water Air Soil Poll. 42: 203-219.

(8) Phrainen, S., L. Finer and M. Starr. 2002. Deposition and leaching pf sulphate and base cations in a mixed boreal forest in eastern Finland, Water Air Soil Poll. 131: 185-204.

(9) Rhyu, T.C. and J.-H. Kim. 1994a. Growth response to acid rain, Mg deficiency and Al surplus, and amelioration of Al toxicity by humic substances in pitch pine seedlings. J. Plant Biol. 37: 301-308.

(10) Rhyu. T.C. and J.-H. Kim. 1994b. Water deficit of pitch pines caused by superficial rooting and air pollutants in Seoul and its vicinity. J. Plant Biol. 37: 309-316.

(11) Rhyu. T.C. and J.-H. Kim. 1994c. Cation deficiencies in needles and fine roots of pitch pine in Seoul metropolitan area. Korean J. Ecol. 17. 277-286.

(12) Rhyu, T. C., K.-D. Kim and J.-H. Kim. 1994. Growth decline and abnormal vertical distribution of fine roots of pitch pines in Seoul metropolitan area. Korean J. Ecol. 17: 261-275.

(13) Rodenkirchen, R. 1992. Effects of acidic precipitation, fertilization and liming on the ground vegetation in coniferous forests of southern Germany. Water Air Soil Poll. 61: 279-294.

(14) Shibata, H. 1996. The role of material cycling in soil-plant systems of forest

ecosystems: on mechanism of buffer action to atmospheric acidic deposition. Ph D. Thesis, Hockaido University.

(15) Shibata, H. and T. Sakuma. 1996. Canopy modification of precipitation chemistry in deciduous and coniferous forests affected by acidic deposition. Soil Sci. Plant Nutr. 42: 1-10.

(16) Shibata, H., T. Satoh, Y. Tanaka and T. Sakuma. 1995. The role of organic horizons and canopy to modified the chemistry of acidic deposition in some forest ecosystems. Water Air Soil Poll. 85: 1119-1124.

(17) Swedish Ministry of Agriculture. 1982. Acidification Today and Tomorrow.

(18) Ulrich, B. 1990. Waldsterben: forest decline in West Germany. Environ. Sci. Tech. 24: 436-441.

06

삼림의 질소포화

우리나라의 대기산성강하물에는 언제부터인지 질소 성분이 아주 많아졌다. 질소 비료는 식물의 가장 중요한 영양소이지만 너무 많으면 오히려 해가 된다. 질소 비료가 부족한 숲에 질소를 더 시비하면 질소를 흡수하지만 대기질소강하량이 너무 많으면 숲에서 계류수를 통해 질산이온이 유출된다. 이렇게 질산이온이 유출되는 숲을 질소포화에 있다고 말한다. 유럽이나 미국 북동부와 마찬가지로 우리나라의 숲에도 질소포화의 징후가 나타나고 있다. 질소로 포화된 숲은 1차 생산성이 낮아지고 무기영양소의 불균형이 일어나서 삼림쇠퇴로 이어지며 병해와 상해가 생길 수 있다. 질소로 포화된 삼림토양은 pH가 낮아지고 무기화작용과 질산화작용이 왕성해지며, 메탄을 적게 흡수하고 아산화질소를 많이 배출하여 지구온난화를 촉진할 수 있다.

6.1 한국의 대기질소강하량

(1) 습성질소강하량

식물의 생육을 위해 가장 중요하고 많이 필요한 비료성분은 질소이다. 그런데 수십 년 전부터 우리나라의 빗물에는 질소가 지나치게 많이 들어 있어 생태계의 여러 가지 변화를 예고하게 되었다. 국립환경과학원에서는 2000-2004년의 5년 동안 전국 33곳에서 빗물의 암모늄태질소(NH_4^+-N)와 질산태질소(NO_3^--N)를 측정하였다(8-12)(그림 3-9참조). 그 결과로부터 계산한 우리나라의 단위 지면적(ha)당 연평균 습성질소강하량(wet nitrogen deposition)은, 표 6-1에서 보는 바와 같이, 12.78(7.28-21.05)kgN · ha^{-1} · $년^{-1}$(1년에 지면적(ha)당 질소의 무게(kg))인데, 고성(강원도)에서

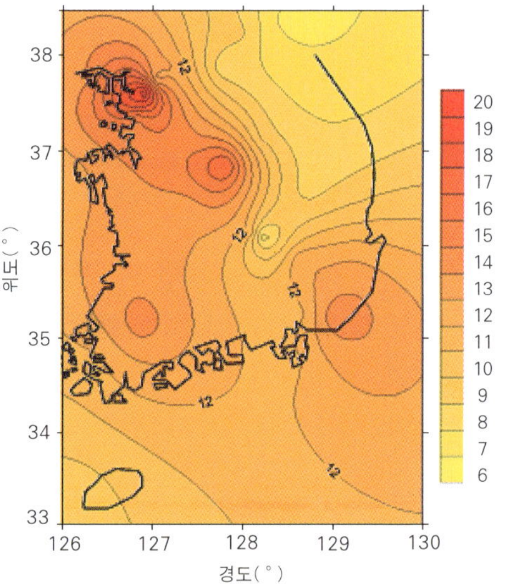

그림 6-1. 2000-2004년 사이에 전국 33곳에서 측정한 빗물의 부피가중 연평균 습성질소강하량의 지리분포(8-12). 단위는 kgN · ha^{-1} · $년^{-1}$.

표 6-1. 2000-2004년 사이 전국 33곳에서 측정된 빗물의 부피가중 연평균 습성질소강하량. 습성질소강하량은 인용문헌 8-12번의 자료에서 계산하였다. 각 측정장소의 습성질소강하량에 1.43을 곱하면 총질소강하량이 계산된다. 단위는 kg N · ha^{-1} · $년^{-1}$

측정장소	습성질소강하량	측정장소	습성질소강하량
서울	21.05	대구	11.63
의정부2)	12.67	경주	13.57
인천4)	20.24	안동	9.35
강화	15.91	김천	13.22
안산	15.60	구미2)	7.30
포천4)	15.77	영덕3)	9.73
이천	13.37	부산	13.64
춘천3)	8.97	창원	11.27
강릉	8.38	거창5)	11.58
원주	11.68	거제	11.95
고성3)	7.28	익산1)	14.01
양구3)	12.48	임실	12.46
제천	10.88	광주	13.99
괴산4)	14.64	광양	12.04
대전	13.58	목포	12.25
태안	12.46	제주	9.95
공주5)	19.18	전국 평균	12.78

1) 2000-2002년 사이의 자료
2) 2000-2001년 사이의 자료
3) 2001-2003년 사이의 자료
4) 2003-2004년 사이의 자료
5) 2004년의 자료

가장 적고 서울에서 가장 많았다(3). 습성질소강하량의 한국 내 지리분포는 경인권에서 많고, 충남권에서 중간 정도이며, 광주-익산-임실권과 부산-울산권에서 적게 나타났다(그림 6-1).

이보다 앞서 우리나라 몇 곳에서 빗물의 습성질소강하량을 측정한 기록이 있다. 예를 들면, 1985-1986년에 남양주군 수동면(경기도), 1985년에 평창군 남병산(강원도), 1992-1993년에 광릉에서 측정했고(4, 5, 22, 47), 또 모델을 작동하여 1996-1998년에 전국 8곳과 1994-1999년에 추정하였다(6, 73). 이들의 결과를 종합하면 1980년대 중반부터 2004년 사이에 우리나라의 연평균 습성질소강하량은 10.30-12.78kgN · ha^{-1} · $년^{-1}$의 범위로 수렴된다(3).

외국의 습성질소강하량은 반세기 전에 Goldschumidt(1954)가 온대습윤지역(7.5kgN · ha^{-1} · $년^{-1}$)과 열대다우지역(30kgN · ha^{-1} · $년^{-1}$)에서 측정한 고전적 기록이 있다. 그리고 북유럽의 핀란드(5-10kgN · ha^{-1} · $년^{-1}$ 또는 0.8-35kgN · ha^{-1} · $년^{-1}$)와 같이 한대지방에서 비교적 적고(53), 온대의 농경지가 많은 독일 서북부와 네덜란드(40-80kgN ha^{-1} · $년^{-1}$)에서 많다. 여기에서 유럽의 연평균 습성질소강하량(10-20kgN · ha^{-1} · $년^{-1}$)과 우리나라의 강하량(10.30-12.78 kgN · ha^{-1} · $년^{-1}$)은 비슷한 수준임을 알게 된다(93). 이렇게 많은 양의 질소 강하는 삼림에 어떤 영향을 미칠까.

(2) 총질소강하량

습성질소강하량은 빗물에 녹은 질소의 양이다. 이것에 건성질소강하량(dry nitrogen deposition)을 합한 총질소강하량은 더 증가될 것이다. 습성질소강하량과 건성질소강하량의 비율은 습윤기후와 건조기후지역에서 다르다. 예를 들면, 뉴욕의 애디론댁(Adirondack)과 같은 습윤지역에서 습성강하량에 대한 건성강하량의 비율은 질산이온과 암모늄이온이 각각 12%와 11%이고(45), 캘리포니아와 같은 건조지역에서는 습성질소강하량보다 오히려 건성질소강하량이 많다(21). 습윤지역인 우리나라에서 모델로 추정한 습성 및 건성질소강하량은 7:3의 비율이다(6). 따라서 우리나라의 총질소강하량은 습성질소강하량에 3/7(=0.43%)을 더하면 될 것이다. 총질소강하량은 다음과 같이 계산할 수 있다.

  습성질소강하량(12.78)
+ 건성질소강하량(12.78×0.43)

= 총질소강하량(18.26)

우리나라의 1ha당 연평균 총질소강하량은 18.26kgN · ha^{-1} · $년^{-1}$이며, 역시 고성(10.41kgN · ha^{-1} · $년^{-1}$)에서 가장 적고 서울(30.10kgN · ha^{-1} · $년^{-1}$)에서 가장 많다(3).

삼림의 생장에 필요한 질소량은 토양의 비옥도와 삼림의 수령에 따라 다르지만 대체로 5-12kgN · ha^{-1} · $년^{-1}$으로 알려져 있다(24, 36, 93). 실제로 삼림의 질소흡수량은 네덜란드의 침엽수림에서 5.0kgN · ha^{-1} · $년^{-1}$, 활엽수림에서 6.5kgN · ha^{-1} · $년^{-1}$으로 추정된다(27). 그리고 모델로 추정한 우리나라 삼림의 가지와 잎의 생장을 위한 질소흡수량은 5.18kgN · ha^{-1} · $년^{-1}$이다(80).

생태계의 구조와 기능에 장기간 해로운 영향을 미치지 않을 만큼의 최고 오염물질의 강하량을 임계부하(critical load)라고 한다(60). 실제로 삼림의 생장을 저해하는 농도보다 높은 질소강하량은 임계부하로 작용할 수 있다. 질소의 임계부하량은 화강암 토양보다 석회암 토양에서 많은 것으로 추정된다(79). 따라서 화강암 토양이 많은 우리나라의 총질소강하량은 삼림의 임계부하량을 초과한다고 판정해도 무리가 없을 것이다.

6.2 삼림의 질소보유

질소는 농경지를 비롯하여 삼림생태계, 담수생태계 및 해양생태계에서 반드시 필요한 필수원소이다(89). 실제로 농작물은 질소를 시비해야 생산성을 높일 수 있다.

1960년대에 스코틀랜드의 소나무숲에 0-504kgN · ha^{-1} · $년^{-1}$의 구배를 가지는 여러 수준의 질소를 시비한 결과 잎, 낙엽, 가지 및 전 식물체의 무게가 시비량에 비례하여 증가함으로써 질소가 부족한 삼림이라고 판정하였다(55, 56). 이처럼 시비량이 많을수록 식물이 많이 자라는 것은 질소가 부족한 상태에 있다는 증거이다. 그런데 같은 스코틀랜드에서 30년이 지난 1995-1997년에는 대기질소강하량이 12-16kgN · ha^{-1} · $년^{-1}$으로 증가하여 소나무숲에 질소과잉의 징후가 나타났다(40). 스웨덴에서 질소시비를 하지 않은 삼림의 질소흡수량은 32kgN · ha^{-1} · $년^{-1}$이었는데, 4년간 대기질소강하량의 5-6배로 시비한 삼림의 질소흡수량은 31%나 더 많았다(61-63).

같은 스웨덴의 독일가문비숲의 지상부와 지하부의 연 생장량은 시비하지 않은 숲에서 각각 34와 3kgDM · ha^{-1}이고,[1)] 시비한 숲에서 각각 326과 166kgDM · ha^{-1}로 크게 증가하였다(17). 이상의 결과는 질소가 부족한 삼림에 질소시비를 하면 질소흡수량, 물질생산량, 식물체 속의 질소 함량이 증가하는 것으로 보아 시비한 질소가 삼림생태계에 보유되고 있음을 나타낸 것이다.

한편 Hedin 등(1995)은 대기질소강하량이 산업혁명 이전의 농도(1.06kgN · ha^{-1} · $년^{-1}$ 이하)로 적게 내리는 남미 칠레의 외딴 섬(Cordillera de Piuchuè)에서 여러 개의 삼림분수계를 찾아냈다. 이곳은 남반구에 위치한 온대 성숙림지대였다. 그들은 찾아낸 삼림분수계에서 흘러 나오는 계류수의 질산이온(NO_3^-)을 측정하였다. 결과는 북반구의 비슷한 삼림분수계에 비해 질산이온 농도가 놀랄 만큼 낮았다(그림 6-2). 뿐만 아니라 암모늄태질소에 대한 질산태질소(NO_3^--N/NH_4^+-N)의 비도 대단히 낮고, 특히 고도가 높은 분수계일수록 그 비가 더욱 낮았다.

이에 비해 북반구의 온대지방에서 질소강하량이 많은 도시 · 공업지대 가까이에 분포하는 성숙한 삼림에서 흘러나온 계류수는 질산태질소(NO_3^--N)의 농도가 훨씬 높았다(3μg · L^{-1} 이상). 그리고 암모늄태질소에 대한 질산태질소의 비도 높았는데 질소강하량이 많을수록 그 비가 높았다.

---

1) DM은 Dry Matter의 약자로 건조시킨 생물체의 무게를 나타낼 때 쓰인다. 1년에 1ha당 건조시킨 생물체의 무게(kg).

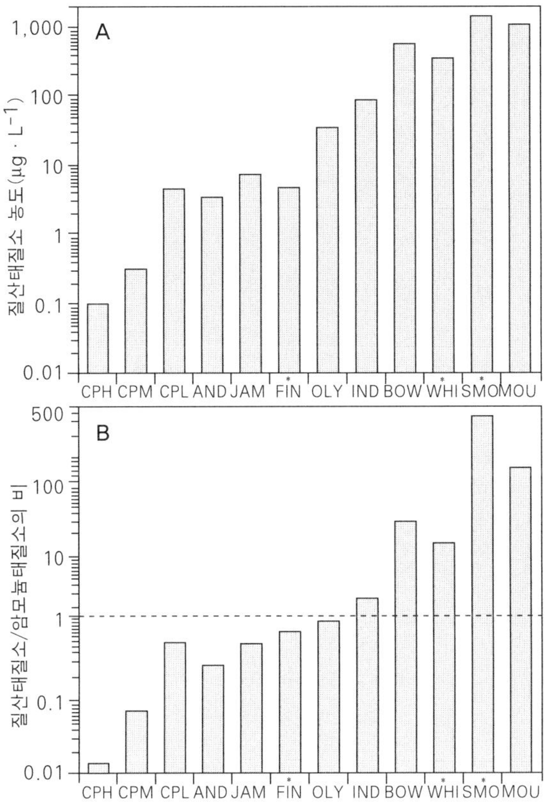

	CPH	CPM	CPL	AND	JAM	FIN	OLY	IND	BOW	WHI	SMO	MOU
질소강하량($kg \cdot ha^{-1} \cdot 년^{-1}$)	<1†	<1†	<1†	1.5	1.6	2.1	2.4	5.2	8.8	13‡	15‡	>20‡
강수량($cm \cdot 년^{-1}$)	~300	~300	~300	240	450	170	420	270	130	130	200	240
식생의 이름	Gym	Ang	Ang	Gym	Gym	Gym	Gym	Gym	Ang	Gym	Gym	Gym

그림 6-2. 남미 칠레(Cordillera de Piuchuè(CP))의 온대 성숙림문수계에서 계류수의 질산태질소(NO_3^--N) 농도(A)와 질산태질소/암모늄태질소(NO_3^--N/NH_4^+-N)의 비(B) 및 북미대륙의 여러 온대 성숙림 조사지. Cordillera de Piuchuè의 고지림(CPH), 중지림(CPM) 및 저지림(CPL), AND: 미국 오리건 주의 Andrews 삼림, JAM: 캐나다 브리티시 컬럼비아의 Jamieson Creek림, FIN: 미국 워싱턴 주의 Findley 호수림, OLY: 미국 워싱턴 주의 Olympic Peninsula림, IND: 미국 알래스카 남동부의 Indian 강변림, BOW: 미국 뉴햄프셔 주의 Bowl림, WHI: 미국 뉴욕 주의 Whitcfacc 산림, SMO: 미국 노스캐롤라이나 주의 Great Smoky 산림, MOU: 미국 뉴햄프셔 주의 Mount Moosilauke림. *: 토양 B층에서 라이시미터로 측정한 자료. 점선은 동일 농도의 질산태질소와 암모늄태질소를 표시함. †: 산화질소의 총강하량, ‡: 구름에 의해 질소강하가 일어나는 고지의 심림. 우점식생: Gym; 나자식물, Ang; 피자식물. y축은 log 척도(41).

게다가 그들이 조사한 칠레의 삼림분수계에서는 총질소유출량 중에 가용성 유기질소가 많고(총질소유출량의 95%), 다음이 암모늄(NH_4^+)이며(4.8%), 질산이온(NO_3^-)은 미량(0.2%)으로서 계류수의 농도(0.1μg · L^{-1} 이하)가 아주 낮았다. 따라서 그들은 대기질소강하량이 적은 삼림생태계는 본질적으로 질소유출량이 적고 강하하는 대부분의 질소가 삼림생태계에 보유된다는 질소보유(nitrogen retention) 가설을 제창하였다.

6.3 삼림의 질산이온 유출

(1) 한국의 삼림

우리나라의 삼림에서도 질산이온이 유출되는 증거가 수집되고 있다. 앞의 표 5-3(p. 128)에서 보았듯이 광릉시험림의 침엽수림과 활엽수림의 계류수에는 질산이온이 각각 1과 2eqN · ha^{-1} · 년$^{-1}$씩 유출되고 있다(1, 2, 3, 5).

우리나라의 18개 삼림 계류수에서 유출되는 질산이온 농도는, 표 6-2에서 보는 바와 같이, 산지권(50.2 μeq · L^{-1})과 도시권(58.4 μeq · L^{-1})에서 대

표 6-2. 한국의 도시권과 산지권의 삼림 계류수 속의 질산이온 농도(7). 단위는 μeq · L^{-1}

도시권		산지권			
지명	질산이온 농도	지명	질산이온 농도	지명	질산이온 농도
원주	52.9	동두천	21.1	영광	10.8
삼척	131.5	양구	21.8	곡성	22.6
청주	25.0	광주(경기도)	49.3	진양	54.0
전주	41.6	서산	101.7	김해	12.9
경주	40.9	문경	17.8	진도	6.0
(평균)	58.4	영양	211.5	제주	6.7
		금능	116.1	(평균)	50.2

단히 높았다(7). 이것은 다량의 대기질소강하물이 삼림에 유입됨으로써 수관에서의 흡수와 토양에서의 보유 한계를 넘어서 계류수로 유출된다는 증거라고 볼 수 있다. 우리나라 삼림의 질산이온 유출 농도는 질소로 포화된 미국의 애팔래시아산맥(Appalachian Mts.)의 침엽수림분수계의 유출 농도(47-54μeq · L^{-1})와 비슷하다(64). 뒤에 설명하는 바와 같이 Harriman 등(1998)은 계류수에 3μeq · L^{-1} 이상의 질산이온이 유출되는 삼림을 질소포화에 있다고 정의했는데, 그 정의를 받아들인다면 우리나라의 삼림은 질소포화의 징후가 나타났다고 해도 무리가 없을 것이다.

(2) 외국의 삼림

대기질소강하량이 많은 유럽, 북미 북동부 및 일본의 삼림에서는 질산이온이 유출되는 자료가 많이 수집되어 왔다. 전 유럽에서 습성질소강하량이 3-34kgN · ha^{-1} · $년^{-1}$의 구배를 가지는 64개의 삼림분수계에서 흐르는 계류수를 조사한 결과 60%의 삼림이 5kgN · ha^{-1} · $년^{-1}$의 질산이온을 유출하고, 질소강하량(15-25kgN · ha^{-1} · $년^{-1}$)이 많은 삼림 몇 곳은 질소강하량과 질산유출량이 거의 같았다(38). 한편 독일에서 조사한 53개의 삼림 중에서 50% 이상이 5-20kgN · ha^{-1} · $년^{-1}$만큼의 질산이온이 유출됨으로써 질소포화 상태에 있다고 판정하였다(24).

대기질소강하량이 많은 미국 북동부 뉴욕 주의 캣스킬(Catskill) 산에서 41개의 계류수를 조사한 결과 대부분의 계류수가 질소포화를 나타내고 있었다(49). 그리고 미국의 하버드 시험림(매사추세츠 주)에서 삼림에 질소를 시비한 결과 소나무림에서는 질산이온이 유출되고 활엽수림에서는 유출되지 않았다(50). 또한 미국 서부에서도 대기질소강하량(19-23kgN · ha^{-1} · $년^{-1}$)이 많은 삼림의 계류수에서 질산이온이 유출되었다(33).

일본 도쿄 근교에서 질소강하량이 18kgN · ha^{-1} · $년^{-1}$인 삼림에서 질산이온이 유출되었는데, 24년생의 삼나무 유령림보다 86년생의 성숙림에서 더 많이 유출되고, 특히 여름의 생육기에 더 많이 유출되었다(65, 66). 유령림은 질산이온을 많이 흡수하고 적게 유출하지만 노령림은 흡수하지 못하고 많이 유출하여 삼림쇠퇴가 일어난다(31).

6.4 질산이온 유출에 미치는 환경요인

(1) 기후와 계절의 영향

삼림분수계에서 유출되는 질산이온의 농도는 기후의 영향을 받는다. 연평균 질소강하량이 9.0kgN · ha^{-1} · $년^{-1}$인 캐나다 온타리오 주에서 16개 혼효림(混淆林)의 질산이온 유출을 조사한 결과 여름의 심한 건조와 겨울의 긴 동토(凍土) 기간에 많았는데, 그 원인은 잔뿌리가 추위에 동사하여 질산이온을 흡수하지 못하고 유출하는 데 있었다(90).

삼림분수계에서 흘러 나오는 질산이온의 농도는 계절에 따라 달라진다. 일본과 미국 북동부 삼림에 대한 계류수의 질산이온 유출량을 비교한 결과 일본은 생육기인 여름에 그 농도가 높았지만 미국은 높지 않았다. 그 이유를 유기질소의 무기화작용이 여름에 강우량과 유수량이 많은 일본에서는 활발하지만, 유수량이 적은 미국에서는 활발하지 않기 때문이라고 해석하였다(67). 하지만 미국 뉴햄프셔 주 허버드브룩(Hubbard Brook) 시험림의 질산이온 유출은 유수량과 관계없이 여름의 생육기에 감소되고 가을의 낙엽 후와 봄의 개엽 전에 증가된다고 하는 다른 해석도 있다(71).

허버드브룩 시험림에서 30년간(1964-1994) 계류수의 질산이온 유출의 특성을 분석한 결과 처음 10년(1968-1977)은 많이, 다음 12년(1978-1989)은 적게 유출되었는데, 주로 토양의 결빙기간과 건조 및 충해에 의한 낙엽의 정도에 따라 질산이온 유출의 증감이 나타나기 때문이라고 해석하였다(43).

(2) 수령의 영향

삼림분수계의 질산이온 유출은 수령에 따라 달라진다. 독일의 바에른(Bayern) 지역에서 100년생 미만의 독일가문비숲과 너도밤나무숲 토양의 질산이온 농도는 전자가 후자보다 높고, 너도밤나무숲은 연령과 관계없이 농도가 낮은데, 독일가문비숲은 40년생 이하의 유령림이 노령림보다 낮았다(77). 토양 내 유기질소의 순무기화작용률은 소나무성숙림보다 10년생 소나무조림지에서 약간 높았지만, 총무기화작용률은 10년생보다 무기질소 풀(pool)의 회전이 빠른 성숙림에서 2-3배나 더 높고, 총질산화작용률은 성숙림과 조림지가 비슷하였다(25).

6.5 질소포화 가설

삼림토양이 질소로 포화되면 그 속에서 일어나는 질소순환에 큰 변화가 나타난다. 그림 6-3에서 보는 바와 같이 삼림토양에서는 토양미생물에 의한 무기화작용(mineralization)으로 유기질소가 암모늄이온이 되고, 미생물의 질산화작용(nitrification)에 의해 암모늄이 질산이온으로 되며, 암모늄이온과 질산이온은 마침내 부동화작용(immobilization)에 의해 미생물체의 구성분으로 결합된다(24).

Aber 등(1989)은 삼림토양의 질소 농도가 높아지면 질산이온이 유출될

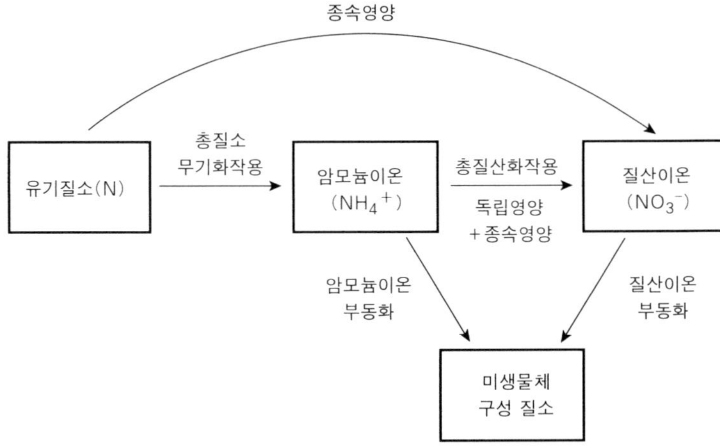

그림 6-3. 삼림토양에서 미생물에 의해 일어나는 질소순환의 개략도(24).

뿐만 아니라 유기질소의 무기화작용, 암모늄의 질산화작용 및 아산화질소(N_2O)의 배출량이 증가하며, 식물의 1차 생산성, 엽량, 잎의 질소 함량 및 질산동화작용이 증가하다가 토양의 질소 농도가 어느 단계 이상으로 더 높아지면 오히려 이들의 작용이 감소되고, 또한 잔뿌리의 양이 감소되는 징후가 나타난다고 질소포화 가설을 제창하였다(그림 6-4).

무기질소화합물은 삼림생태계의 필수물질이지만 지나치게 많으면 오히려 해가 된다. 생태계 내의 식물과 미생물이 이용할 수 있는 암모늄이온(NH_4^+)과 질산이온(NO_3^-)의 양보다 더 많은 무기질소를 보유하는 삼림생태계를 질소포화(nitrogen saturation)에 있다고 말한다(13). 그리고 대기에서 유입되는 질소량보다 계류수로 유출되는 양이 많은 삼림 또는 근권(rhyzosphere)보다 아래층의 토양용액에 질산이온이 증가하거나 계류수에 $3\mu eq \cdot L^{-1}$ 이상의 질산이온이 유출되는 삼림은 질소포화에 있다고 정의한다(14, 39, 40).

성숙한 삼림생태계에서 1ha당 연평균 대기질소강하량이 10kg 이상 되

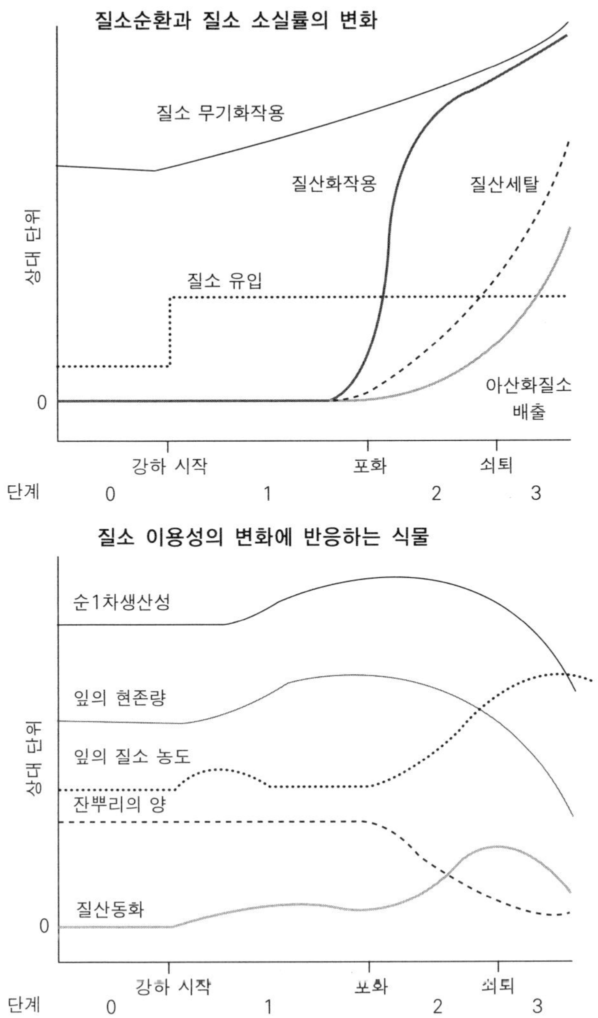

그림 6-4. 만성적 질소포화에 반응하는 삼림생태계. 4단계(0-3)는 오염부하 순서를 나타낸다. 단계 0은 질소포화가 되기 이전의 상태이다. 단계 1은 질소강하량이 증가하지만 생태계에 미치는 영향이 뚜렷하지 않은 상태로, 질소와 같이 제한된 무기영양소를 시비하면 생태계의 생산성과 수목의 활성이 높아진다. 이 단계에서는 질소보유가 일어나는데 보유되더라도 피해가 없이 생태계의 기능이 향상된다. 단계 2는 악영향이 나타나지만 측정하기 어려울 만큼 가볍게 나타나는 상태. 단계 3은 가시피해와 주요한 환경변화가 나타나는 상태로, 이 단계에서는 시간경과에 따라 종과 환경조건이 변화된다(13).

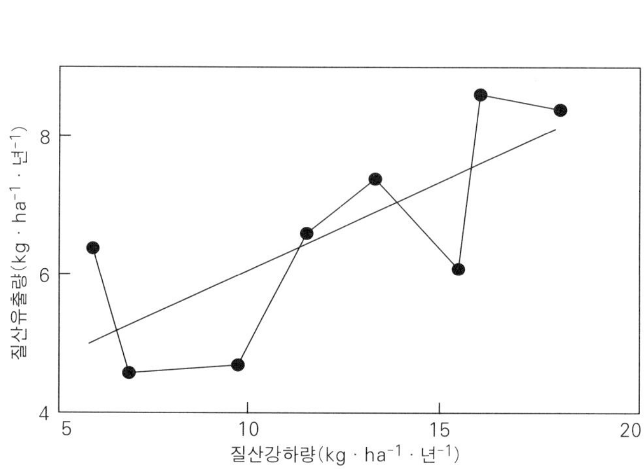

그림 6-5. 미국의 로키 산에서 대기로부터의 질산이온(NO_3^-)의 연 강하량과 지표수를 통한 연 유출량 사이의 관계(92).

면 질산이온이 생태계 밖으로 유출된다. 이렇게 유출된 질산이온은 계류수나 지하수로 들어가서 수질을 오염시키고, 그 물을 마시는 사람과 가축의 건강을 해치게 된다(28, 38)(p. 203, 산성화에 따른 지하수오염 참조).

삼림토양은 이온의 흡착능이 크고 미생물에 의한 질소흡수량이 많으므로 질소포화는 서서히 진행되다가 갑자기 발현된다. 그래서 질소포화를 폭포와 같은 반응(cascade of response)이라고 표현한다(85). 이처럼 삼림이 질소로 포화되면 그 자신이 질소의 수용원(sink)이 아니라 질산이온을 유출하는 공급원(source)이 된다(2).

그림 6-5에서 보는 바와 같이 생태계로부터 유출되는 질산이온의 양은 대체로 대기에서 강하하는 양에 비례한다(92). 질소강하량이 많으면 계류수에 질산이온이 증가할 뿐만 아니라 토양의 산성화, 식물의 질소흡수율 증가, 식물체 속의 질소 농도 증가 등이 일어난다(82).

Aber 등(1989)이 질소포화 가설을 발표한 지 10년 후 미국 북동부에서 총질소강하량이 4-13kgN · ha^{-1} · 년$^{-1}$의 구배를 가지는 뉴욕 주와 메인 주 사이의 광대한 지역에 실시한 선상법(transect)에 따라 161개의 삼림을 조

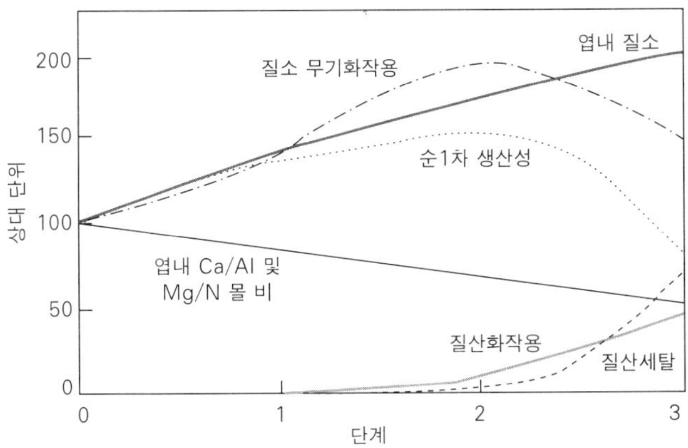

그림 6-6. 장기간에 걸쳐 만성적 질소시비를 한 온대 삼림생태계에 대해 수정한 질소포화 가설. 본래의 가설보다 단계 3의 질소 무기화작용의 감소, 잎의 알루미늄에 대한 칼슘(Ca/Al)의 몰 비 및 질소에 대한 마그네슘(Mg/N)의 몰 비를 새로 추가하였다(15)(그림 6-4 참조).

사해서 얻은 자료와 유럽의 NITREX[2)]에서 수집한 자료를 보강하여 Aber 등(1998)은 종전(1989)에 발표한 가설의 일부를 수정하였다(68, 85). 즉 토양 내 유기질소의 무기화작용은 질소포화가 진행됨에 따라 오히려 감소되고, 질산화작용과 질산이온 유출의 증가는 질소포화의 뒤쪽 단계에서 일어나며, 식물의 순 1차 생산성의 감소는 보다 늦은 단계에 일어나고(14), 잎의 질소 함량 증가는 초기 단계부터 시작된다는 새로운 내용을 추가하였다. 이 밖에 초기 단계부터 낮아지는 잎 속의 알루미늄에 대한 칼슘(Ca/Al)의 몰 비와 질소에 대한 마그네슘(Mg/N)의 몰 비 저하를 새로 추가하였다(그림 6-6).

삼림의 질소포화는 토양환경과 수종에 따라 진행하는 속도가 달라진다. 예를 들면, 낙엽활엽수림은 상록침엽수림보다 질소포화의 징후가 느리게 나타난다.

---

2) NITREX는 NITRogen saturation EXperiment의 약자로, 유럽 내의 대기질소강하와 삼림의 질소포화에 관해 연구하는 연구사업을 말한다.

6.6 질소포화에 따른 반응

(1) 토양의 pH 저하

삼림토양이 질소로 포화되면 토양의 pH가 낮아진다는 증거가 수집되고 있다. 스웨덴에 분포하는 북방림은 18kgN · ha^{-1} · $년^{-1}$의 질소강하에도 불구하고 질산이온이 유출되지 않을 만큼 질소가 부족하였다. 이 북방림에 100kgN · ha^{-1} · $년^{-1}$의 질소를 시비한 결과 토양용액 속에 암모늄, 질산, 칼슘 및 마그네슘이 증가하고, 대조구에 비해 10배의 수소이온(H^+)이 유리되어 pH가 0.4 단위나 낮아졌다(18). 토양용액에서 증가된 양이온은 계류수로 흘러나가므로 토양 속에서 감소되었다.

한편 스웨덴의 너도밤나무숲에 대기질소강하량의 3배(66kgN · ha^{-1} · $년^{-1}$)와 9배(198kgN · ha^{-1} · $년^{-1}$)의 질산암모늄을 5년 반 동안 시비한 결과 토양의 질산이온 농도는 높아졌지만 pH는 대조구(무시비구), 3배 및 9배 시비구에서 각각 pH 4.51, 4.07 및 3.81로 낮아졌다.

그림 6-7은 삼림토양에 황산암모늄($(NH_4)_2SO_4$)을 시비한 후 근권 주변의 무기토양의 pH를 조사한 결과이다. 시비한 1년차(1988년)에는 pH 변화가 거의 없었지만, 2년차(1989년)에는 얕은 토양층(0-10cm와 10-20cm)에서 변화가 나타나고, 3년차(1990년)에는 깊은 토양층(20-30cm)에도 pH 변화가 나타났다(52). 그 이유는 암모늄(NH_4^+)이 질산화작용에 의해 질산이온(NO_3^-)으로 산화되어 토양 입자에 약하게 결합되었다가 세탈되어 수소이온(H^+)을 토양에 남김으로써 pH가 낮아진 것이다(19). 이처럼 삼림토양에 질소를 시비하면 pH가 낮아진다는 증거가 많이 수집되고 있다(48, 51, 52, 63). 하지만 23년간 단속적으로 많은 질소(총 400kgN · ha^{-1})를 시비해도 pH가 낮아지지 않는다는 보고도 있다(53).

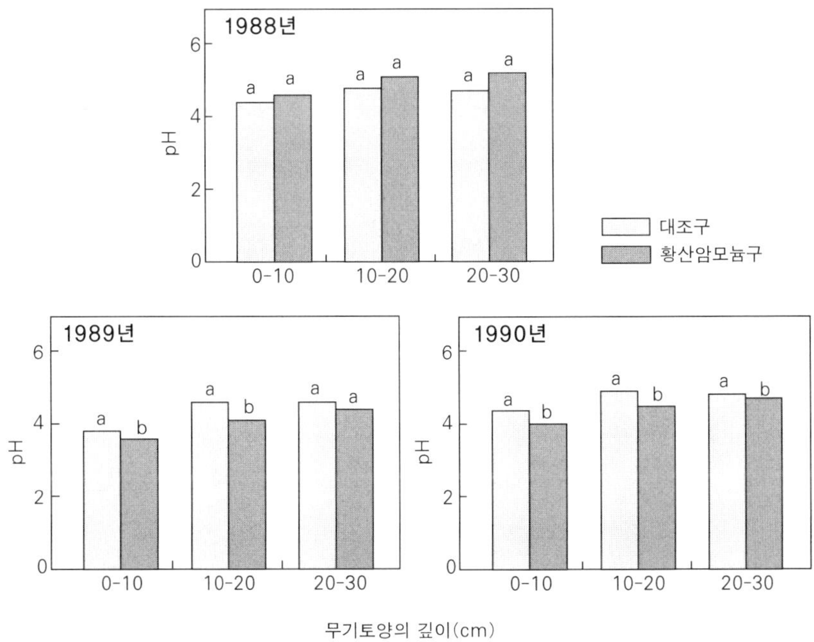

그림 6-7. 삼림토양에 황산암모늄을 3년간 시비한 근권 토양의 평균 pH 비교. 막대 위의 동일한 문자는 각 토양층 내 또는 처리 연도 내에 유의차가 없음을 나타낸다(52).

(2) 삼림의 생리활성과 물질생산의 저하

질소로 포화된 나뭇잎은 인(P)이 부족해서 질소/인(N/P)의 비가 높아진다(21, 34, 46). 예를 들면, 과거에 질소가 부족했던 로키 산(표고 3,450-3,650m)의 삼림은 최근에 브리슬콘소나무 잎의 N/P 비가 높아지는 것으로 보아 질소포화로 전환되는 과정에 있다고 판단되었다(92). 뿐만 아니라 마그네슘/질소(Mg/N)의 비, 칼륨/질소(K/N)의 비 및 칼슘/알루미늄(Ca/Al)의 비가 낮아지는 것으로 보아 무기영양소 대사가 교란된다고 해석되고 있다(15, 34). 그리고 질소 이외의 무기영양소(K, Mg, Ca, P)의 결핍증이 나타나고, 토양과 계류수에 알루미늄 농도가 높아진다(16, 48, 75).

삼림이 질소로 포화되면 수목이 상해와 병해를 쉽게 받는다. 건강한 침엽수림의 잎의 최적 질소 함량은 1.6-2.0%인데, 2.5% 이상으로 증가하면 상해를 받기 쉽고 진균성 병해(*Shaerpsis sapinea*)에 걸리기 쉽다(27). 질소로 포화된 너도밤나무숲에서는 *Apiognomenia errabundo* 등의, 독일가문비숲에서는 *Botrytis cinerea* 등의 병원성 균류가 발생한다(34).

삼림생태계가 질소로 포화되면 근균(mycorrhiza)의 종 수와 활성이 낮아진다(44, 93). 실제로 외생균근은 암모니아 강하량이 적은 곳에서 144종이었는데, 그보다 6배 많이 강하하는 곳에서 14종으로 감소되었다. 이렇게 근균의 활성이 감소되면 수목의 무기영양소와 물의 흡수량이 적어지므로 건조와 병해에 취약해져 삼림쇠퇴가 일어날 수 있다(30). 그리고 질소로 포화된 삼림토양에 질소를 더 시비하면 잔뿌리의 양과 활력이 낮아지고 얕은 표토층에 분포하게 된다(51, 52, 63, 74)(그림 11-9 참조).

삼림의 질소포화는 물질생산에 있어서 장단점이 있다. 장점은 질소부족 상태에 있는 북방림의 생산성이 높아진다는 것이다(18). 물론 농경지의 생산성은 질소시비에 의존한다. 단점은 온대림의 생산성 감소이다. 예를 들면, 미국 북동부 뉴햄프셔 주의 허버드브룩 시험림에서 지상부 생산성은 1965-1976년, 1977-1981년 및 1982-1986년에 각각 4.6, 2.8 및 0.21 tonDM · ha^{-1} · $년^{-1}$으로 감소되었고, 인근의 헌팅턴 야생동물시험림에서도 생산성은 비슷하게 감소되었는데, 그 원인은 질소포화와 무기영양소 불균형에 있다고 해석되고 있다(70).

Townsend 등(1996)은 지구상에서 대기질소강하량이 증가함에 따라 육상식물의 탄소흡수량이 1990년 기준으로 3천만에서 1억 3천만 tonC · $년^{-1}$ (C=탄소)만큼씩 증가하고, 산업혁명이 시작된 1845년 이래 질소강하량의 증가에 따른 탄소의 누적 축적은 25%가 증가되었다고 추산하고 있다.

6.7 질소포화 토양의 질소순환

삼림토양이 질소로 포화되면 토양미생물에 의한 질소순환에 큰 변화가 생긴다. Corre 등(2003)은 장기간에 걸쳐 대기질소량이 25kgN · ha^{-1} · $년^{-1}$으로 내리는 너도밤나무숲을 대조구로 정하고, 인접한 숲에 황산암모늄을 11년간 140kg · ha^{-1} · $년^{-1}$으로 준 질소시비구를 정한 다음 그들의 토양에 안정동위질소(^{15}N)를 주입하여 토양미생물에 의한 질소순환을 추적하였다(그림 6-3 참조).

그림 6-8은 질소시비를 한 결과 토양 내 유기질소의 무기화작용률, 암모늄의 질산화작용률 및 암모늄과 질산이온의 부동화작용률이 증가됨을 보여 준다. 질소시비를 하지 않은 대조구에서 총질소무기화작용률과 총질산화작용률의 합은 암모늄과 질산의 부동화작용률의 합과 비슷하지만, 시비구에는 총질소무기화작용률과 총질산화작용률의 합보다 암모늄과 질산의 부동화작용률의 합이 훨씬 작았다(24, 50).

시비구의 암모늄과 질산의 낮은 부동화작용률은 미생물체량을 감소시킴으로써 토양 내의 총질소무기화작용을 감소시키는 원인이 된다. 삼림토양이 질소로 포화되면 토양세균의 세포외 촉매효소의 효능이 낮아지므로 유기물의 분해율이 낮아지고, 또 높은 농도로 존재하는 무기질소는 토양세균의 부식질 분해효소 생성을 억제하는 것으로 알려져 있다.

대조구와 시비구의 총무기화작용률이 비교적 비슷한 현상은 대조구가 질소포화의 상한 단계(그림 6-6의 단계 2: 무기화작용률이 곧 감소되기 시작하지만 질산이온의 세탈이 아직 일어나지 않는 단계)에 있고, 시비구가 질소포화 단계(그림 6-6의 단계 3: 무기화작용률의 감소와 질산이온의 세탈이 일어나는 단계)에 있다고 해석되고 있다. 이 실험구들의 토양은 산성화되어 있었으므로 암모늄의 총질산화작용은 낮은 pH에서 활성이 억제되

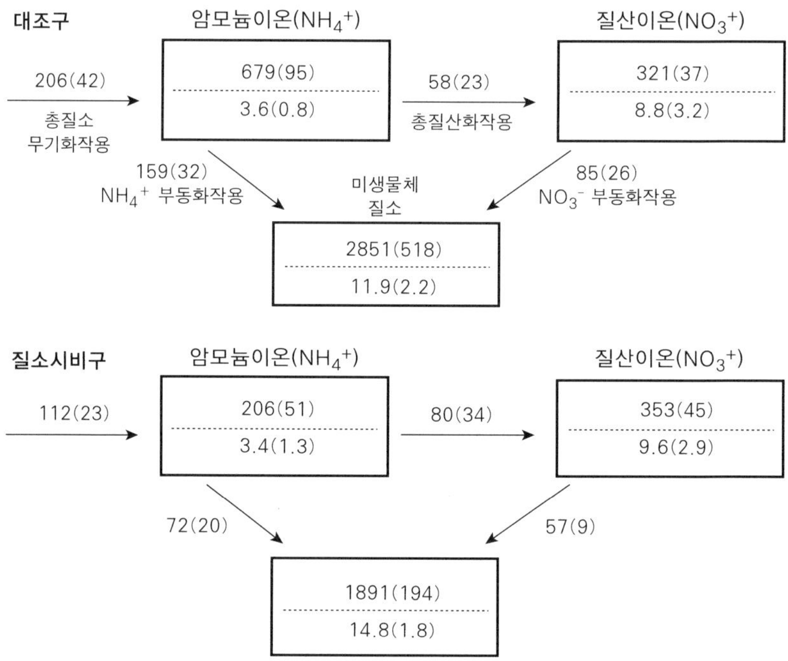

그림 6-8. 너도밤나무숲 토양 내 부식질층의 질소 풀(mgN · m^{-2}: 구획 내의 분자)에서의 미생물에 의한 질소순환율(mgN · m^{-2} · $일^{-1}$)과 체류시간(일: 구획 내의 분모). 괄호 밖의 숫자는 평균값이고 괄호 안의 숫자는 통계상의 표준오차. 그림 11-4와 비교하여 보시오(24).

는 독립영양세균보다 활성이 높은 종속영양세균에 의해 일어난다고 알려져 있다. 그리고 pH가 낮은 산성토양에서는 토양세균에 의한 질산화작용이 느리게 일어나지만 진균류에 의해 질산화작용이 일어날 수 있다는 주장도 있다(84). 하지만 미국 북동부 허버드브룩 시험림에서 40, 160 및 520kgN · ha^{-1} · $년^{-1}$의 황산암모늄을 2년간 시비한 너도밤나무숲은 질산화작용이 일어나지 않은 채 질소가 토양에 보유되고 유출된 질소의 77%가 암모늄인 것으로 보아 질소포화상태에 있다 하더라도 질산화작용이 일어나지 않는다는 보고도 나왔다(23).

질소로 포화된 삼림토양의 질산화작용은 낙엽의 유무에 따라 활성이 달라진다. 독일의 슈바르츠발트(Schwarzwald)에 있는 흑림(black forest)에서 낙엽을 제거한 숲(낙엽제거구)과 보존한 숲(낙엽보존구)에 질소를 시비한 결과 낙엽제거구에서는 질산이온이 토양에 보유되어 유출량이 적지만, 낙엽보존구에서는 질산화작용이 왕성해 많은 질산이온이 유출되고 염기성 양이온의 유출이 많아서 마그네슘 결핍증이 나타났다. 그 이유는 낙엽을 보존함으로써 미생물 활성, 곧 왕성한 질산화작용이 일어났기 때문이라고 풀이되고 있다(32). 한편 활엽수림에 낙엽제거구와 낙엽 위에 포도당을 살포한 구를 설치하고, 토양의 가용성 무기질소(dissolved inorganic nitrogen, DIN) 농도를 측정한 결과 낙엽제거구는 DIN 농도가 높게 유지되지만 포도당구는 낮게 유지되는 것으로 보아 미생물체를 구성하는 탄소의 양과 질산화작용은 낙엽의 영향을 크게 받는다고 해석되었다(72).

삼림토양에 질소 농도가 높아지면 가용성 유기탄소(dissolved organic carbon, DOC)보다 가용성 유기질소(dissolved organic nitrogen, DON)의 농도가 훨씬 높아진다. 대기질소강하량이 8kgN · ha^{-1} · 년$^{-1}$인 삼림에 0(무시비구), 50 및 150kgN · ha^{-1} · 년$^{-1}$으로 4년간 질소시비를 한 결과 토양의 DOC 농도는 겨우 10-30% 높아지는 데 비해 DON 농도는 200-300%로 증가되고, DOC/DON의 비는 무시비구에서 40-43이었는데 시비구에서 25.6-36.4로 낮은 것으로 보아 질소시비에 의해 가용성 유기탄소(DOC)보다 가용성 유기질소(DON)가 증가됨을 알게 되었다(54).

6.8 대기질소강하물의 분배

대기에서 떨어지는 질소강하물은 대부분 토양으로 분배된다. 질소강하물의 분배는 안정동위질소(^{15}N)나 안정동위산소($^{18}O_2$)로 추적하고 있다.

독일가문비숲에 안정동위질산암모늄($^{15}NH_4{}^{15}NO_3$)을 2년간 처리한 결과 안정동위질소는 임상식물의 잎에 4%, 교목층의 어린잎에 2%, 늙은잎에 1%, 토양에 63%가 분배되었다(78). 그리고 한대림에서는 안정동위질소가 목질부에 5%, 잎 · 잔뿌리 · 수피에 15%, 유출수와 휘발에 10%, 토양에 70%가 분배되었다(58, 59).

토양에 분배되는 안정동위질소는 삼림의 종류에 따라 소나무숲에서 49%, 참나무숲에서 72%로 다르게 나타난다(58, 59). 이처럼 대기에서 강하하는 질소가 토양에 많이 분배되는 이유는 탄소/질소(C/N)의 비가 토양에서 낮고 목질부에서 높기 때문이다.

대기에서 강하하는 질산이온(NO_3^-)의 행방을 안정동위산소 $^{18}O_2$ 비를 이용하여 수관 → 토양 → 지하수를 거쳐 주변의 샘물로 솟아 나오는 비율이 추적되고 있다. 대기에서 강하하는 안정동위질산이온($N^{18}O_3^-$)은 건강한 삼림분수계의 샘물에서 16-30%가 검출되는 데 비해 쇠퇴하는 삼림의 샘물에서 100%가 검출된다(29). 이 결과로 보아 쇠퇴하는 삼림은 대기에서 강하하는 질산이온을 동화하지 못하는 것으로 알려지고 있다(p. 146, 삼림의 질산이온 유출 참조).

6.9 삼림토양의 메탄 및 아산화질소 대사

(1) 메탄 흡수의 감소

메탄(CH_4)은 벼논과 습지에서 배출되고 삼림토양에서 흡수된다. 삼림토양의 메탄 흡수량은 질소 농도가 높을수록 감소된다. 그림 6-9는 침엽수림

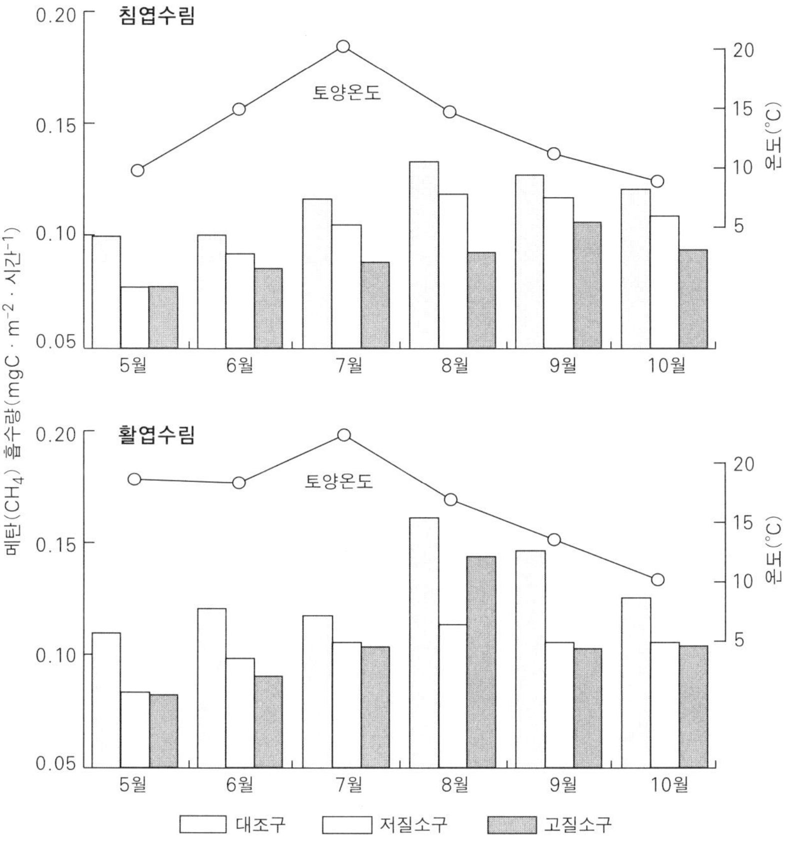

그림 6-9. 침엽수림과 활엽수림에서 대조구(0kgN · ha^{-1} · 년$^{-1}$), 저질소구(37kgN · ha^{-1} · 년$^{-1}$) 및 고질소구(120kgN · ha^{-1} · 년$^{-1}$)의 월평균 메탄 흡수량과 0-2.5cm 깊이의 토양 온도(83).

과 활엽수림 토양에 질소무시비구(대조구), 저질소구 및 고질소구를 설치하고 토양의 메탄 흡수량을 조사한 결과이다. 메탄 흡수량은 기온과 관계없이 시비량이 많을수록 감소되었다(83). 이처럼 삼림토양은 질소를 많이 함유할수록 메탄을 적게 흡수한다. 삼림토양에 흡수된 메탄은 미생물에 의해 산화되어 이산화탄소(CO_2)로 배출된다. 따라서 토양에서 메탄의 흡수량이

표 6-3. 침엽수림 토양에서 질소 농도, 산도(pH) 및 식물의 유무가 메탄의 산화 및 이산화탄소와 아산화질소의 배출량에 미치는 영향(81)

구분	식물 없음		식물 있음	
	pH 3.0	pH 5.5	pH 3.0	pH 5.5
메탄 산화(μgCH_4 · g 건조토양$^{-1}$ · 일$^{-1}$)				
질소무시비구(0kgN · ha^{-1} · 년$^{-1}$)	2	3	3	10
질소시비구(90kgN · ha^{-1} · 년$^{-1}$)	< 1	< 1	< 1	2
이산화탄소 배출(μgCO_2 · g 건조토양$^{-1}$ · 일$^{-1}$)				
질소무시비구(0kgN · ha^{-1} · 년$^{-1}$)	112	118	230	438
질소시비구(90kgN · ha^{-1} · 년$^{-1}$)	151	254	312	655
아산화질소 배출(μgN_2O-N · g 건조토양$^{-1}$ · 일$^{-1}$)				
질소무시비구(0kgN · ha^{-1} · 년$^{-1}$)	2	11	4	15
질소시비구(90kgN · ha^{-1} · 년$^{-1}$)	18	44	6	120

많을수록 이산화탄소의 배출량이 많아진다.

메탄의 산화는 토양의 질소 농도, pH 및 식물의 생육 여부에 따라 달라진다. 표 6-3에서 보는 바와 같이 메탄 산화는 질소 농도가 높은 토양이 낮은 토양보다 60-80%로 감소되고, pH 5.5의 약산성토양보다 pH 3.0의 산성토양에서 감소되며, 식물이 생육하는 토양보다 생육하지 않는 토양에서 감소된다. 이와 반대로 메탄의 산화에 의한 이산화탄소 배출량은 질소 농도가 낮은 토양보다 높은 토양에서 증가하고, 산성토양(pH 3.0)보다 약산성토양(pH 5.5)에서 증가하며, 식물이 생육하지 않는 토양보다 생육하는 토양에서 증가한다(81).

질소가 많은 삼림토양에서 메탄의 산화가 감소되는 까닭은 암모늄과 암모늄의 산화 과정에서 생긴 중간 대사물이 메탄모노산화효소(methane monooxygenase enzyme)의 기질(substrate)과 경쟁하기 때문이고, 식물이 생육하는 토양에서 메탄 산화가 증가하는 까닭은 식물이 암모늄을 흡수하여 그 농도를 낮추기 때문이며, 산성토양(pH 3.0)에서 메탄의 산화가 낮아지는 까닭은 미생물이 영향을 직접 받는 것이 아니라 식물의 생산성이 낮아져서 암모늄의 흡수량이 감소되기 때문이다(81).

지구 대기 중의 메탄 농도는 평균 1,774ppb이고 연 1.1%씩 증가하는데, 같은 농도의 이산화탄소보다 21배의 지구온난화 효과가 있어 큰 환경문제가 되고 있다(20, 57, 81, 83). 하지만 다행스럽게도 온대와 한대의 삼림토양은 대기 중에서 메탄을 흡수하여 지구온난화를 지연시키는 데 질소포화에 의해 부정적인 효과가 나타나고 있는 것이다.

(2) 아산화질소 배출의 증가

앞에서 너도밤나무숲 토양에 질소를 시비하면 질산화작용률이 높아짐을 보았다(그림 6-8 참조). 그림 6-10은 100년 이상 된 구주소나무숲 토양에 질소무시비구(0kgN · ha^{-1})와 질소시비구(90kgN · ha^{-1}), 식물 생육의 유무 및 토양의 pH 3.0과 pH 5.5를 조합하여 질산화작용률(질산이온의 배출속도)을 측정한 결과이다(81).

토양의 질산화작용률은 산성토양(pH 3.0)보다 약산성토양(pH 5.5)에서 식물이 생육하면 1-5배로, 식물이 생육하지 않으면 2-10배로 증가한다. 가장 높은 질산화작용률은 약산성토양(pH 5.5), 질소무시비 및 식물이 없는 조합에서 일어난다. 그리고 질산화작용률은 질소무시비구보다 질소시비구에서 높았다. 토양의 질산화작용률은 아산화질소(N_2O) 배출량과 비례하는 것으로 알려져 있다(81).

삼림토양은 일산화질소(NO)와 아산화질소를 배출한다. 아산화질소의 배출량은 질소무시비구보다 질소시비구에서 1.5-9.0배나 많다(표 6-3 참조). 그리고 아산화질소는 약산성토양(pH 5.5), 질소시비구 및 식물 생육의 조합에서 가장 많이 배출된다. 식물이 없는 산성토양(pH 3.0)에서 질소시비구는 무시비구보다 9배의, 식물이 있고 약산성토양 및 질소시비구는 질소

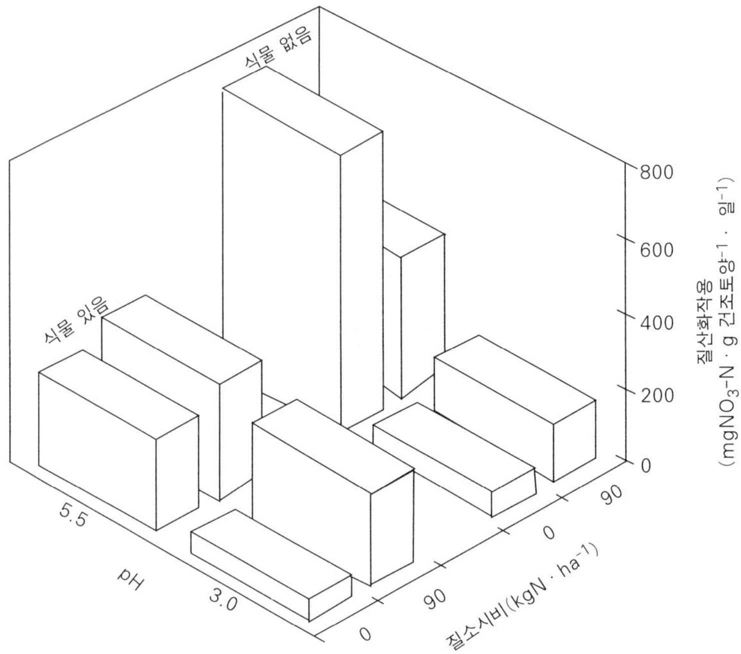

그림 6-10. 구주소나무숲 토양의 질산화작용률(질산이온 배출속도)의 비교. 이 결과는 토양의 pH 3.0과 5.5, 질소시비구(90kgN · ha^{-1})와 질소무시비구(0kgN · ha^{-1}) 및 식물 생육의 유무를 요인실험(factorial experiment)법으로 배치하여 측정하였다(81).

무시비구보다 8배의 아산화질소를 배출한다. 이처럼 토양의 아산화질소 배출량은 높은 pH, 식물 생육 및 질소시비의 조합에서 크게 증가한다(81).

식물이 없는 약산성토양(pH 5.5)에서 아산화질소 배출량이 많은 까닭은 식물이 없음으로써 암모늄을 흡수하지 않아 그 농도가 높아지고, 높은 암모늄 농도에 의해 암모늄산화세균의 활성이 낮아지기 때문이라고 해석된다(50, 81).

호기상태에서 암모늄산화세균(예: *Nitrosomonas europaea*)에 의해 질산화작용이 일어나서 암모늄이온(NH_4^+)이 질산이온(NO_3^-)으로 산화되는 과정과 혐기상태에서 탈질화작용으로 질산이온이 유리질소(N_2)로 되는 과정에서 일산화질소나 아산화질소와 같은 부산물이 생성된다. 암모늄산화세균에 의해 질산화작용이 일어날 때 생성되는 아산화질소태질소(N_2O-N)의 양은 질산태질소(NO_3-N)의 1-20%로 알려져 있다(81).

일본에서 대기질소강하량이 많은 소나무림(30.6kgN · ha^{-1} · 년$^{-1}$)과 약 절반 정도로 적게 내리는 활엽수림(15.7kgN · ha^{-1} · 년$^{-1}$)의 아산화질소 배출속도는 각각 4.5와 2.3μgN · m^{-2} · 시간$^{-1}$이고, 단위지면적(ha)당 연 배출량은 각각 0.38과 0.20kgN · ha^{-1} · 년$^{-1}$이었다. 그리고 아산화질소의 배출속도는 2주 전의 토양온도와 질소강하량에 비례하고 있음이 밝혀졌다(69).

이상의 결과를 요약하면 삼림토양의 아산화질소 배출량은 토양의 높은 암모늄 농도, 높은 pH 및 식물이 생육하는 토양에서 증가한다(21, 26, 50, 89).

대기 중에는 약 300만 ton의 아산화질소가 들어 있고 그 농도는 약 319ppb인데, 매년 약 0.26%씩 증가하고 있다(35). 아산화질소는 같은 농도의 이산화탄소보다 296배의 온실효과가 있어 지구온난화를 일으킨다(42).

6.10 질소포화에 대한 초본식물의 민감성

(1) 임상식물의 민감성

임상식물은 교목보다 질소포화에 더 민감하다. 62년생 구주소나무숲에 7년간 질산암모늄(NH_4NO_3)을 시비했을 때 임상식물의 줄기 밀도와 물질생산량이 감소되었다(76). 교목층은 질소포화의 징후가 전혀 없는데도 질소시비량이 많을수록 임상식물은 줄기 밀도와 식물체의 건물중이 감소된다. 이것으로 보아 교목보다 초본으로 구성된 임상식물이 질소포화에 민감함을 짐작할 수 있다.

(2) 질소포화에 약한 C_4 식물

포기농경지에 형성된 초지에 질소를 시비하면 종풍부도(species richness)가 낮아지는데, 특히 C_4 식물이 소멸됨으로써 종풍부도가 낮아진다. Tilman(1987)은 경작을 포기한 지 1년 내지 56년 된 묵밭(old field)에 질산암모늄을 0-27.2gN · m^{-2} · 년$^{-1}$의 8 수준으로 시비한 4년 후에 원래 출현했던 종의 60% 이상이 소멸되어 종풍부도가 극적으로 낮아짐을 관찰하였다(88).

이와 비슷한 포기농경지에서 Wedin과 Tilman(1996)은 25, 36 및 59년 지난 묵밭에 12년간 질소시비를 계속한 후 시비구의 종풍부도가 대조구의 50% 이하로 낮아짐을 관찰하였다(그림 6-11). 특히 질소시비량을 늘림에 따라 우점하던 C_4 식물(*Schizachyrium scoparium*)의 현존량이 감소되어 마침내 소멸되고, 그 대신 C_3 식물(*Agropyron repens*)로 대치되는 현상을 확인하였다.

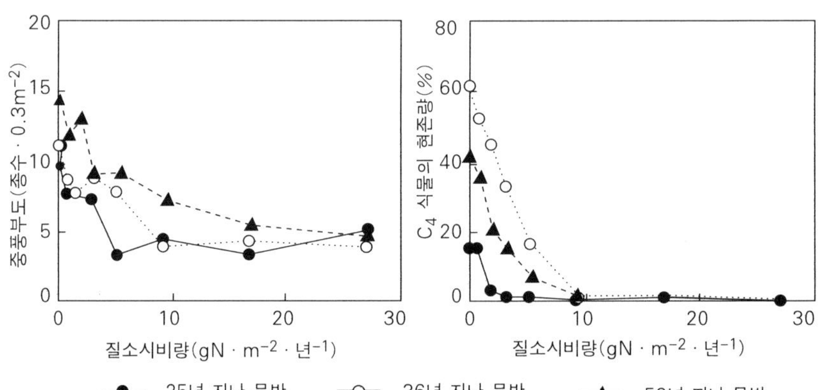

그림 6-11. 묵밭에 12년간 질소시비를 한 식생 변화. 측정점은 세 묵밭의 평균 값. 왼쪽은 지표면 0.3m^2당 관속식물 종 수. 오른쪽은 최고생육기의 C_4 식물의 지상부 현존량(91).

이 밖에 질소로 포화된 생태계에서는 혐질소성 종이 호질소성 종으로 대치된다. 예를 들면, 혐질소성 종인 *Calluna vulgaris*와 *Erica tetralix*의 분포역이 좁아지고 호질소성 종인 *Molinia caerulea*와 *Dechampsia flexuosa*의 분포역이 넓어진다(27).

인용문헌

(1) 김준호. 2005a. 자연생태계에 미치는 산성강하물의 영향. 대한민국 학술원 논문집, 자연과학편. 44: 139-218.

(2) 김준호. 2005b. 대기산성강하물: 토양과 삼림생태계의 반응. 한생태지. 28: 417-431.

(3) 김준호. 2006. 대기산성강하물: 삼림의 질소포화. 한생태지. 29: 305-321.

(4) 유영한. 1994. 광릉의 활엽수림과 침엽수림 소유역 생태계 내 무기영양소의 유입과 유출. 서울대학교 박사학위논문. p. 142.

(5) 유영한, 김준호, 문형태, 이창석. 2002. 삼림 소유역 생태계에서 질소와 황의 유입량, 유출량과 물질수지. 한생태지. 25: 119-125.

(6) 이영희. 2001. 한반도에서 질소강하량의 추정. 서울대학교 박사학위논문. p. 145.

(7) 이천용, 원형규. 1994. 산림유역 내 계류수질의 변화실태. 임업정보 34: 21-23.

(8) 한진석, 정일록, 박진철, 박준대, 정다위, 김소영, 안준영, 정일웅, 조창래, 김정호. 2000. 한반도 산성강하물 평가와 영향조사(II). 산성강하물(습성강하물) 모니터링. 국립환경연구원. pp. 11-127.

(9) 한진석, 홍유덕, 박진철, 박준대, 정다위, 공부주, 김소영, 안준영, 정일웅, 조창래, 김정호, 진경선, 이덕길. 2001. 한반도 산성강하물 평가와 영향조사(III). 산성강하물(습성강하물) 모니터링. 국립환경연구원. pp. 15-88.

(10) 한진석, 서충열, 공부주, 박준대, 이상덕, 이석조, 이덕길. 2002. 한반도 산성강하물 평가와 영향조사(IV). 산성강하물(습성강하물) 모니터링. 국립환경연구원. pp. 19-82.

(11) 한진석, 서충열, 공부주, 홍유덕, 이상덕, 최진수, 안준영, 이석조, 이덕길. 2003. 한반도 산성강하물 평가와 영향조사(V). 산성강하물(습성강하물) 모니터링. 국립환경연구원. pp. 1-110.

(12) 한진석, 공부주, 홍유덕, 이민도, 이상덕, 최진수, 안준영, 신선아, 이석조, 이덕길.

2004. 산성강하물 모니터링과 생태계 영향조사(I). 국립환경연구원. pp. 1-157.

(13) Aber, J.D., K.J. Nadelhoffer, P. Steudler and M. Melillo. 1989. Nitrogen saturation in northern forest ecosystems. BioScience 39: 378-386.

(14) Aber, J.D., A. Magill, S.G. McNulty, R.D. Boone, K.J. Nadelhoffer, M. Downs and R. Hallett. 1995. Forest biogeochemistry and primary production altered by nitrogen saturation. Water Air Soil Poll. 85: 1665-1670.

(15) Aber, J.D, W. McDowell, K.J. Nadelhoffer, A. Magill, G. Bernston, M. Kamakea, S. McNulty, W. Currie, L. Rustad and I. Fernandez. 1998. Nitrogen saturation in temperate forest ecosystems. Hypotheses revisited. BioScience 48: 921-934.

(16) Berdén, M. and S.I. Nilsson. 1996. Influence of added ammonium sulfate on the leaching of aluminium, nitrate and sulphate — A laboratory experiment. Water Air Soil Poll. 87: 1-22.

(17) Bergholm, J. and H. Majdi. 2001. Accumulation of nutrients in above and below ground biomass in response to ammonium sulphate addition in a Norway spruce stand in Southwest Sweden. Water Air Soil Poll. 130: 1049-1054.

(18) Bergholm, J., D. Berggren and G. Alavi. 2003. Soil acidification induced by ammonium sulphate addition in a Norway spruce forest in Southwest Sweden. Water Air Soil Poll. 148: 87-109.

(19) Bergkrist, B. and L. Falkeon. 1992. Soil acidification and element fluxes of a *Fagus sylvatica* forest as influenced by simulated nitrogen deposition. Water Air Soil Poll. 65: 111-133.

(20) Blake, D.R. and F.S. Rowland. 1988. Continuing worldwide increase in tropospheric methane. Science 239: 1129-1131.

(21) Bynerowicz, A. and M.E. Fenn. 1996. Nitrogen deposition in California forests: a review. Environ. Poll. 92: 127-146.

(22) Cho, K.-H. and J.-H. Kim. 1989. A comparison of nitrogen cycling among young *Pinus koraiensis* plantations of different ages. Korean J. Ecol. 12: 245-256.

(23) Christ, M., Y. Zhang, G.E. Likens and C.T. Driscoll. 1995. Nitrogen retention capacity of a northern hardwood forest soil under ammonium sulfate additions. Ecol. Appl. 5: 802-812.

(24) Corre, M.D., F.O. Beese and R. Brumme. 2003. Soil nitrogen cycle on high nitrogen deposition forest: changes under nitrogen saturation and liming. Ecol. Appl. 13: 287-298.

(25) Davidson, E.A., S.C. Hart and M.K. Firestone. 1992. Internal cycling of nitrate in soils of a mature coniferous forest. Ecology 73: 1148-1156.

(26) Davidson, E.A., P.A. Matson, P.M. Vitousek, R. Riley, K. Dunkin, G. Garcìa-Méndes and J.M. Maass. 1993. Processes regulating soil emission of NO and N_2O in a seasonally dry tropical forest. Ecology 74: 130-139.

(27) De Vries, W. 1993. Average critical loads for nitrogen and sulfur and its use in acidification abatement policy in the Netherlands. Water Air Soil Poll. 68: 399-434.

(28) Diese, N.B. and R.F. Wright. 1995. Nitrogen leaching from European forests in relation to nitrogen deposition. For. Ecol. Manag. 71: 153-161.

(29) Durka, W., E.-D. Schulze, G. Gebauer and S. Voerkellus. 1994. Effects of forest decline on uptake and leaching of deposited nitrate determinined from ^{15}N and ^{18}O measurements. Nature 372: 765-767.

(30) Emmett, B.A. 1999. The impact on nitrogen on forest soils and feedbacks on tree growth. Water Air Soil Poll. 116: 65-74.

(31) Emmett, B.A., P.A. Stevens and B. Reynolds. 1995. Factors influencing nitrogen saturation in Stika spruce stands in Wales, UK. Water Air Soil Poll. 85: 1629-1634.

(32) Feger, K.H. 1992. Nitrogen cycling in two Norway spruce (*Picea abies*) ecosystems and effects of a $(NH_4)_2SO_4$ addition. Water Air Soil Poll. 61: 295-307.

(33) Fenn, M.E. and J.W. Kiefer. 1999. Throughfall deposition of nitrogen and sulfur in Jeffrey pine forest in the San Gabriel Mountains, southern California. Environ. Poll. 104: 179-187.

(34) Flückiger, W. and S. Baum. 1999. Nitrogen and its effect on growth, nutrient status and parasite attacks in beech and Norway spruce. Water Air Soil Poll. 116: 99-110.

(35) Galloway, J.N. 1995. Acid deposition: perspective in time and space. Water Air Soil Poll. 85: 15-24.

(36) Glatzel, G. 1990. The nitrogen status of Austria forest ecosystems as influenced by atmospheric deposition, biomass harvesting and lateral organomass exchange. Plant Soil. 128: 67-74.

(37) Goldschumidt, Y.M. 1954. Geochemistry. Clarendon Press, Oxford.

(38) Gundersen, G. 1995. Nitrogen deposition and leaching in European forest – Preliminary results from a data compilation. Water Air Soil Poll. 85: 1179-1184.

(39) Gundersen, G. and L. Rasmussen. 1990. Nitrification in forest soils: effects from nitrogen deposition on soil acidification and aluminum release. Rev. Environ. Cont. Toxicol. 113: 1-45.

(40) Harriman, R., C. Curtis and A.C. Edwards. 1998. An empirical approach for assessing the relationship between nitrogen deposition and nitrogen leaching from upland catchments in the United Kingdom using runoff chemistry. Water Air Soil Poll. 105: 193-203.

(41) Hedin, L.O., J.J. Armesto and A.H. Johnson. 1995. Patterns of nutrient loss from unpolluted, old-growth temperate forests: evaluation of biogeochemical theory. Ecology 76: 493-509.

(42) Hendzel, L.L., C.J.D. Matthews, J.J. Venkiteswaran, V.L. St. Louis, D. Burton, E.M. Joyce and R.A. Bodaly. 2005. Nitrous oxide fluxes in three experimental boreal forest reservoirs. Environ. Sci. Tech. 39: 4353-4360.

(43) Hong, B., D.P. Swaney, P.B. Woodbury and D.A. Weinstein. 2005. Long-term nitrate export pattern from Hubbard Brook watershed 6 driven by climatic variation. Water Air Soil Poll. 160: 293-326.

(44) Hüttl, R.F. 1990. Nutrient supply and fertilizer experiments in view of N saturation. Plant Soil. 128: 45-58.

(45) Johannes, A.H., E.R. Altwicker and N.L. Clesceri. 1985. The integrated lake-watershed acidification study: atmospheric inputs. Water Air Soil Poll. 26: 339-353.

(46) Koerselman, W. and A.F.M. Meuleman. 1996. The vegetation N:P ratio: a new tool to detect the nature of nutrient limitation. J. Appl. Ecol. 33: 1441-1450.

(47) Kwak, Y.-S. and J.-H. Kim. 1992. Nutrient cyclings in Mongolian oak (*Quercus mongolica*) forest. Korean J. Ecol. 15: 35-46.

(48) Lawrence, G.B. and M.B. David. 1997. Response of aluminum solubility to elevated nitrification in soil of red spruce stand in eastern Maine. Environ. Sci. Tech. 31: 825-830.

(49) Lovett, G.M., K.C. Weathers and W.V. Sobczak. 2000. Nitrogen saturation and retention in forested watersheds of the Caskill Mountains, New York. Ecol. Appl. 10: 73-84.

(50) Magill, A.H., J.D. Aber, J.J. Hendricks, R.D. Bowden, J.M. Melillo and P.A. Steudler. 1997. Biogeochemical response of forest ecosystems to simulated chronic nitrogen deposition. Ecol. Appl. 7: 402-415.

(51) Majdi, H. and H. Persson. 1995. Effects of ammonium sulphate application on the chemistry of bulk soil, rhizosphere, fine roots and fine-root distribution in a *Picea abies* (L.) Karst. stand. Plant Soil. 168-169: 151-160.

(52) Majdi, H. and U. Rosengren-Brinck. 1994. Effects of ammonium sulphate application on rhizosphere, fine-root and needle chemistry in *Picea abies* (L.) Karst. stand. Plant Soil. 162: 71-80.

(53) Mälkönen, E. 1990. Estimation of nitrogen saturation on the basis of long-term fertilization experiment. Plant Soil. 85: 1239-1244.

(54) McDowell, W.H., W.S. Currie, J.D. Aber and Y. Yano. 1998. Effects of chronic nitrogen amendment on production of dissolved organic carbon and nitrogen in forest soils. Water Air Soil Poll. 105: 175-182.

(55) Miller, H.G. and J.D. Miller. 1976. Effect of nitrogen supply on net primary production in Corsican pine. J. Appl. Ecol. 13: 249-256.

(56) Miller, H.G., J.M. Cooper and J.D. Miller. 1976. Effect of nitrogen supply on nutrients in litter fall and crown leaching in a stand Corsican pine. J. Appl. Ecol. 13: 233-248.

(57) Mooney, H.A., P.M. Vitousek and P.A. Matson. 1987. Exchange of materials between terrestrial ecosystems and the atmosphere. Science 238: 926-932.

(58) Nadelhoffer, K.J., M.R. Downs and B. Fry. 1999. Sinks for ^{15}N-enriched addition to an oak forest and a red pine plantation. Ecol. Appl. 9: 72-86.

(59) Nadelhoffer, K.J., B.A. Emmett, P. Gundersen, O.J. Kjonass, C.J. Koopmans, P. Schleppi, A. Tietema and R.W. Wright. 1999. Nitrogen deposition makes a minor contribution to carbon sequestration in temperate forests. Nature 398: 145-148.

(60) Nilsson, J. and P. Grennfelt. 1988. Workshop report. *In*: Critical Loads for Sulphur and Nitrogen. (eds). Nilsson, J. and P. Grennfelt. Report from a workshop held at Skokloster, Sweden, March, 1988. NCM and the UNECE. Stockholm, Sweden.

(61) Nilsson, L.-O. and K. Wiklund. 1992. Influence of nutrient and water stress on Norway spruce production in South Sweden — The role of air pollutants. Plant Soil. 143: 251-265.

(62) Nilsson, L.-O. and K. Wiklund. 1994. Nitrogen uptake in a Norway spruce stand following ammonium sulphate application, fertigation, irrigation, drought and

nitrogen-free fertilization. Plant Soil. 164: 221-229.

(63) Nilsson, L.-O. and K. Wiklund. 1995. Indirect effects of N and S deposition on a Norway spruce ecosystem. An uptake of findings within the Skogaby project. Water Air Soil Poll. 85: 1613-1622.

(64) Nodvin, S.C., H. van Miegroet, S.E. Lindberg, N.S. Nicholas and D.W. Johnson. 1995. Acidic deposition, ecosystem processes, and nitrogen saturation in a high elevation southern Appalachian watershed. Water Air Soil Poll. 85: 1647-1652.

(65) Ohrui, K. and M.J. Mitchell. 1997. Nitrogen saturation in Japanese forested watersheds. Ecol. Appl. 7: 391-401.

(66) Ohrui, K. and M.J. Mitchell. 1998. Effects of nitrogen fertilization on stream chemistry of Japanese forested watersheds. Water Air Soil Poll. 107: 219-235.

(67) Ohte, N., M.J. Mitchell, H. Shibata, N. Tokuchi, H. Toda and F. Iwatsubo. 2001. Comparative evaluation on nitrogen saturation forest catchments in Japan and northeastern United States. Water Air Soil Poll. 130: 649-654.

(68) Ollinger, S.V., J.D. Aber, G.M. Lovett, S.E. Millham, R.G. Lathrop and J.M. Ellis. 1993. A spatial model of atmospheric deposition for the northeastern U.S. Ecol. Appl. 3: 459-472.

(69) Oura, N., J. Shindo, T. Fumoto, H. Toda and H. Kawashima. 2001. Effects of nitrogen deposition on nitrous oxide emissions from the forest floor. Water Air Soil poll. 130: 673-678.

(70) Pardo, L.H. and C.T. Driscoll. 1996. Critical loads for nitrogen deposition: case studies at two northern hardwood forests. Water Air Soil Poll. 89: 105-128.

(71) Pardo, L.H., C.T. Driscoll and G.E. Likens. 1995. Patterns of nitrate loss from a chronosequence of clear-cut watersheds. Water Air Soil Poll. 85: 1659-1664.

(72) Park, J.-H. and E. Matzner. 2001. Carbon control on nitrogen dynamics in the forest floor of an N-enriched deciduous forest ecosystem. Water Air Soil Poll. 130: 643-648.

(73) Park, S.-U. and Y.H. Lee. 2002. Spatial distribution of wet nitrogen deposition in South Korea. Atmos. Environ. 36: 619-628.

(74) Persson, H., Y. von Frick, H. Majdi, and L.-O. Nilsson. 1995. Root distribution in a Norway spruce (*Picea abies* (L.) Karst.) stand subjected to drought and ammonium-sulphate application. Plant Soil. 168-169: 161-165.

(75) Postek, K.M., C.T. Driscoll, J.S. Kahl and S.A. Norton. 1995. Changes in the

concentrations and speciation of aluminum in response to an experimental addition of ammonium sulfate to the Bear Brook watershed, Maine, USA. Water Air Soil Poll. 85: 1733-1738.

(76) Rainey, S.M., K.J. Nadelhoffer, W.L. Silver and M.R. Downs. 1999. Effects of chronic nitrogen additions on understory species in a red pine plantation. Ecol. Appl. 9: 949-957.

(77) Rothe, A. and K.H. Mellert. 2004. Effects of forest management on nitrate concentrations in seepage water of forests in southern Bavaria, Germany. Water Air Soil Poll. 156: 337-355.

(78) Schleppi, P., I. Bucher-Wallin, R. Siefwolf, M. Saurer, N. Muller and J.B. Bucher. 1999. Simulation of increased nirogen deposition to a montane forest ecosystem: partitioning of the added ^{15}N. Water Air Soil Poll. 116: 129-134.

(79) Schulze, E.-D., W. de Vries, M. Hauhs, K. Rosën, L. Rasmussen, C.-O. Tamm and J. Nilsson. 1989. Critical loads for nitrogen deposition on forest ecosystems. Water Air Soil Poll. 48: 451-456.

(80) Shim, J.M. and S.U. Park. 2001. Estimation of the nitrogen and base cation uptake of South Korean forest. Korean J. Ecol. 24: 51-59.

(81) Sitaula, B., J.I.B. Sitaula, Å. Aakra and L.R. Bakken. 2001. Nitrification and methane oxidation in forest soil: acid deposition, nitrogen input and plant effects. Water Air Soil Poll. 130: 1061-1066.

(82) Skeffington, R.A. 1990. Accelerated nitrogen inputs – A new problem or a new perspective? Plant Soil. 128: 1-11.

(83) Steudler, P.A., R.D. Bowden, J.M. Melillo and J.D. Aber. 1989. Influence of nitrogen fertilization on methane uptake in temperate forest soils. Nature 341: 314-316.

(84) Stroo, H.F., T.M. Klein and M. Alexander. 1986. Heterotrophic nitrification in an acid forest soil and by an acid tolerant fungus. Appl. Environ. Microbiol. 52: 1107-1111.

(85) Tietema, A., R.F. Wright, K. Blanck, A.W. Boxman, M. Breemeier, B.A. Emmett, P. Gundersen, H. Hulberg, O.J. Kjønass, F. Moldan, J.G.M. Roelofs, P. Schleppi, A.O. Stuanes and N. van Breemen. 1995. NITREX: the timing of response of coniferous forest ecosystems to experimentally-changed nitrogen deposition. Water Air Soil Poll. 85: 1623-1628.

(86) Tilman, D. 1987. Secondary succession and the pattern of plant dominance along experimental nitrogen gradients. Ecol. Monographs 57: 189-214.

(87) Townsend, A.R., B.H. Braswell, E.A. Holland and J.E. Penner. 1996. Spatial and temporal patterns in terrestrial carbon storage due to deposition of fossil fuel nitrogen. Ecol. Appl. 6: 806-814.

(88) Vitousek, P.M. 1994. Beyond global warming: ecology and global change. Ecology 75: 1861-1876.

(89) Vitousek, P.M., J.D. Aber, R.W. Howarth, G.E. Likens, P.W. Matson, D.W. Schindler, W.H. Schlesinger and D.G. Tilman. 1997. Human alteration of the global nitrogen cycle: sources and consequences. Ecol. Appl. 7: 737-750.

(90) Watmough, S.A., M.C. Eimers, J. Aherne and P. Dillon. 2004. Climate effects on stream nitrate concentrations at 16 forested catchments in South Central Ontario. Environ. Sci. Tech. 38: 2383-2388.

(91) Wedin, D.A., and D. Tilman. 1996. Influence of nitrogen loading and species composition on the carbon balance of grasslands. Science 274: 1720-1724.

(92) Williams, M.W., J.S. Baron, N. Caine, R. Sommerfeld and R. Sanford, Jr. 1996. Nitrogen saturation in the Rocky Mountains. Environ. Sc. Tech. 30: 640-646.

(93) Zöttl, H.W. 1990. Remarks on the effects on nitrogen deposition to forest ecosystems. Plant Soil. 128: 83-89.

07

물의 산성화

산성비나 산성강하물은 토양뿐 아니라 물도 산성화한다. 빗물이 땅에 떨어지면 일부는 땅속으로 스며들고 일부는 땅 위를 흘러 지표유출수로 된다. 이 물은 마침내 계류수, 하천수 및 호수나 댐에 모여 지표수로 된다. 우리나라의 지표수는 아직 중성이지만 산성비가 내리는 유럽이나 미국, 캐나다의 동부에서는 산성수로 변해 있다. 산성수는 pH 7.0 이하의 물을 말하지만 생물의 생활을 기준으로 하면 pH 5.6 이하의 물을 가리키는 경우도 있다. 산성수는 pH나 산도의 반대 개념인 알칼리도로 나타낸다. 벼논의 물은 산성비가 내리더라도 산성화되지 않는다. 논흙의 환원층에서 수산이온을 유리하고, 황산이온이 황화수소로 유리되거나 황철광으로 침전되기 때문이다.

7.1 지표수란 무엇인가?

빗물은 땅 표면을 흐르고 계류와 하천을 거쳐 호수에 머물거나 바다로 흘러간다. 바다에 들어가기 전의 민물을 통틀어서 지표수(surface water)라고 한다. 빗물은 숲, 토양, 암석 등을 스치면서 흐르는 동안에 여러 가지 물질을 녹이거나 침전시키면서 물리적 · 화학적 · 생물학적 변화를 받아 지표수로 된다. 지표수는 종류가 다른 삼림과 구성성분이 다른 암석과 토양을 스치며, 문화적 배경과 관리체계가 다른 분수계를 지나지만 모두 비슷한 이온 조성을 가진다(10, 23). 그림 7-1은 미국과 캐나다 및 노르웨이 산성수지역의 지표수와 세계 평균의 지표수의 이온 조성이 공통됨을 보여준다.

지구상의 지표수는 대부분 중성이거나 약알칼리성이다. 우리나라에는 산성비가 내리는데도 암석 · 토양의 완충능과 삼림의 중화능에 의해 지표수는 중성이나 알칼리성을 유지한다(표 7-1). 하지만 지구상에는 자연스럽게 생긴 민물이라도 pH 3 이하의 산성이나 pH 11-12의 알칼리성을 띠는 지표수도 있다(25). 기온이 낮은 고산의 배수 불량한 습원에는 물이끼속 식물(*Sphagnum*)과 끈끈이주걱, 사초 등이 생육하여 특유의 고층습원을 형성한다. 물이끼는 물이 많은 습지에서 잘 자라며 물을 많이 빨아들이고, 해마다 고사체가 부패하지 않은 채 쌓여서 이탄(peat)을 형성하며, 지하수를 이용하지 않고 빗물에 의존하여 자란다. 물이끼는 산을 분비하므로 고층습원

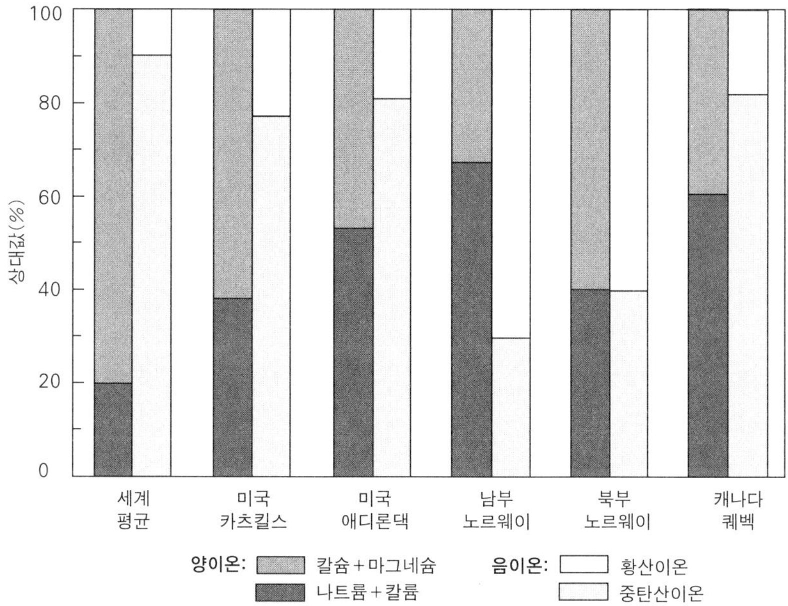

그림 7-1. 지표수의 세계 평균과 몇 산성비 지역의 상대 이온 조성(23).

표 7-1. 한국의 주요 하천과 저수댐 물의 1995-2003년 사이의 연평균 pH(9)

주요 하천	pH	주요 저수댐	pH
금강(공주)	7.5	남강댐	7.5
낙동강(물금)	8.0	대청댐	7.6
삽교천(삽교)	7.5	삽교호	8.0
섬진강(보성)	7.3	소양댐	7.0
동진강(동진)	7.7	안동댐	7.5
안성천(안성)	7.6	영산호	7.6
영산강(무안)	7.6	임하호	7.8
탐진강	7.4	장성댐	7.6
태화강(울주)	7.7	청평댐	7.8
한강(의암)	7.6	충주댐	8.0
한강(충주)	8.0	팔당댐	8.4
형산강	7.8	화천댐	7.6

에서는 산성지표수가 흐른다. 실제로 강원도 양구군 대암산(표고 1,316m)에 형성된 고층습원의 물은 pH 4.2-5.3의 산성지표수이다(8). 그리고 강원

도 명주군의 고단리 고층습원(표고 850m)의 물도 pH 6.2의 약산성이다(4).

화산지대에서는 산성하천이나 산성호수를 볼 수 있다. 용암이나 화산재에 포함된 황화물이 산화되어 산성하천 · 호수가 형성되면 호산성 생물(acidophilous organism)이 서식하게 된다. 화산지대에서 아주 극단적인 산성호수는 pH 1.7-1.8을 기록하는 예도 있다(26). 이러한 산성호수는 화산지대인 일본, 호주, 뉴질랜드, 유럽의 스칸디나비아 반도 등에 분포한다(37). 우리나라에도 산성수가 흐르는 하천이 있다. 강원도 태백시를 흐르는 황지천이 그 예이다. 하천 주변에 쌓여 있는 폐탄에는 황철광(FeS_2)이 섞여 있는데 이것이 황산(H_2SO_4)으로 산화되어 물을 산성화하기 때문에 심한 곳은 pH 2.7의 산성수가 흐르기도 한다(7).

7.2 빗물과 지표수

수관의 산도 중화 기능(p. 118)에서 설명했듯이 지표수의 pH는 빗물보다 보통 높아진다(그림 5-7 참조). 즉 지표수의 pH와 이온세기(ionic strength)는 빗물보다 높아진다. 하지만 토양과 식물에서 산성물질을 배출하는 지역에서는 지표수의 pH가 빗물보다 한 단계 낮아진다. 예를 들면, 아마존강의 한 지류에서 빗물은 pH 5.0인데 하천수는 pH 2.8로 낮다(27).

지표수 속의 화학성분은 대기산성강하물과 토양의 풍화에서 온 성분이 혼합되어 있다(p. 80, 토양의 풍화 참조). 특히 산성수의 화학성분은 대기산성강하물 이외에 화강암 · 화강편마암과 같은 비반응성 지질에서 녹아나온 성분이 혼합되어 있다. 이러한 산성수는 스칸디나비아의 남부, 미국의 북동부와 캐나다 동부 및 영국의 서북부에 분포하고 있다. 하지만 이들 지역의 지표수가 모두 산성수로 되는 것은 아니다.

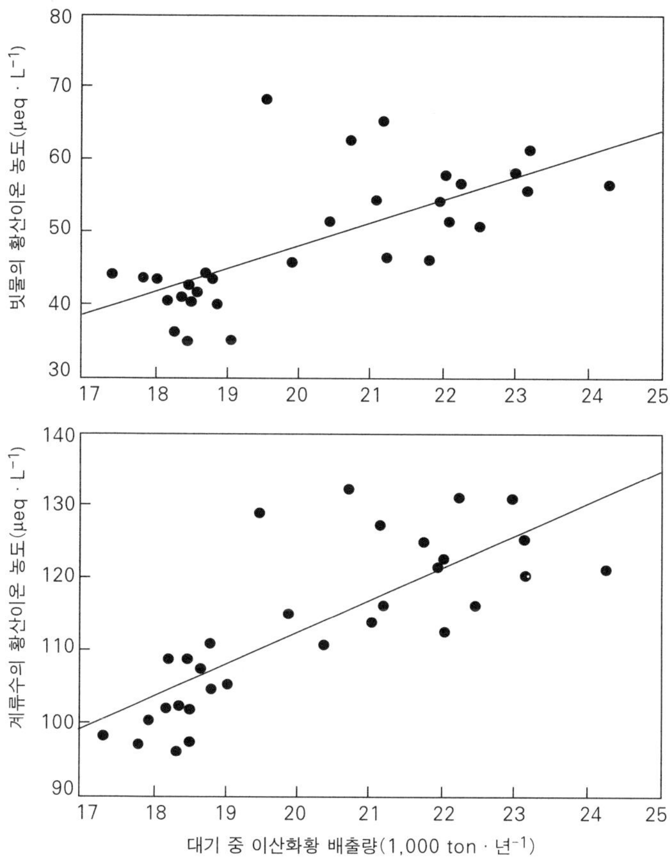

그림 7-2. 미국 뉴햄프셔 주에서 이산화황의 연 배출량에 따른 허버드브룩 시험림의 빗물(위)과 계류수(아래)의 황산이온 농도의 변화(18).

산성비가 내리지 않는 지역에도 지표수가 산성수로 되는 예가 있다. 예를 들면, 스코틀랜드의 남서부에서는 pH 4.7 이상의 비가 내리는데도 지표수는 pH 4.0 이하로 산도가 높다(26). 토양 속의 이탄(peat)에서 산성수가 침출되기 때문이다. 하지만 노르웨이, 미국의 북동부 및 캐나다 동부에서는 빗물에 황산이 많기 때문에 지표수가 산성화된다(그림 7-5 참조). 지표수의 횡산이온 농노는 산성비가 내리지 않는 지역에서 아수 낮지만(10-

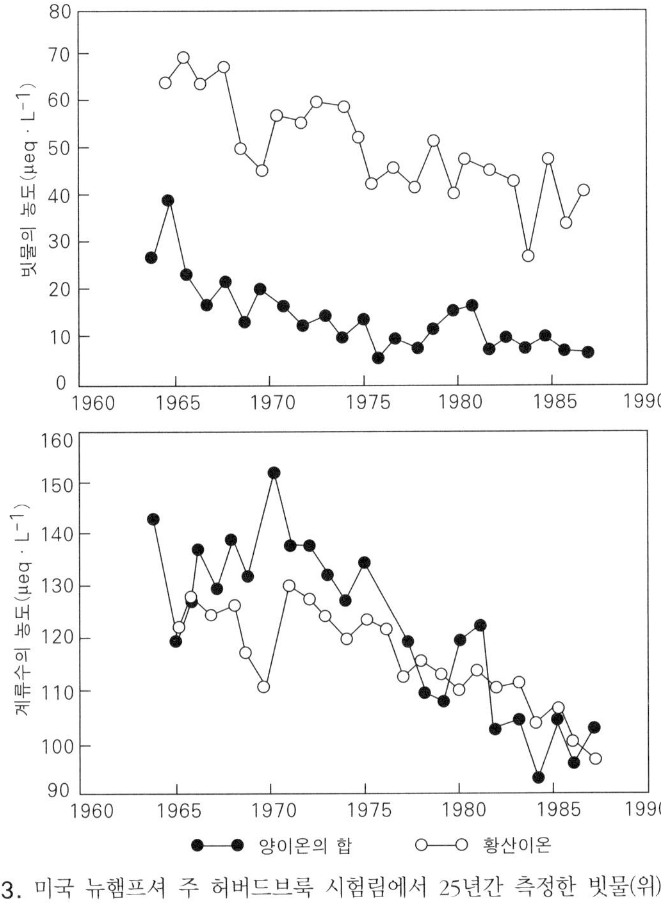

그림 7-3. 미국 뉴햄프셔 주 허버드브룩 시험림에서 25년간 측정한 빗물(위)과 계류수(아래)의 황산이온과 염기성 양이온의 합의 변화(20).

15μeq · L^{-1}), 산성비가 내리는 지역에서 대단히 높다(50μeq · L^{-1})(36).

대기 중에 이산화황 배출량이 많으면 빗물의 황산이온 농도가 높아지고, 빗물의 황산 농도가 높으면 지표수의 황산이온 농도도 높아진다. 그림 7-2는 미국 북동부에서 대기 중의 이산화황 배출량에 비례해 빗물과 계류수(지표수)의 황산이온 농도가 높아지는 경향을 보이고 있다(18).

이와 반대로 미국의 북동부에서는 대기 중의 이산화황 배출량이 감소됨에 따라 빗물과 계류수(지표수)의 황산이온과 양이온의 합이 감소되었다. 그림 7-3은 미국 뉴햄프셔 주의 허버드브룩 시험림에서 1960년대 중반부터 25년간 빗물의 황산이온과 염기성 양이온 농도가 낮아짐에 따라 계류수의 황산이온과 염기성 양이온 농도가 낮아짐을 보이고 있다(19, 20). 그리고 이 기간에 빗물과 지표수의 pH도 비례하여 높아졌다. 대기 중의 이산화황 배출량, 빗물과 계류수의 황산이온 농도, 염기성 양이온의 합 및 pH 사이의 비례 관계는 1970년대 이후 유럽의 여러 지역에서도 흔히 관찰되었다(42).

아시아에서는 25년이라는 장기간에 걸친 빗물과 지표수의 측정 자료가 아직 없어 미래를 예측하기 어렵지만, 아마도 당분간 빗물과 지표수의 황산이온과 염기성 양이온 농도가 높아지고 pH가 낮아질 것으로 예상된다.

지표수의 황산이온은 산성강하물량과 관계없이 강수량에 따라 변하는 예도 있다. 즉 빗물의 황산 농도가 일정하더라도 가뭄이 계속되면 지표수의 황산이온은 높아질 수 있다. 토양이 물에 잠겨서 환원상태로 되면 토양 속의 황이 환원형으로 되어 머물러 있다가 건조하면 황산이온으로 산화되어 토양에서 스며 나오기 때문이다(24). 이때 토양의 pH는 환원상태에서 높아지고 산화상태에서 낮아진다. 물을 댄 벼논에서도 이러한 현상이 일어난다(p. 194, 논물의 pH 조절능 참조). 또한 긴 장마가 들면 토양 속의 이산화탄소가 대기로 확산하지 못하므로 지표수의 pH가 낮아지고 가뭄이 계속되면 이산화탄소가 방출되어 pH가 높아진다.

7.3 산성수 이야기

산성수(acid water)는 엄밀하게 말하면 pH 7.0 이하의 물이다. 따라서 물속의 수소이온(H^+)이 수산이온(OH^-)보다 많은 물은 산성수라고 말할 수 있다(p. 37, pH를 측정하는 잣대 참조). 하지만 편의상 산성수는 여러 가지로 정의된다. 예를 들면, 황산이온(SO_4^{2-})이 중탄산이온(HCO_3^-) 농도보다 높아서 pH 5.0 이하로 내려가거나 황산이온 농도가 칼슘이온(Ca^{2+})과 마그네슘이온(Mg^{2+})의 합보다 높아서 pH 5.0 이하로 내려가는 물을 산성수라고 정의하는 경우도 있다(23).

중탄산이온이 없는 상태에서 20°C, 1기압의 순수한 증류수와 이산화탄소 사이에 평형이 이루어지면 pH 5.6 이하로 내려가므로 이러한 물을 산성수라고도 말한다. 이론적으로 청정지역에서는 아무리 깨끗한 빗물이라도 pH 5.6을 띠므로 산성수가 된다. 생물의 생활을 기준으로 pH 6.5 이하 또는 pH 5.7 이하의 물을 산성수라고도 한다(32, 34, 38). 왜냐하면 그보다 pH가 낮으면 중성수를 좋아하는 생물들이 살지 못하기 때문이다.

이런 점으로 미루어 보아 산성수라는 용어는 약간 주관적이며 모호한 데가 있다. 그리고 한 가지 물의 pH를 야외 현장과 실험실에서 따로 측정하면 pH 0.2 단위의 오차가 생기는 수가 있다(30). pH 값은 이온세기와 수온 등 측정 조건에 따라 조금씩 달라지기 때문이다.

7.4 물의 알칼리도와 산도

용액의 알칼리도(alkalinity)는 염기성과 같은 뜻이며 산도(acidity)와 반대의 뜻이다. 알칼리도를 달리 말하면 산중화능(acid neutralizing capacity, ANC)이라고 한다. 알칼리도(산중화능)는 다음과 같이 산성 양이온 농도의 합과 염기성 음이온 농도의 합의 차이로 계산한다.

알칼리도 = {나트륨이온(Na^+) + 칼륨이온(K^+) + 마그네슘이온(Mg^{2+}) + 칼슘이온(Ca^{2+})} − {염소이온(Cl^-) + 황산이온(SO_4^{2-}) + 질산이온(NO_3^-)}

하지만 실제로 알칼리도를 계산할 때는 다음과 같이 강산성 양이온 농도의 합과 강염기성 음이온 농도의 합의 차이로 간략하게 계산한다.

알칼리도 = {마그네슘이온(Mg^{2+}) + 칼슘이온(Ca^{2+})} − {(황산이온(SO_4^{2-}) + 질산이온(NO_3^-)}

이처럼 간략하게 계산하는 이유는, ① 해염에서 유래한 나트륨과 염소가 서로 상쇄되므로 pH 5.0 이하의 산성수는 위 식과 같이 염소이온과 나트륨이온을 제외하고, ② 지표수 속의 질산이온 농도는 보통 아주 낮기 때문에 제외하며, ③ 유기산과 같은 약산이나 약염기도 제외하기 때문이다. 이러한 계산 방식은 알칼리도(산중화능)에 기여하는 이온의 중요성을 선별적으로 고려한 점에서 합리적이다. 하지만 앞으로 대기 중의 질소산화물(NO_x)이 더 증가한다면 지표수의 알칼리도를 계산할 때 질산이온을 위의 식에 대입하게 될지도 모른다.

물의 알칼리도는 (−) 값에서 (+) 값 사이에 분포한다. 표 7-2에서 알칼리도는 산성호수에서 $-36\mu eq \cdot L^{-1}$로 낮고, 중성호수에서 $+180\mu eq \cdot L^{-1}$으로 높다. 거의 모든 수서생물은 알칼리도가 높은 물에서 살고 있다. 참고로 세계의 빗물의 알칼리도는 $-49\mu eq \cdot L^{-1}$에서 $+281\mu eq \cdot L^{-1}$ 사이의 범위에 분포한다(표 3-5 참조).

표 7-2는 세계의 대표적 지역에 있는 산성호수와 중성호수의 물의 pH, 주요 이온 농도 및 알칼리도(산중화능)를 조사한 결과이다(33). 이 표에서 보면 산성호수는 대체로 알칼리도가 낮고 양이온 농도보다 음이온 농도가 높으며, 중성호수는 알칼리도가 높고 음이온 농도보다 양이온 농도가 높

표 7-2. 세계의 대표적인 지역에 있는 산성호수와 중성호수에서 조사된 pH, 주요 이온 농도 및 알칼리도(산중화능)(33). 이온 농도 및 알칼리도의 단위는 μeq · L^{-1}

구분	pH (중앙값)	황산이온 (SO_4^{2-})	질산이온 (NO_3^-)	칼슘+마그네슘이온 ($Ca^{2+}+Mg^{2+}$)	알칼리도 (산중화능)
산성호수					
Birkenes(노르웨이)	4.7	61	2	66	<0
Achterste(네덜란드)	4.9	333	5	194	58
Little Red(캐나다)	4.4	43	1	48	-36
중성호수					
Delangeraan(스웨덴)	6.7	104	10	274	58
Buckeye Lake(미국)	7.5	69	4	233	180
Upper Sunlight(미국)	7.1	56	2	106	32

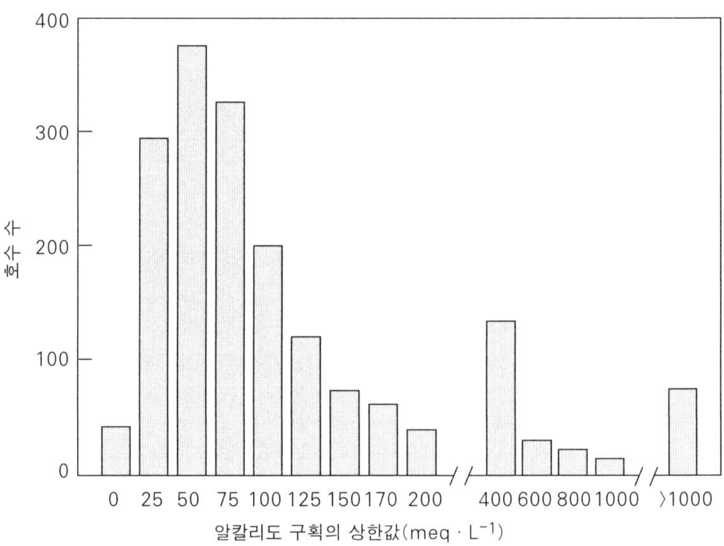

그림 7-4. 캐나다 온타리오 주의 1,787개 호수 물에서 조사된 알칼리도(산중화능)의 빈도분포(1981-1985). 조사된 모든 호수 물은 황산이온 농도가 60meq · m^{-2} · 년$^{-1}$ 이상으로 높았다(16).

다. 지표수의 알칼리도 및 음이온과 양이온의 농도는 대기산성강하물의 양, 지표수가 흘러내린 하천의 지질과 토양, 식생, 해안으로부터의 거리 및 인간활동에 의해 배출된 산성물질의 양을 잘 반영한다.

그림 7-4는 캐나다 온타리오 주에서 1,787개 호수 물의 알칼리도를 조사하여 빈도분포를 그린 것이다(16). 이 그림에서 알칼리도가 낮은 호수(25μeq · L^{-1} 이하)에서는 산성에 민감한 민물고기가 살지 못하고, 패류와 단각류(amphipods)가 멸종되기 시작하며, 호산성 사상조류인 판해캄속 조류(*Mougeotia*)가 번성하였다.

한편 고층습원처럼 환원상태에서 식물의 유체가 분해될 때는 부식산, 풀브산, 페놀산, 아세트산 등의 유기산이 스며 나온다. 이들 유기산은 pH 5.0 이하를 유지하고, 이온세기가 낮은 지표수에서 산도를 높이는 효과가 있다. 하지만 pH 4.0 이하의 산성수에서는 유기산과 관계없이 황산이온과 질산이온에 의해 산도가 높아진다.

7.5 지표수의 음이온

산성 지표수의 주요 음이온에는 탄산이온(CO_3^{2-})이나 중탄산이온(HCO_3^-)을 비롯해 황산이온(SO_4^{2-}), 질산이온(NO_3^-) 및 염소이온(Cl^-)이 있다. 이 밖에도 산성 지표수 속에는 규산염, 플루오르화물(CaF_2), 알루미늄산염 및 유기산이 들어 있지만 이것들은 지표수의 알칼리도에 큰 영향을 미치지 않는다(23).

(1) 황산이온

지표수 속의 황산이온은 거의 대부분 대기에서 강하한 것이다(p. 43, 황산이온 참조). 여러 해 동안 토양이 황산이온을 보유하거나 흡수하고, 또 벼논이나 습지처럼 토양이 물에 잠겨서 환원상태로 되면 토양 속의 황은 황화물을 형성한다(p. 194, 논물의 pH 조절능 참조).

토양에서 황의 유입량과 유출량은 황 수지가 평형상태에 있거나 황이 포화상태에 있을 때에만 같아진다. 하지만 그림 7-5에서와 같이 빗물과 지표수(호수 물)의 황산이온 농도는 정확히 비례하지 않기 때문에 유입-유출의 평형을 이루기 어렵다(43). 더구나 물속에서 생물체가 분해될 때는 황이 유리되어 지표수의 황산이온 농도가 높아진다. 그래서 지표수의 황 수지는 무기 황산이온과 생물체에서 유리된 유기 황화합물에 의해 다 같이 영향을 받는다(13).

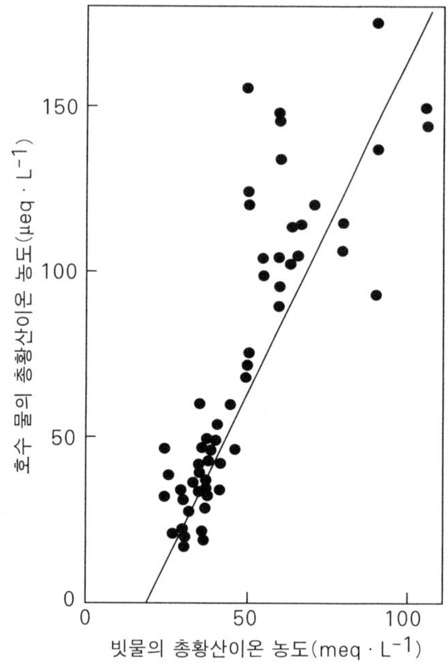

그림 7-5. 빗물과 지표수(호수 물) 사이의 황산이온 농도의 관계. 빗물과 호수 물의 황산이온 농도는 정확하게 비례하지는 않는다(43).

(2) 질산이온

질산이온은 인간활동에 의해 배출된 기체인 질소산화물(NO_x), 대기에서 강하하는 질산이온과 암모니아에서 유래한다(p. 44, 질산이온 참조). 유럽과 북미에서는 지난 1980년대 이후 호수 물의 pH와 질산이온 농도가 높아지고 황산이온 농도가 낮아지는 경향이 나타났다. 그림 7-6은 미국 뉴욕주의 컨스터블 레이크(Constable Lake)에서 황산이온이 서서히 감소되고

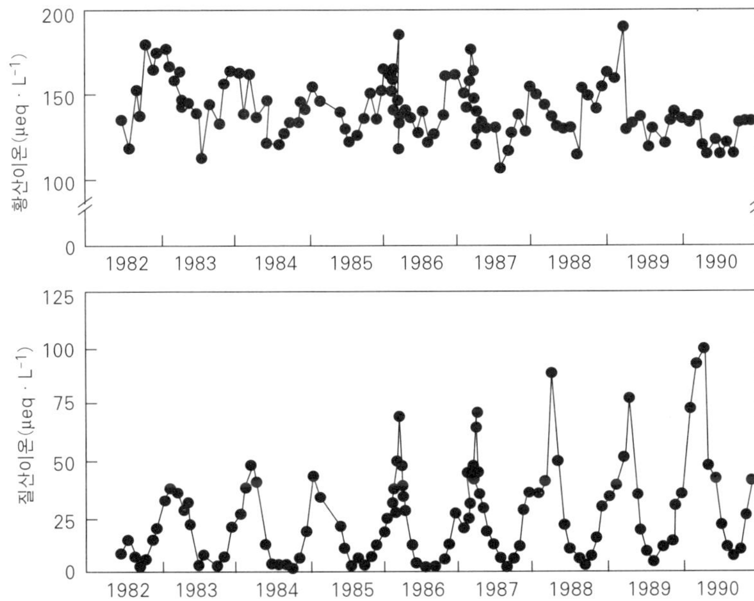

그림 7-6. 호수 물의 황산이온(위) 과 질산이온(아래) 농도의 연도별(1982-1990년) 변화. 이 결과는 미국 뉴욕 주의 컨스터블 레이크에서 측정되었다(33).

질산이온이 빠르게 증가하는 경향을 보이고 있다(33). 이러한 경향은 노르웨이와 캐나다의 호수에서도 나타난다(19). 더구나 근래에 노르웨이에서는 대기로부터의 질산이온과 암모니아가 황산이온의 강하량보다 20-30%나 더 많은 것으로 조사되고 있다(24).

(3) 염소이온

염소이온(Cl^-)은 앞에서 설명했듯이 나트륨이온(Na^+)과 함께 해염에서 오고 있으므로 서로 상쇄될 수 있다(23). 하지만 해염 성분은 토양이나 생물의 생명 유지에 필수적인 물질이므로 무시할 수가 없다. 염소와 나트륨은 수서 생물의 생존과 건강에 중요하기 때문이다(38)(p. 46, 염소이온 참조).

(4) 탄산이온과 중탄산이온

탄산이온(CO_3^{2-})이나 중탄산이온(HCO_3^-)은 pH 5.6 이하의 지표수에서 중요한 구실을 한다. 이산화탄소 분압은 대기보다 토양 속에서 훨씬 높기 때문에 이산화탄소가 토양용액 속으로 녹아 들어가 토양을 산성화시킨다. 하지만 토양용액이 지표수로 배출되면 이산화탄소 분압이 대기와 다시 평형을 이루게 되므로 이산화탄소는 가스로 배출되어 토양이 중성화된다.

(5) 유기산

지표수에 녹아 있는 가용성 유기물질은 산성수의 이온평형에 깊이 관여한다. 특히 가용성 유기산은 산중화능(ANC)을 낮추고, pH 5.0의 하천수에서 산도의 60%를 차지하는 경우도 있다(17). 그리고 가용성 유기산은 독성 이온인 알루미늄과 착화합물(chelating)을 형성하여 알루미늄 독성을 경감시킨다. 특히 캐나다의 노바스코샤(Nova Scotia) 주를 흐르는 강에서는 산도가 높더라도 가용성 유기산이 알루미늄 독성을 경감시키는 것으로 알려져 있다(31). 하지만 지표수에 녹아 있는 가용성 유기탄소는 물의 산도나 알칼리도에 영향을 미치지 않는다.

7.6 지표수의 양이온

산성 지표수의 중요한 양이온은 해염에서 온 나트륨이온(Na^+)과 마그네슘이온(Mg^{2+}), 그리고 먼지에서 날아든 칼슘이온(Ca^{2+})과 마그네슘이온이다. 이 밖의 양이온은 암석의 풍화와 토양의 유출수에서도 공급되고 있다.

(1) 칼슘이온

산성화된 빈영양수(oligotrophic water)는 특히 칼슘 농도가 낮아 1L의 물에 겨우 1-2mg(약 50-100μeq · L^{-1})이 녹아 있으므로 수서동물의 칼슘 요구량에 미치지 못한다. 지표수의 칼슘은 pH가 낮아짐에 따라 감소되기 때문이다. 그림 7-7은 노르웨이의 수많은 호수에서 물의 pH가 낮아짐에 따라 칼슘이온 농도가 낮아짐을 보이고 있다(22). 하지만 산성환경에서는 토양의 풍화와 이온교환이 활발하므로 칼슘과 마그네슘이 비교적 많이 공급되기도 한다(p. 80, 토양의 풍화 참조).

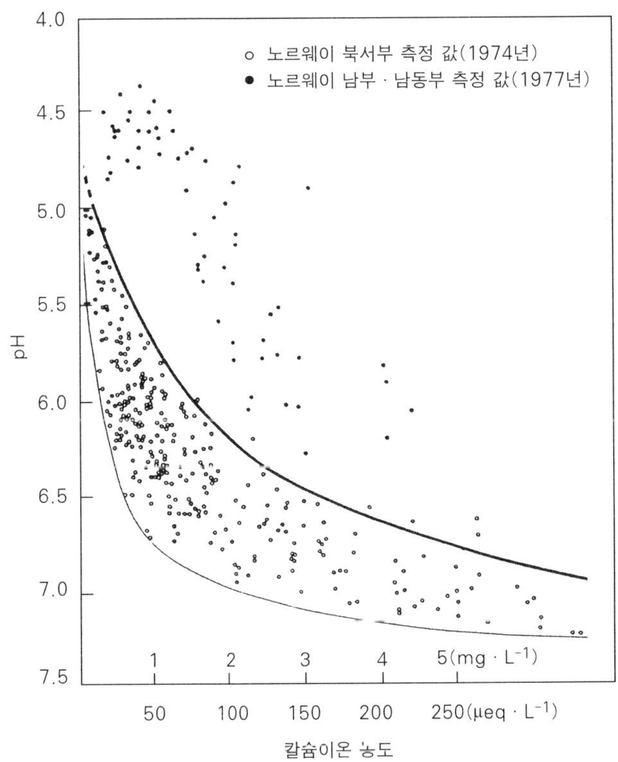

그림 7-7. 호수 물의 pH와 칼슘이온 농도의 관계. 물의 pH가 낮아짐에 따라 칼슘이온 농도가 낮아진다(22).

(2) 암모늄이온

암모늄이온(NH_4^+)은 염기성 양이온이 아니지만 산성비의 중요한 성분이다(p. 47, 암모늄이온 참조). 특히 집약적으로 농사를 짓는 고장에서는 암모니아가 많이 강하하므로 큰 환경문제가 되고 있다. 암모늄이온은 빗물 속에서 음이온을 중화하여 산도를 낮추지만 지표수나 토양에 들어간 암모늄은 미생물에 의해 질산이온(NO_3^-)으로 산화되어 산도를 높이는 상반된 작용을 한다(11). 질소가 결핍된 토양에서 자란 식물은 잎에서 암모늄을 흡수하므로 지표수에서 암모늄이 거의 검출되지 않는다.

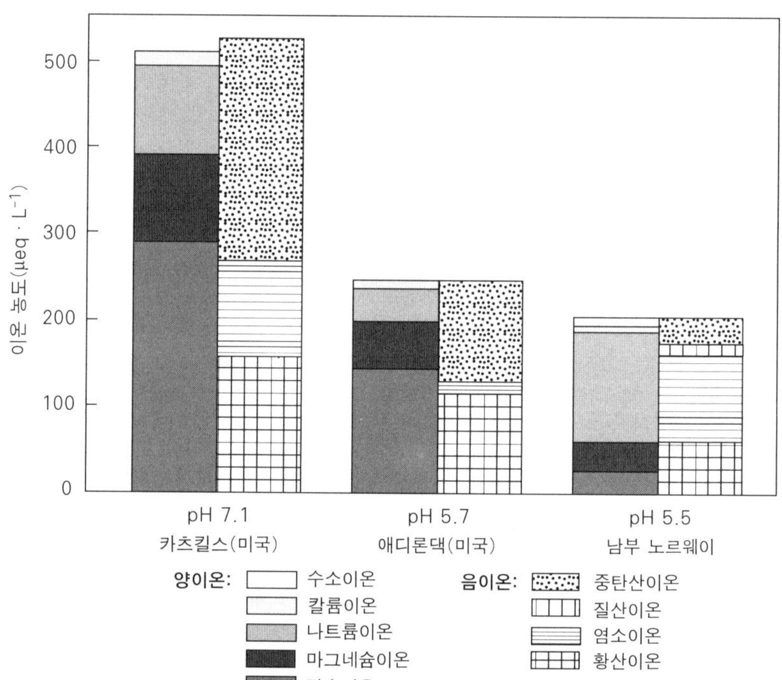

그림 7-8. 양이온과 음이온의 화학평형이 이루어지지 않은 부영양성 중성호수(왼쪽)와 평형이 이루어진 빈영양성 산성호수(중앙과 오른쪽)(26).

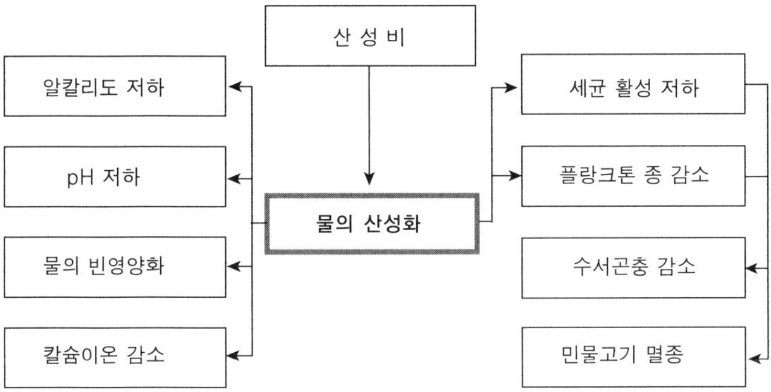

그림 7-9. 물의 산성화에 따른 물의 특성 변화와 수서생물에 미치는 영향.

그림 7-8과 같이 빈영양성 산성호수의 물은 주요 양이온과 음이온 사이에 엄밀한 화학평형을 이룬다. 물의 빈영양화(oligotrophication)는 산성환경에서 미생물의 활성이 낮아져서 유기물이 분해되지 않기 때문에 일어난다. 하지만 유기물이 많은 부영양성 중성호수에서는 유기물이 간섭하므로 양이온과 음이온의 화학평형이 정확히 이루어지지 않는다.

앞에서 살펴본 바와 같이 물이 산성화되면 알칼리도와 pH가 낮아지고 칼슘이 감소되어 빈영양화가 일어나서 수서생물에 결정적인 해를 끼친다(그림 7-9).

7.7 물 산성화의 과거, 현재 및 미래

지표수가 언제부터 산성화되어 현재에 이르렀고 미래에 어느 정도로 산성화될 것인가를 알아보기로 한다. 산업혁명 이후 대기산성강하물이 증가하여 토양의 산성화가 빠르게 진행되었다(제4장 참조). 물의 산성화는 토

표 7-3. 스코틀랜드(Mharcaidh)의 삼림분수계에서 1846년, 1986년 및 2126년의 계류수의 화학 특성의 실측값과 모델에 의한 계산값. 이온 농도 단위는 μeq · L^{-1}(40)

구분	1846년의 모델 계산값	1986년의 모델 계산값	1986년의 실측값	2126년의 모델 계산값
나트륨이온(Na^+)	102.1	117.0	116.1	115.1
칼륨이온(K^+)	7.9	8.9	8.4	10.2
마그네슘이온(Mg^{2+})	28.6	29.6	29.9	29.7
칼슘이온(Ca^{2+})	21.4	37.5	37.1	43.8
암모늄이온(NH_4^+)	0.0	2.0	-	2.2
황산이온(SO_4^{2-})	15.2	50.3	50.1	70.0
질산이온(NO_3^-)	0.0	2.2	2.1	2.2
염소이온(Cl^-)	111.3	111.3	111.3	111.3
알칼리도	33.5	31.6	33.0	17.2
수소이온(H^+)	1.6	1.7	2.0	2.8
pH	5.8	5.8	5.7	5.6

양의 산성화와 직접 관계가 있다. 물의 산성화를 추정하기 위해서는, 첫째, 토양에서의 질산이온과 암모늄이온의 흡수량과 황산이온의 흡착률(adsorption rate)을 측정한다. 둘째, 토양에 염기성 양이온을 공급하는 풍화속도와 양이온교환능을 나타내는 염기포화도(BS)를 측정한다. 셋째, 대기산성강하물(유입)과 계류수(유출)의 이온 농도를 측정한다. 이러한 변수들을 MAGIC 모델에 입력하여 계류수의 각 이온 농도, 알칼리도 및 pH를 시간경과에 따라 시뮬레이션한다(p. 92, 토양 산성화의 과거, 현재 및 미래 참조).

표 7-3은 스코틀랜드의 한 삼림분수계(Mharcaidh)에서 계류수의 주요 이온 농도, 알칼리도 및 pH의 1986년의 실측값과 MAGIC 모델로 시뮬레이션한 추정값을 나타낸 것이다. 추정값은 대기산성강하물량이 1846년, 1986년 및 2126년에 모두 같다고 가정하고 계산하였다. 계류수의 알칼리도와 pH는 1846년부터 1986년까지 거의 변하지 않았다. 하지만 2126년의 알칼리도는 미래의 대기산성강하물량이 일정하다고 가정하더라도 1986년 당시보다 30%가 낮아지고, pH는 0.1 단위가 낮아질 전망이다(40).

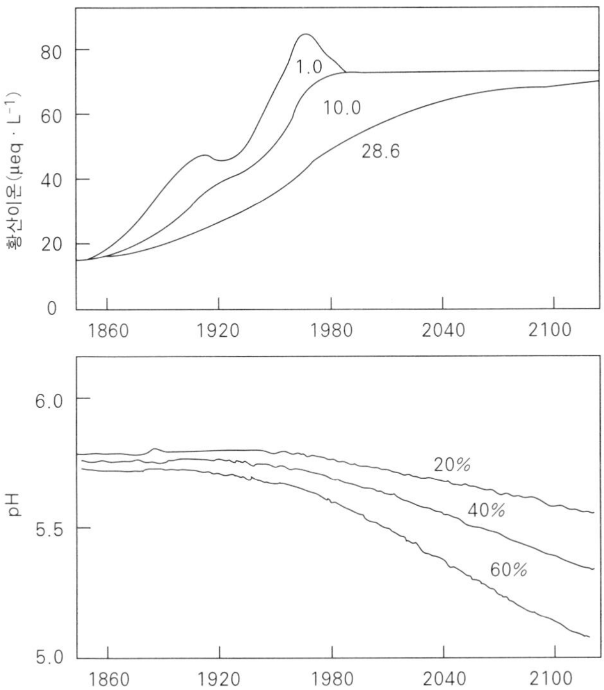

그림 7-10. 계류수의 황산이온 농도와 pH의 과거, 현재 및 미래(1846-2126년)의 변화. 위의 그래프는 토양의 황산이온 최대흡착률을 1.0, 10.0 및 28.6g · kg^{-1} · $년^{-1}$으로 가정하고 MAGIC 모델로 시뮬레이션한 황산이온 농도 변화를 나타내고, 아래는 습성강하물에 대한 건성강하물의 비율을 20%, 40% 및 60%로 가정하고 시뮬레이션한 pH 변화를 나타냈다(40).

한편 삼림분수계에서 계류수 산성화의 지표가 되는 황산이온 농도는 토양의 황산이온 흡착률에 따라 달라진다. 황산이온 흡착률이 크면 대기에서 황산이온이 많이 강하하더라도 계류수의 농도는 높아지지 않고, 흡착률이 작으면 계류수의 농도가 높아지기 때문이다. 이 분수계(Mharcaidh)의 토양은 황산이온 흡착률이 크기 때문에 황산이온이 많이 강하하더라도 계류수의 황산이온 농도가 낮게 유지되어 pH가 완만하게 낮아졌다. 그리고 강하 농도와 유출 농도 사이의 시차(lag)가 길었다.

계류수의 황산이온 농도는 1846년보다 1986년에 급격하게 높아지고, 2126년에 더욱 높아질 전망이다. 황산이온의 강하량이 일정하고 토양의 황산이온 최대흡착률을 1.0, 10.0 및 28.6g · kg^{-1} · $년^{-1}$으로 가정하여 계류수의 황산이온 농도를 MAGIC 모델로 시뮬레이션한 결과는 그림 7-10에서 보는 바와 같다. 토양의 황산이온 최대흡착률이 낮을수록 계류수의 황산이온 농도는 급격히 높아지고, 최대흡착률이 높을수록 완만하게 높아졌다.

이 분수계(Mharcaidh)는 표고가 높아서 주로 건성 황산이온의 에어로졸이 강하하였다. 습성강하물에 대한 건성강하물의 비율을 20%, 40% 및 60%라고 가정하고 계류수의 pH를 시뮬레이션한 결과 건성강하물의 비율이 높을수록 계류수의 pH가 급격히 낮아졌다(40).

7.8 논물의 pH 조절능

(1) 물을 많이 이용하는 벼

우리나라에는 도시뿐만 아니라 농촌에도 산성비가 내리고 있지만 다행히 논물은 산성화되지 않는다(1, 3, 5, 6, 14)(p. 51, 한국의 산성비 참조). 1년 중 약 5개월간 물에 잠겨 있는 벼논이 산성비에 어떻게 반응하는지 알아보기로 한다.

벼농사에는 많은 물이 필요하다. 모내기에서 벼 베기를 할 때까지 조생벼는 900mm, 만생벼는 1,440mm의 물을 대주어야 한다(2). 우리나라의 연평균 강수량은 약 1,200mm이므로 조생벼는 평균보다 적은 물이, 만생벼는 많은 물이 필요한 셈이다. 벼가 자라는 여름 이외의 계절에 내리는 비는 흘러 나가 벼농사에 쓰이지 않기 때문에 농민들은 저수지나 댐에 저수된 물을 관개하고 있다. 벼농사에 필요한 관개수를 절대량으로 계산하면 1년에 1ha당 조생벼는 9,000ton, 만생벼는 14,400ton이 이용되고 있는 셈이다.

저수지와 댐의 물은 수질에 따라 다르지만 14,400ton의 관개수 속의 비료성분은 평균하여 질소 76kg, 인산 3.3kg, 칼륨 63kg, 나트륨 861kg, 염소 930kg, 황 648kg이 들어 있다(2). 더구나 관개수에는 빗물보다 비료성분이 더 많이 들어 있다. 예를 들면, 우리나라의 빗물에 들어 있는 습성질소강하량은 1년에 1ha당 7.28-21.05kgN · ha^{-1} · $년^{-1}$이므로 빗물보다 관개수에 질소가 약 4-11배나 많은 셈이다(표 6-1 참조).

(2) 논흙의 산화층과 환원층

모내기를 하려고 논에 물을 대면(담수) 논물과 논흙이 접하는 얇은 경계면(수 mm 두께)에는 물속에 녹아 있는 산소로 산화되어 적황색을 띠는 산화층이 형성되고, 산화층 밑의 흙은 산소가 차단되어 환원되므로 암회색의 환원층을 형성한다. 담수된 벼논의 단면은 논물층 · 산화층 · 환원층으로 구분되어 각 층에서 화학적 · 물리적 · 생물학적 변화가 일어난다(그림 7-11).

흙 속에 산소가 많으면 산화층이 형성되고 산소가 적거나 없으면 환원층이 형성된다. 환원은 산화의 반대 과정이다(p. 80, 토양의 풍화 참조). 물질은 산소가 결핍된 환원상태에서 산소를 잃거나 전자를 얻는 변화가 일어난다. 한 물질이 전자를 얻어서 환원되면 다른 물질은 전자를 잃어서 산화되므로 산화–환원(oxidation-reduction)은 동시에 일어난다. 산화–환원의 정도는 Eh라는 산화환원전위(oxido-reduction potential)의 단위로 나타낸다. 벼논의 환원층은 Eh 0.1-0.2 volt 정도로 낮고 산화층은 Eh 0.2-0.3 volt 정도로 높으며, 벼나 잡초가 자라는 논흙에서는 자라지 않는 흙보다 산화환원전위가 높아진다.

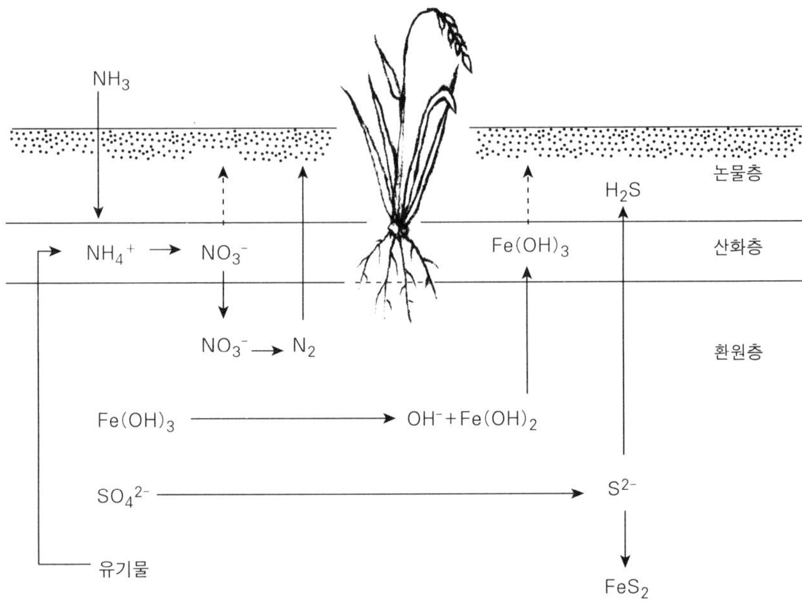

그림 7-11. 벼논의 논물층, 산화층 및 환원층에서 일어나는 중요한 화학 변화. 논흙에 들어 있는 수산화제2철($Fe(OH)_3$)은 환원상태에서 수산화제1철($Fe(OH)_2$)과 수산이온(OH^-)으로 해리되어 논물과 흙의 pH를 높이고, 물에 녹는 수산화제1철이 산화층으로 옮겨 오면 수산화제2철로 다시 산화된다. 황산이온(SO_4^{2-})은 환원상태에서 황화물(S^{2-})인 황화수소(H_2S)로 되어 대기 중으로 배출되거나 철(Fe)과 결합하여 황철광(FeS_2)으로 되어 환원층에 축적된다. 환원층에 있는 유기질소화합물은 분해되어 암모늄이온(NH_4^+)이 되어 식물에 흡수되고, 이것이 산화층으로 옮겨 오면 질산이온(NO_3^-)으로 산화되지만 환원층에서는 탈질산화작용에 의해 유리질소(N_2)로 되어 대기 중으로 배출된다.

(3) 논물의 pH 상승

모내기를 하기 전의 마른 논흙은 평균 pH 5.7의 약산성을 띠지만 물을 댄 2일 후에 pH 6-8로 올라간다. 그림 7-12는 벼나 잡초가 자라는 논과 식물이 없는 논의 산화층과 환원층의 pH 변화를 측정한 결과이다(28). 논흙의 pH는 환원층보다 산화층에서 더 높고, 벼나 잡초가 자라는 흙보다

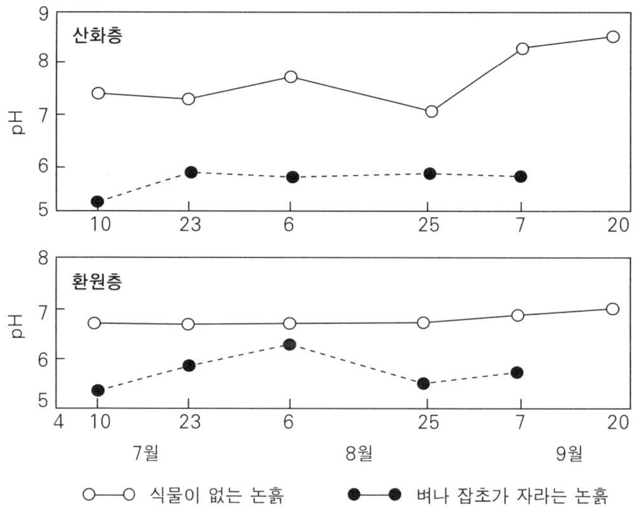

그림 7-12. 물에 잠긴 논흙의 산화층과 환원층의 pH 변화(28).

식물이 없는 흙에서 더 높아진다. 벼와 잡초는 통도조직을 통해 공기 중의 산소를 환원층에 공급하기 때문에 식물이 없는 논흙보다 환원력을 낮춘다. 환원층 속으로 뻗은 벼나 잡초의 뿌리를 파 보면 그 표면에 붉은색의 산화철막이 형성된 것으로 보아 공기 중의 산소를 공급하고 있음을 짐작할 수 있다.

논흙 속에는 철분이 대단히 많이 포함되어 있다. 그림 7-13은 산화층과 환원층 토양의 2가 철 함량 및 논물 속의 3가 철(산 가용성 철) 농도를 측정한 결과이다(21). 논흙 속의 2가 철은 산화층보다 환원층에 많고, 3가 철은 본래 불용성이지만 흙 속에서 논물로 미량이 녹아 나온다.

물에 잠긴 논흙의 철분은 산화상태에서 물에 녹지 않는 3가 철(수산화제2철: $Fe(OH)_3$)이지만 환원상태에서 물에 녹기 쉬운 2가 철(수산화제1철: $Fe(OH)_2$)로 변한다. 이때 수산기(OH^-)가 유리되므로 pH가 높아진다. 따라서 벼논에 산성비가 내리더라도 물에 잠겨 있는 동안에는 논물이 산성화

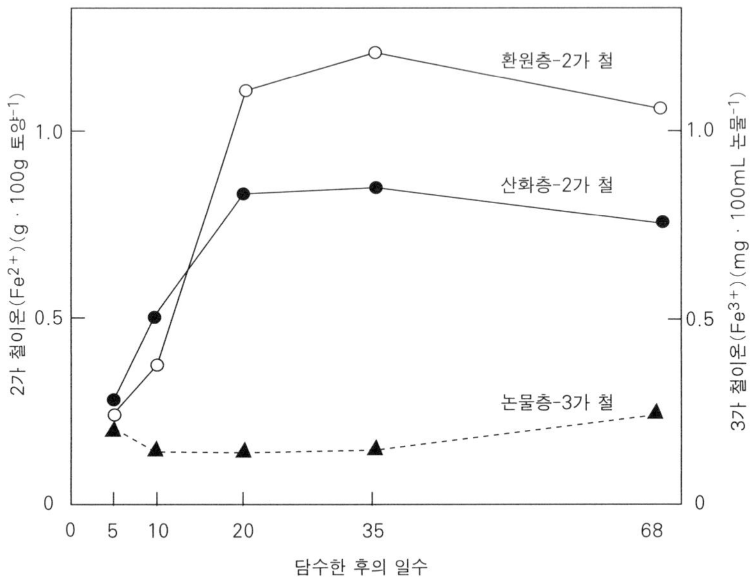

그림 7-13. 논흙의 산화층과 환원층의 2가 철 함량과 논물 속의 3가 철(산 가용성 철) 함량의 시간경과에 따른 변화(21).

되지 않는다.

(4) 질소화합물의 변화

논흙과 논물에서 사는 세균 수를 세는 실험이 이루어졌다(21). 그림 7-14는 산화층과 환원층에서 사는 호기성세균(aerobic bacteria)과 혐기성세균(anaerobic bacteria) 수를 조사한 결과이다. 호기성세균은 환원층보다 산화층에 많고, 혐기성세균은 두 층에서 거의 같은 수이다. 호기성세균은 산화층에서 잘 번식하고, 혐기성세균은 산소가 충분히 공급되지 않는 환원층에서도 번식하는 것 같다.

표 7-4는 논물의 호기성세균과 황산환원세균의 수를 조사한 결과이다.

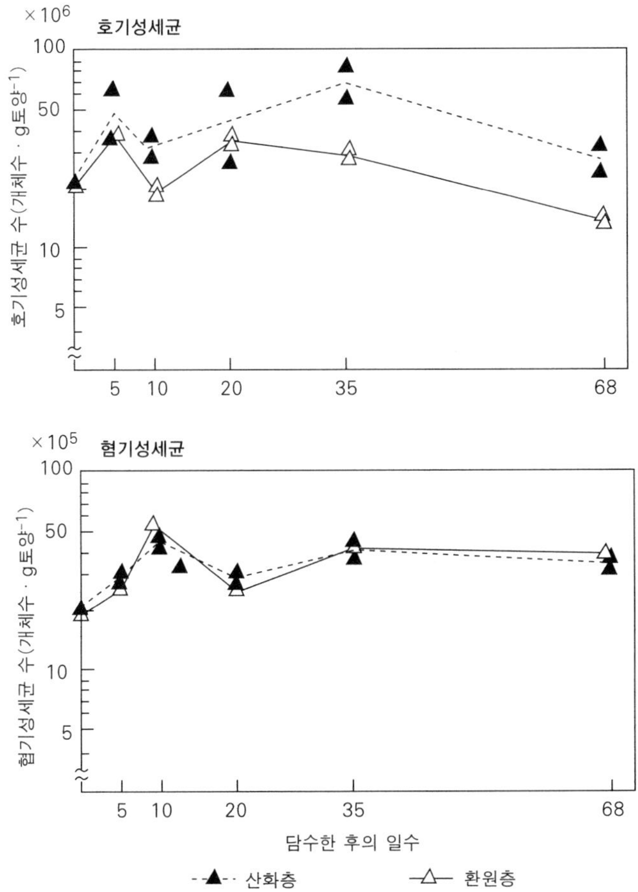

그림 7-14. 벼논의 산화층과 환원층에서 사는 호기성세균과 혐기성세균 수의 시간경과에 따른 변화(21).

표 7-4. 논물에서 사는 호기성세균과 황산환원세균 수의 시간경과에 따른 변화(21)

구분	논물에 잠긴 기간				
	5일	11일	23일	45일	67일
호기성세균(개체수 · mL^{-1})	2.5×10^5	3.2×10^4	5.0×10^4	2.5×10^4	7.9×10^4
황산환원세균(개체수 · mL^{-1})	-	-	-	-	-

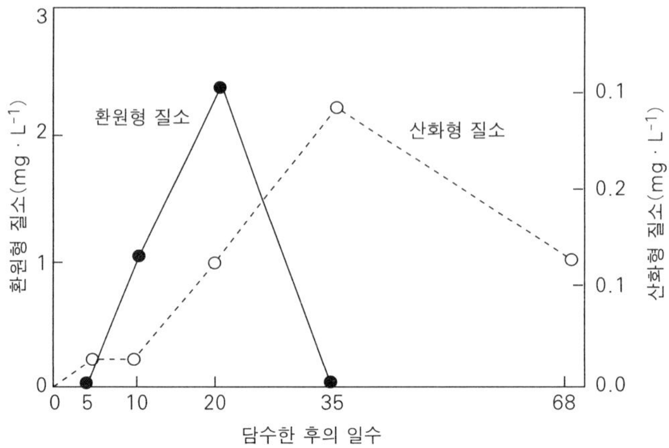

그림 7-15. 논물 속의 환원형 질소(암모늄태질소: NH_4^+-N)와 산화형 질소(질산이온과 아질산이온: (NO_3^- + NO_2^-)-N) 농도의 시간경과에 따른 변화(21).

표 7-5. 논흙의 산화층과 환원층의 아질산세균과 질산세균 수의 변화(균의 개체수 · g 건조 토양$^{-1}$)(21)

구분	아질산세균		질산세균	
	20일	68일	20일	68일
산화층(0-1cm)	2.7×10^3 5.1×10^3	7.9×10^4 4.2×10^4	1.6×10^2 1.7×10^2	1.2×10^3 1.2×10^2
환원층(1-5cm)	6.3×10^2 1.5×10^3	5.4×10^2 2.9×10^3	3.8×10^1 3.8×10^1	5.1×10^1 5.2×10^1

산화상태에 있는 논물에는 호기성세균이 번성하지만 황산환원세균은 살지 못한다.

그림 7-15는 논물 속의 환원형 질소와 산화형 질소의 농도를 측정한 결과이다. 논물의 환원형 질소는 담수한 5일 후부터 증가하다가 20일을 고비로 감소되고 35일 이후에는 검출되지 않는다. 산화형 질소는 아주 미량으로 검출되는데 담수한 후 서서히 증가하다가 35일을 고비로 감소된다.

표 7-5는 논흙의 산화층과 환원층에서 사는 아질산세균(nitrite bacteria)

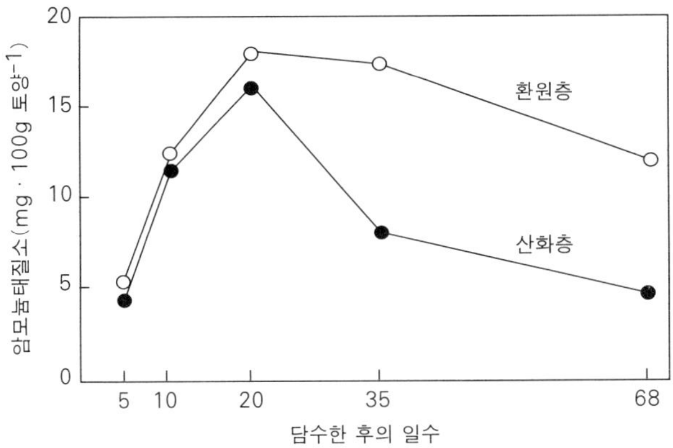

그림 7-16. 물에 잠긴 논흙의 산화층과 환원층의 암모늄태질소 농도의 시간경과에 따른 변화(21).

과 질산세균(nitrate bacteria)을 조사한 결과이다(21). 호기성세균인 이들 두 세균은 환원층보다 산화층에 많고 시간이 지날수록 증가하는 경향이다.

그림 7-16은 논흙의 산화층과 환원층에서 암모늄태질소 농도를 측정한 결과이다. 암모늄태질소는 담수한 5일 후부터 급격하게 증가하다가 20일째에 최고에 달하고 그 후 감소하는데, 산화층보다 환원층에서 많았다. 환원층에는 호기성세균인 아질산세균과 질산세균의 활성이 낮기 때문이다.

호기성세균은 논흙 속의 유기물질을 분해하여 무기화하는 과정에서 암모늄이온을 생성하여 환원층에 축적하였다가 벼나 잡초가 흡수하도록 하고 있다(그림 7-11 참조). 벼는 질산보다 암모늄을 더 잘 흡수한다. 양이온인 암모늄이온은 음이온과 결합하여 뿌리에서 흡수되므로 음이온에 결합되어 있던 수소이온이 유리되어 논흙의 pH를 낮추게 된다. 하지만 이때 유리되는 수소이온의 양은 환원층에서 3가 철이 2가 철로 환원될 때 유리되는 수산이온(OH^-)의 양보다 훨씬 적으므로 논흙의 pH를 크게 낮추지 못한다. 이것이 논흙의 특이한 기능이다. 이와 대조적으로 삼림토양이나 밭토양에서는 pH가 낮아진 채 머물러 있을 것이다.

산화층에서는 암모늄이온(NH_4^+)이 아질산세균에 의해 아질산이온(NO_2^-)으로, 아질산이온이 질산세균에 의해 질산이온(NO_3^-)으로 산화되어 그 일부가 환원층에 축적된다. 하지만 환원층에는 호기성세균인 아질산세균과 질산세균이 대단히 적으므로 암모늄이온이 질산이온으로 산화되는 양이 적고 대부분 암모늄이온으로 축적된다. 환원층에서 식물에 흡수되지 않은 암모늄이온은 질소가스(N_2)로 환원되어 공기 중으로 방출된다(그림 7-11 참조).

(5) 황화합물의 변화

벼논에는 빗물과 관개수를 통해 황화합물이 많이 유입되는데 그것이 어떻게 변화되는지 알아보기로 한다. 그림 7-17은 논흙의 황산환원세균 수를 조사한 결과이다(21). 황산환원세균은 환원층보다 산화층에 많이 살고 있다. 하지만 산소가 더 많은 논물에는 혐기성세균인 황산환원세균이 살지 못한다(표 7-4 참조).

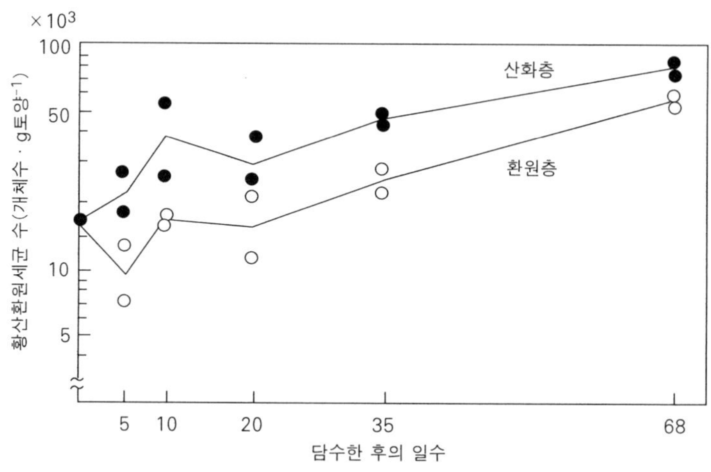

그림 7-17. 논흙의 산화층과 환원층에 사는 황산환원세균 수의 시간경과에 따른 변화(21).

황산환원세균은 황산이온을 황화물(sulfide)로 환원시킨다. 따라서 황이 벼논에 유입되면 산화층과 환원층에서 황화물로 환원될 뿐 논물에서는 환원되지 않는다.

황산환원세균은 논흙의 황산이온(SO_4^{2-})을 황화물인 황화수소(H_2S)나 황철광(pyrite, FeS_2)으로 환원하여 전자는 대기 중으로 방출하고, 후자는 논흙에 축적한다. 이렇게 하여 빗물과 관개수를 통해 벼논으로 많은 황(1년에 1ha당 648kg)이 유입되더라도 논흙에서 황산환원세균에 의해 환원되므로 논흙은 황산이온에 의해 산성화되지 않는다(그림 7-11 참조).

7.9 산성화에 따른 지하수오염

(1) 칼슘 농도의 증가

오랫동안 산성비에 젖은 토양은 토양 입자에 붙어 있던 양이온이 빗물의 수소이온과 교환하여 떨어져 나가므로 지하수의 양이온 농도가 높아진다(그림 4-2 참조). 그래서 대기산성강하물이 많은 지역에서는 지하수의 칼슘

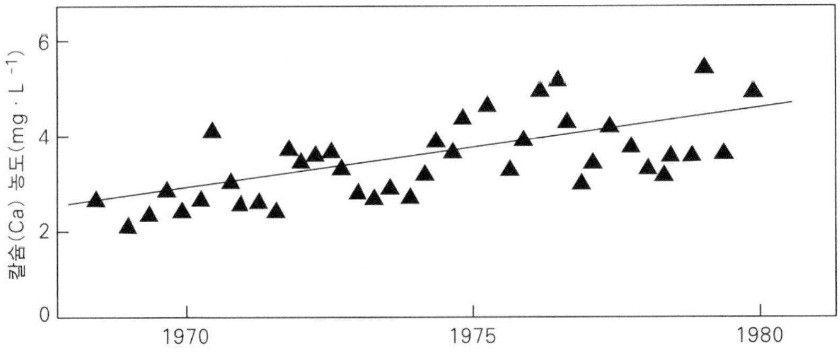

그림 7-18. 산성비 지역에서 지하수의 칼슘 농도의 시간경과에 따른 증가(39).

농도가 높아진다(39)(그림 7-18). 칼슘 농도가 높은 물은 경도(hardness)가 높아진다. 대기산성강하물이 많은 지역의 지하수에는 양이온뿐만 아니라 음이온인 황산이온도 증가하여 알칼리도가 낮아진다.

(2) 질산이온의 증가

삼림생태계가 질소로 포화되면 지하수 속의 질산이온 농도가 높아진다. 식수로 이용하는 지하수의 질산이온 표준 농도는 50mg · L^{-1} 이하이고, 그 이상 높으면 지하수를 마시는 사람과 가축의 건강에 해롭다(15, 41). 질산이온이 많은 물을 계속해서 마시면 갓난아기의 혈액순환을 저해하는 저산소증, 사람과 가축의 혈액순환을 저해하는 청색증, 암 등을 일으키는 것으로 알려져 있다.

유럽의 체코-독일-폴란드 국경에 있는 중공업단지에 위치하고 약 100년 전부터 대기오염이 극심했던 이른바 Black triangle이라고 알려진 크루스네(Krušnè) 산맥과 그곳에서 멀리 떨어져서 비교적 청정지역인 슈마바(Šumava)에서 지하수의 pH와 수질이 비교되었다(27)(표 7-6). 대기질소강

표 7-6. 대기질소강하량이 많은 크루스네와 비교적 적은 슈마바의 대기질소강하물량, 빗물, 수관통과수, 지표유출수 및 지하수의 pH, 지하수의 알칼리도와 질산이온 농도의 비교(27)

구분	심하게 오염된 크루스네	비교적 청정한 슈마바
질소강하물량(mol · ha^{-1} · $년^{-1}$)	1,324	605
빗물의 pH	4.64	4.45
수관통과수의 평균 pH	3.65	4.34
지표유출수의 평균 pH	5.76	6.72
지하수의 평균 pH	5.6	5.9
지하수의 알칼리도(mgHCO_3^- · L^{-1})	14.6	16.5
지하수의 질산이온 농도(mgNO_3^- · L^{-1})	25 이상	5

하량은 슈마바보다 크루스네가 약 2배 많았는데, 지하수의 질산이온 농도는 5배나 높고, 지하수오염은 대기오염보다 상당히 긴 시차를 두고 늦게 나타났다. 하지만 독일의 바이에른(Bayern) 지역에서는 지하수의 질산이온 농도 증가가 시차 없이 대기질소강하량에 비례한다는 보고도 있다(35).

한편 주민의 20%가 지하수를 마시는 미국의 콜로라도 주에서는 576개의 관정(pipe well)에서 뽑어 올린 지하수의 질산이온 농도를 취약계급으로 구분하여 주 전체를 지도화하는 사업이 이루어지고 있다(12).

토양, 지표수 및 지하수가 산성화되면 지하수 속의 금속, 중금속 및 희귀금속(Ni, Be, Co)의 농도가 높아진다(29). 한번 지하수가 오염되면 복원은 거의 불가능하거나 막대한 비용이 들기 때문에 예방하는 것이 최선이다.

인용문헌

(1) 강종국, 심형권, 이종식, 김종구, 이재길, 소재돈. 1995. 전북 이리(익산)지역의 강수성분 조사. 한환경농지. 14: 15-22.

(2) 김동수, 엄기철, 윤성호, 윤순강, 황성웅. 1994. 논, 왜 지켜야하는가. 따님, 서울.

(3) 이강보, 강종국, 김종구, 이경수, 소재돈. 1996. 익산지역 강수 성분의 연차 변화와 산성비 원인 물질 조사. 한환경농지. 15: 188-197.

(4) 이웅빈. 1993. 강원도 명주군 소재 고단리 습지에 대한 생태조사 I. 식물상을 중심으로. 자연보존연구보고서 12: 5-18.

(5) 이종식, 김복영, 우기대. 1994. 수원지역 강우의 성분 조성과 작물에 미치는 영향. 한환경농지. 13: 31-38.

(6) 이종식, 김복영, 김진호, 홍승길. 1999. 수원과 안성지역 빗물의 화학 성분 조성. 한환경농지. 18: 169-173.

(7) 조경숙, 류희욱, 장용근. 1996. 폐탄광 배수에 의한 하천의 화학적 특성과 미생물 활성. 한생태지. 19: 365-373.

(8) 조규송. 1971. 상동광산 폐수의 오염이 하천생물에 미치는 영향. 한육수지. 4: 21-

26.
(9) 환경부. 2006. 환경통계연감, 제19호.
(10) Alabaster, J.S. and R.M. Lloyd. 1982. Water Quality Criteria for Freshwater Fish. 2nd ed., Butterworth, London.
(11) Casselman, J.M. and H. Harvey. 1976. Selective fish mortality resulting from low winter oxygen. Verh. Internat. Verain. Limnol. 19: 2418-2499.
(12) Ceplecha, Z.L., R.M. Waskom, T.A. Bauder, J.L. Sharkoff and R. Khosla. 2004. Vulnerability assessments of Colorado ground water to nitrate contamination. Water Air Soil Poll. 159: 373-394.
(13) Charlson, E.J., J.E. Lovelock, M.O. Andreae and S.G. Warren. 1987. Oceanic phytoplankton, atmospheric sulphur, cloud albedo and climate. Nature 326: 655-661.
(14) Chung, Y.-S., H.-S. Kim and K.-H. Park. 2001. Acid precipitation and large-scale transport of air pollutants observed in Korea. Water Air Soil Poll. 130: 367-372.
(15) De Vries, W. 1993. Average critical loads for nitrogen and sulphur and its use in acidification abatement policy in the Netherlands. Water Air Soil Poll. 68: 399-343.
(16) Dillon, P.J., R.A. Reid and E. de Grosbois. 1987. The rate of acidification of aquatic ecosystems in Ontario, Canada. Nature 329: 45-48.
(17) Driscoll, C.T., R. Fuller and W. Schecher. 1989. The role of organic acids in the acidification of surface waters in the eastern U.S. Water Air Soil Poll. 43: 21-40.
(18) Driscoll, C.T., G.E. Likens and M.R. Church. 1998. Recovery of surface waters in the northeastern U.S. from decrease in atmospheric deposition of sulfur. Water Air Soil Poll. 105: 319-329.
(19) Driscoll, C.T., K.M. Poster, W. Kretser and D.J. Roynal. 1995. Long-term trends in the chemistry of precipitation and lake water in the Adirondack region of New York, USA. Water Air Soil Poll. 85: 583-588.
(20) Driscoll, C.T., G.E. Likens, L.O. Hedin, J.S. Eaton and F.H. Bormann. 1989. Changes in the chemistry of surface waters. Environ. Sci. Tech. 23: 137-143.
(21) Fukuhara, H., E. Kikuchi and Y. Kurihara. 1980. The effect of *Branchiura sowerbyi* (Tubificidae) on bacterial population in submerged ricefield soil. Oikos 34: 88-93.
(22) Henriksen, A. 1979. A simple approach for identifying and measuring

acidification of freshwater. Nature 278: 542-545.

(23) Henriksen, A. 1980. Acidification in freshwaters – A large scale titration. *In*: Ecological Impact of Acid Precipitation, D. Drablos and A. Tollan. (eds). SNSF, Sandefjord, Norway.

(24) Henriksen, A. and D. Brakke. 1988. Increasing contributions of nitrogen to the acidity of surface waters in Norway. Water Air Soil Poll. 42: 183-201.

(25) Howells, G. 1983. Acid water – The effect of low pH and acid associated factors on fishes. Appl. Biol. 9: 143-255.

(26) Howells, G. 1991. Acid Rain and Acid Waters. Ellis Horwood, New York.

(27) Hrkal, Z. 2004. Changes in acid atmospheric deposition in Krušnè Mts. and Šumava (Czech Republic) and their impact on groundwater quality. Water Air Soil Poll. 157: 163-178.

(28) Kikuchi, E., and Y. Kurihara. 1977. In vitro studies on the effects of tubificids on the biological, chemical and physical characteristics of submerged ricefield soil and overlying water. Oikos 29: 348-356.

(29) Kjøller, C., D. Postma and F. Larsen. 2004. Groundwater acidification and the mobilization of trace metals in a sandy aquifer. Environ. Sci. Tech. 38: 2829-2835.

(30) Kramer, J. and A. Tessier. 1982. Acidification of aquatic systems: a critique of chemical approaches. Environ. Sci. Tech. 16: 606A-615A.

(31) Lacoix, G.L. and K.T. Kan. 1986. Speciation of aluminium in acidic rivers of Nova Scotia supporting atlantic salmon: a methodological evaluation. Canadian Tech. Rept. Fish Aq. Sci. No. 1501.

(32) Neary, B.P. and P.J. Dillon. 1988. Effects of sulphur deposition on lake-water chemistry in Ontario, Canada. Nature 333: 340-343.

(33) Newell, A.D. and B.L. Skjelkvåle. 1997. Acidification trends in surface waters in the international program on acidification of rivers and lakes. Water Air Soil Poll. 93: 27-57.

(34) Raddum, G.G. and A. Fjellheim. 1984. Acidification and early warning organisms in fresh water in western Norway. Verh. Internat. Verein Limnol. 22: 1973-1980.

(35) Rothe, A. and K.H. Mellert. 2004. Effects of forest management on nitrate concentrations in seepage water of forests in southern Bavaria, Germany. Water Air Soil Poll. 156: 337 355.

(36) Saden, P., A. Grimvall and U. Lohm. 1987. Acidification trends in Sweden. Water Air Soil Poll. 36: 259-270.

(37) Satake, K., A. Oyagi and Y. Iwao. 1995. Natural acidification of lakes and rivers in Japan: the ecosystem of Lake Usoriko (pH 3.4-3.8). Water Air Soil Poll. 85: 511-516.

(38) Sutcliffe, D.W. 1983. Acid precipitation and its effects on aquatic systems in the English Lake District. Rept. Freshw. Biol. Ass. Ann. Rept. 51: 30-62.

(39) Swedish Ministry of Agriculture. 1982. Acidification Today and Tomorrow. Environment '82 Committee.

(40) Whitehead, P.G., A. Jenkins and B.J. Cosby. 1990. Modelling long-term trends in surface water acidification. *In*: The Surface Waters Acidification Programme. B.J. Mason. (ed). Cambridge Univ. Press, Cambridge.

(41) Widory, D., E. Petelet-Giraud, P. Négrel and B. Ladouche. 2005. Tracking the sources of nitrate in groundwater using coupled nitrogen and boron isotopes: synthesis. Environ. Sci. Tech. 39: 539-548.

(42) Wright, R.F. and A. Henriksen. 1983. Restoration of Norwegian lakes by reduction in sulphur deposition. Nature 305: 422-424.

(43) Wright, R.F., E. Lotse and A. Smith. 1988. Reversibility of acidification shown by whole catchment experiments. Nature 334: 670-675.

08

민물고기의 수난

민물고기는 대체로 물이 산성화되면 살지 못한다. pH 6-9의 중성수 또는 약알칼리성수에서 생활하도록 진화되었기 때문이다. 물이 산성화된 지역에서는 민물고기가 멸종되어 담수어업이 몰락됨에 따라 이를 구제하려고 민물고기와 환경의 관계가 폭넓게 연구되고 있다. 산성수에서는 민물고기가 살지 못할 뿐만 아니라 먹이인 무척추동물의 영양가가 낮아지고, 연어와 같은 소하성 어류는 산성화된 모천으로 돌아오지 못하며, 갈색송어는 산성수에서 둥지 트는 행동을 하지 못해 알을 낳지 못한다. 그리고 체외수정을 하는 민물고기는 산성수에서 정자활동이 쇠약해지고 산란행동이 저해되며, 배 발생이 교란된다. 민물고기는 산성수에서 이온의 능동수송에 부조화를 일으키고 혈액의 이온평형이 깨져서 마침내 심장쇼크로 죽게 된다. 이러한 생리적 교란은 물의 산도가 높고 알루미늄이 많을수록 심하게 일어난다. 하지만 물속에 칼슘이 충분히 있으면 산성화에 의한 피해가 완화된다.

8.1 민물고기의 환경

민물고기는 산성수에 매우 민감하므로 pH 5.0 이하의 산성수에서 종 수(종다양성)와 개체수(수도)가 감소된다(30, 48). 민물고기가 살기에 적당한 물의 pH는 6.0-9.0 사이이다(1). 그럼에도 불구하고 민물고기는 pH 5.0의 호수에서 건강하게 사는가 하면 pH 6.0 이상의 호수에서 살지 못하는 경우도 있다. 그 이유는 여러 가지 환경 요인들이 복잡하게 얽혀 있기 때문이다. 실제로 pH 3.5의 산성수가 흐르는 아마존 강의 한 지류에서는 민물고기의 종다양성이 높게 유지될 뿐만 아니라 그들의 먹이가 되는 무척추동물도 풍부하게 사는 예가 알려져 있다(13). 이런 점으로 미루어 보아 민물고기의 생존기준은 물의 산도 이외에도 여러 요인들이 관계되어 있음을 알 수 있다. 특히 산성수에서는 칼슘이온(Ca^{2+})이 민물고기의 생존에 필수적이고, 또 규소이온(Si^{4+})이나 플루오르화물(CaF_2), 알루미늄이온(Al^{3+})도 중요한 요인이 되고 있다.

8.2 민물고기 연구의 동기

스칸디나비아 반도(스웨덴, 노르웨이, 핀란드), 영국의 북부, 미국의 북동부(특히 애디론댁 지역), 캐나다의 동부(온타리오와 노바스코샤 지역) 등에는 크고 작은 호수가 수없이 많아서 옛날부터 담수어업이 융성하여 경제적으로 중요한 위치를 차지하였다. 그런데 공교롭게도 그 지역들은 산성비 지역과 겹쳐 있다.

서양 사람이 좋아하는 연어와 송어가 서식하는 하천이나 호수가 산성화되어 담수어업이 궁지에 몰리게 되자 자구책으로 민물고기에 대해 연구하게 되었다. 즉 담수어업의 쇠퇴에 즈음하여 산성비가 내리기 이전인 1920년대의 담수어업에 대한 기록과 산성비가 내린 이후의 상황을 비교하게 되었다. 민물고기의 서식처나 산란장소로서 부적합한 하천, 호수, 양어장 등에 대해 조사하고, 한 하천의 갈수기와 증수기 사이의 환경 요인을 비교하며, 봄에 눈 녹을 무렵에 산성수가 갑자기 흘러내려서 파탄되는 산란장소를 연구하였다(47). 그리고 물의 산도와 민물고기의 종류에 따른 민감성과 내성의 차이, 산성수에 내성을 가지는 종류의 유전계통, 생리적 순화(acclimation) 및 행동도 연구하게 되었다.

8.3 지역에 따른 민물고기의 환경 실태

(1) 훼손된 스웨덴의 지표수

스웨덴의 민물고기 감소는 50년 전으로 거슬러 올라간다(7). 스웨덴에서 조사된 9만 개의 호수 중에서 1만 8,000개와 9만 km의 하천은 민물고기가 해를 입거나 멸종되는 산성수로 변하였다(31, 46). 한 사례 연구는 스웨덴 남부에서 pH 4.4-7.5인 호수 100개 중 16개에서만 연준모치(*Phoxinus phoxinus*)의 생존을 보고하고 있다(2). 1970년대 초부터 황산이온의 강하량이 감소되기는 했지만 지표수의 수질과 어획량은 개선되지 않고 있다(40,

41). 오늘날에는 일부 호수와 하천에 석회 처리를 하여 수질을 개선함으로써 민물고기를 복원시키고 있는 실정이다(p. 325, 수서생태계의 석회 처리 참조).

(2) 노르웨이의 민물고기 감소

노르웨이에서 민물고기의 감소는 1920년대까지 거슬러 올라가지만, 물의 산성화가 빠르게 진행된 것은 1960-1970년대의 일이다(33, 40, 53). 예를 들면, 노르웨이 남부는 빗물이 pH 4.3 또는 그 이하였고, 지표수는 pH 5.0 이하였다(15, 17). 1978년까지 연어와 송어가 절반으로 감소되었으며, 1978-1983년 사이에 30%의 송어와 12%의 황어가 감소되었다(54). 특히 바다에서 살다가 모천에 돌아오는 회유성 물고기(대서양연어와 송어)는 오염으로 인해 모천 물이 산성화되자 산란하지 못하여 피해가 커졌다. 오늘날은 대기산성강하물이 감소되고 황산이온 농도가 낮아지며 pH가 약간 높아졌지만 민물고기의 감소는 여전히 계속되고 있다(14).

노르웨이에서 1986에 1,000개의 호수를 조사한 연구 결과 전 국토의 11%가 산성화되고, 1971-1975년 이래 조사한 호수의 52%에서 민물고기가 전멸되었음을 알게 되었다. 그림 8-1은 민물고기의 멸종이 1971-1975년 이전에 이루어진 호수, 1971-1975년 이후에 이루어진 호수, 1986년까지 피해를 받은 호수, 건강을 계속 유지하고 있는 호수 등으로 구분하여 물의 산도, 염기성 양이온(Ca^{2+}와 Mg^{2+})과 황산이온(SO_4^{2-})의 농도를 1974년과 1986년에 각각 조사한 결과를 나타낸 것이다(18).

민물고기가 멸종된 호수에서는 물의 산도가 높고(pH가 낮고), 염기성 양이온 농도가 낮은데, 특히 1974년보다 1986년에 더 낮았다. 물의 황산이온은 1974년보다 1986년에 다소 감소되었지만, 이는 민물고기 감소의 결

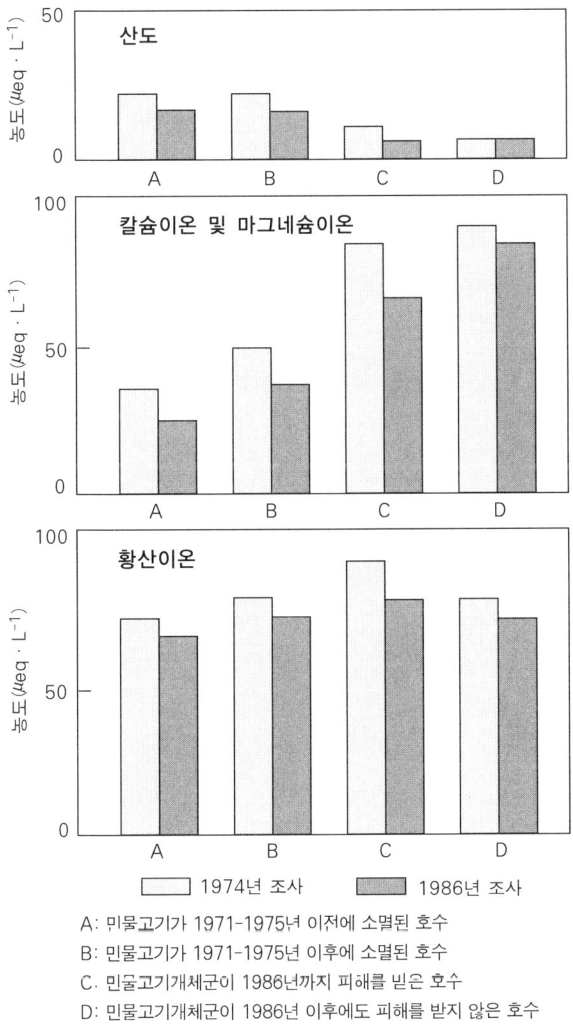

그림 8-1. 노르웨이 남부의 1,000개 이상의 호수에서 어획량과 관련된 물의 산도, 염기성 양이온(Ca^{2+}와 Mg^{2+}) 및 황산이온 농도의 1974년과 1986년의 비교(18).

정적인 요인은 아닌 것으로 해석되고 있다. 하지만 황산이온의 강하량을 30% 감소시킨다면 피해 호수의 28%를, 50% 감소시킨다면 호수의 40%를 복원할 수 있을 것이라고 신난하고 있다(16).

(3) 핀란드 민물의 특이성

핀란드의 호수는 지난 50년에 걸쳐 이온세기와 알칼리도가 낮아졌다. 조사한 8,000개의 호수 중 500개는 pH 5.0 이하였다(40). 이처럼 호수가 산성화되었지만 물속에 부식질이 많아서 피해가 비교적 적은 편이다. 지표수는 pH 4.5 정도로 산도가 높은데도 불구하고 민물고기가 없는 호수는 거의 발견되지 않고 있다(24). 대부분의 호수 물은 높은 농도의 가용성 부식질(약 10mg · L^{-1}의 가용성 유기물)을 함유하고 있어 부식질과 알루미늄이 결합하기 때문이다(26). 한대지역 호수의 물속에서는 세균활성이 낮아서 부식질이 많다. 산도에 대단히 민감한 유럽모오캐(*Lota vularis*) 같은 물고기도 부식질이 많으면 산도가 높은 호수에서 살고 있다(24).

(4) 침엽수림의 피해를 받은 영국

영국에서 담수어류의 어획량은 지난 100년간 크게 변동하였다. 스코틀랜드에서는 1960년대부터 1983-1985년 사이에 호수 물의 pH가 6.6에서 6.3으로 낮아져서 어획량이 감소되었다(50). 회유성인 연어는 1955-1965년의 10년간 가장 많이 잡혔지만 그 후 20년간 어획량이 줄었고, 그 이후에도 회복되지 않고 있다. 회유하다가 봄에 돌아오는 연어가 감소되었는데, 특히 여러 해 동안 바다에서 지내는 연어보다 한겨울만 바다에서 월동하는 종류가 더 크게 감소되었다(8).

산성비가 내리지 않더라도 강수량이 많은 영국 서부와 북부지역에서는 어획량이 감소되고 있다. 이 지역의 토양은 이탄(peat)층 위에 발달되었기 때문에 이탄에서 산이 스며 나와 지표수의 pH가 점차 낮아지기 때문이다. 화강암과 이탄 토양을 스치며 흐르는 지표수는 산성화되고 유수량이 많아

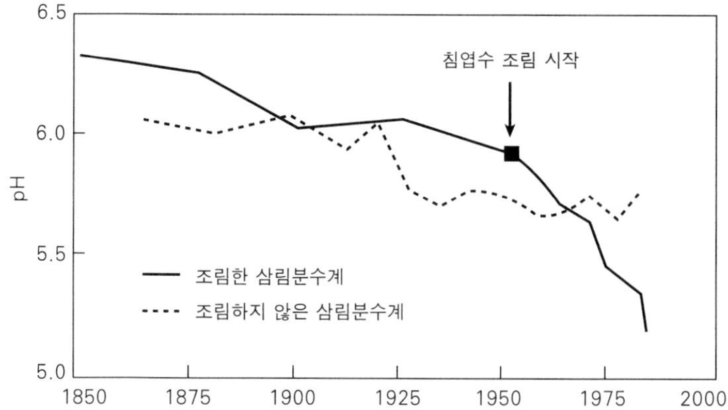

그림 8-2. 영국에서 침엽수림 조림에 따른 지표수의 산성화. 과거의 지표수 산성화는 호수 퇴적층의 pH와 규조류의 분류로 추정되었다(39)(그림 11-1 참조).

서 호수에서의 체류시간이 짧아 민물고기가 생존하지 못하게 되었다(44).

영국에서 연어의 감소는 조림과 관계가 있는 것으로 밝혀졌다. 침엽수를 조림했기 때문에 그 유역 지표수의 pH가 낮아지고 칼슘이 감소되며, 알루미늄과 황산이온이 증가되었다(그림 8-2). 조림한 침엽수가 자람에 따라 유기산의 배출량이 증가되는 직접 원인과, 수관에서 건성 황산화물(SO_x)을 많이 포착한 간접 원인이 겹쳐서 지표수가 산성화된 것이다(39).

(5) 미국과 캐나다의 지표수 훼손

미국 북동부 애디론댁 지역의 호수들은 1920-1930년대의 기록에 남은 어획 상황으로 보아 그 당시에는 건강을 유지했다고 추정되고 있다. 그런데 1930-1934년부터 1979년까지 호수 물은 연간 pH 0.12 단위씩 낮아졌다. 1970년대에 정밀 조사한 결과 40개의 호수 중 21개는 pH 5.0 이하로 낮아져서 민물고기가 멸종되었음을 비로소 알게 되었다(34). 이 밖에 120개의 다른 호수에서도 민물고기의 감소가 밝혀졌다(42).

캐나다에서도 물의 산성화로 민물고기의 종다양성과 수도가 감소되었다. 즉 pH 5.5의 호수에서 32%의 어종이 감소되었고, pH 5.0에서 72%의 어종이 감소되었다(12). 특히 온타리오 주 서드베리(Sudbury) 지역에서는 악명 높은 대형 제련소 주변의 호수 물이 pH 4.0으로 산성화되어 민물고기가 전멸되는 사건이 일어났다(p. 320, 수서생태계의 산성화와 복원 참조).

온타리오 주 이외의 지역에서도 200개의 호수에서 민물고기가 전멸되었지만 3,000개의 호수에서 연준모치(*Phoxinus phoxinus*)와 블루길(*Lepomis macrochirus*)은 낮은 pH에서 살아 남았다(49). 한편 노바스코샤 강에서는 pH가 높은 12개의 하천에서만 민물고기가 산란하고 pH 5.0 이하인 10개의 하천에서 산란하지 못했다(51). 이렇게 하여 이 지역의 연어 산란장은 전체의 16%(6km^2)로 좁혀지고 말았다. 그 산란 하천은 산성수였지만 가용성 부식질이 많아서 알루미늄과 결합해 침전되기 때문에 산란할 수 있었다(27).

8.4 수질과 민물고기

(1) 흐트러지는 개체군의 연령분포

민물고기는 산성수에서 살지 못할 뿐만 아니라 개체군 구조에 큰 변화가 일어난다(10). 중성수에서 정상 개체군의 연령분포(age distribution)는 어린 새끼가 많고 나이를 먹은 어미고기일수록 개체수가 점차 감소되므로 그 연령분포는 피라미드 모양을 나타내기 마련이다(28).

민물고기 개체군은 출생에 의해 커지고 사망에 의해 작아지는데, 어린 새끼의 출생과 늙은 개체의 사망 사이에 균형이 유지되어야 한다. 그래서 민물고기 개체군은 밀도가 높으면 다산성(fecundity: 한 배에 낳는 알 수), 산란 수, 새끼고기의 생존과 생장 등의 특성이 낮아지고, 밀도가 낮으면 이들 특성이 높아진다. 이 특성들은 개체군의 지속적인 안정성이나 생산의 보충 기능과 깊은 관계가 있는 것이다.

산성수에서는 1년생 새끼고기가 완전히 죽거나 심하게 감소되는 돌발사고가 자주 일어난다. 새끼고기일수록 산성수에 민감하여 쉽게 죽기 때문이다. 이러한 개체군은 저변이 좁아 거꾸로 세운 피라미드 모양의 연령분포로 바뀌게 된다. 비록 피라미드 모양의 연령분포를 가지는 정상 개체군이라 하더라도 봄에 눈 녹을 때 갑자기 심한 산성수가 밀려오고 알루미늄 농도가 높아지면 알이나 새끼고기가 전멸된다. 그래서 어떤 연령층이 완전히 없어져서 들쭉날쭉하거나 늙고 큰 개체만으로 구성되어 거꾸로 세운 피라미드의 연령분포가 형성된다.

(2) 영양가가 낮은 먹이

산성수에서는 민물고기의 먹이로 되는 무척추동물이 줄어들고 먹이의 질도 나빠진다. 중성수보다 산성수에 무기영양소와 필수원소가 부족하기 때문에 수서동물의 영양가가 낮아지는 것이 보통이다. 산성수에서 살아남은 민물고기는 비록 영양가가 낮은 먹이라도 많이 먹어 늘 배가 불러 있는 것이 관찰된다. 그래서 고지 하천에서 사는 연어나 송어는 육상곤충을 낚아채서 잡아먹을 정도로 먹이를 개발하는 행동이 발달하고 있다(47).

(3) 민물고기의 생존조건

민물고기가 어떤 수질에서 실 수 있는가를 판단하는 기준은 대단히 중요

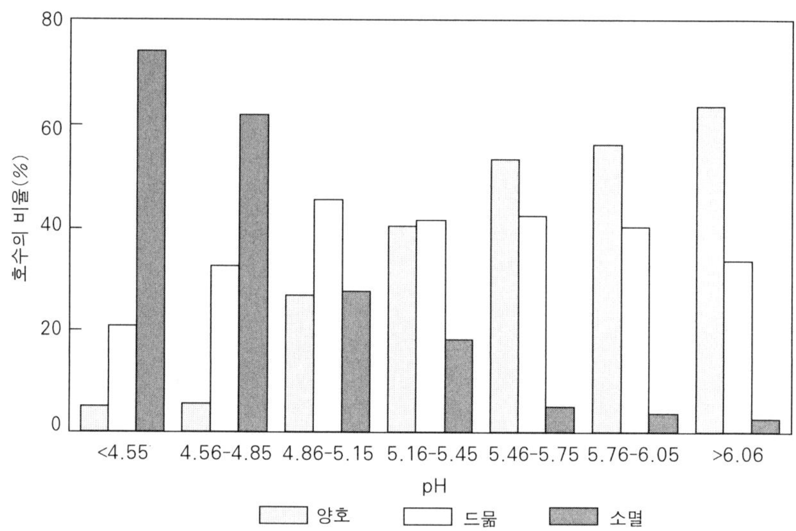

그림 8-3. 호수 물의 pH에 따른 갈색송어의 서식상태. 이 자료는 노르웨이 북위 62° 이남에 분포하며 지표수가 심하게 산성화되지 않은 4,181개 호수에서 수집되었다(33).

하다. 노르웨이에서 북위 62° 이남에 분포하는 수천 개의 호수에서 갈색송어(*Salmo trutta*)의 서식상태가 조사되었다(33). 갈색송어는 맛이 있어 낚시고기로 선호하고 값이 비싸서 민물고기를 대표하는 종이다.

노르웨이에서는 갈색송어의 생존상태를 조사하기 위해 수천 개 호수의 표고, 넓이, 물의 pH, 알루미늄과 칼슘의 농도, 전기전도도, 황산이온 등 14가지 환경요인을 조사하여 호수를 세 종류, 즉 ① 양호: 갈색송어 개체군이 교란되지 않고 건강한 상태, ② 드묾: 개체수가 감소되어 어획량이 감소된 상태, ③ 소멸: 개체군이 완전히 소멸된 상태로 분류하였다. 갈색송어의 생존상태와 물의 pH 사이의 관계는 그림 8-3과 같이 pH가 높을수록 생존상태가 '양호' 호수가 많고, pH가 낮을수록 '소멸' 호수가 많았다. 이 결과로 물의 낮은 pH는 분명히 갈색송어에 해가 됨을 알 수 있다.

갈색송어의 생존상태와 물의 알루미늄이온 농도 사이의 관계는 그림 8-4

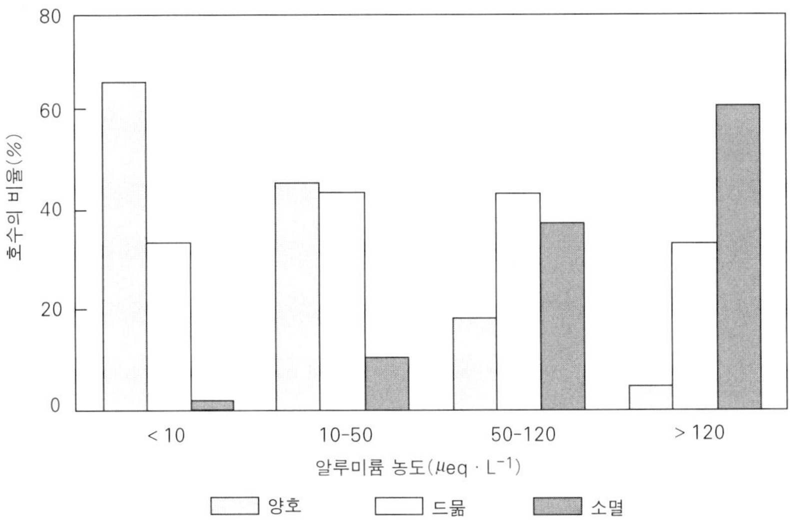

그림 8-4. 호수 물의 알루미늄 농도에 따른 갈색송어의 서식상태. 이 자료는 노르웨이 남부(62° 이남)에 분포하는 1,198개 호수에서 수집되었다(33).

와 같이 알루미늄이온 농도가 낮을수록 '양호' 호수가 많고 높을수록 '소멸' 호수가 많았다. 분명히 알루미늄은 갈색송어의 생존을 위협하고 있음을 알 수 있다. 그리고 갈색송어의 생존상태와 물의 칼슘 농도 사이의 관계는 그림 8-5와 같이 칼슘 농도가 높을수록 '양호' 호수가 많고 낮을수록 '소멸' 호수가 많았다.

앞에서 설명한 물의 pH, 알루미늄 및 칼슘뿐만 아니고 14가지의 모든 환경 요인과 갈색송어의 생존상태를 2변량분석(bivariate analysis)으로 처리한 결과 갈색송어 개체군은 표고가 낮은 호수, 보다 넓은 호수, 높은 pH, 높은 전기전도도, 낮은 황산이온, 질산이온 및 알루미늄이온의 농도, 높은 탄산이온, 염소, 나트륨, 칼륨, 마그네슘 및 칼슘의 농도에서 생존상태가 양호하였다(33).

그런데 그림 8-4와 그림 8-5를 비교하면 갈색송어의 생존상태에는 알루

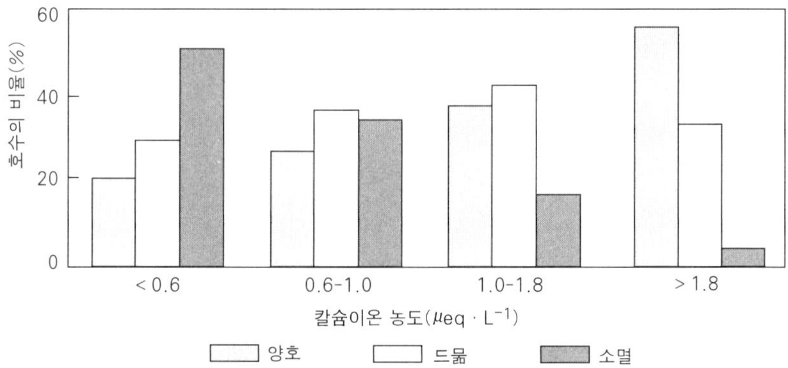

그림 8-5. 호수 물의 칼슘이온 농도와 갈색송어의 생존상태. 이 자료는 노르웨이 남부(62° 이남)에 분포하는 2,032개 호수에서 수집되었다(33).

미늄이온과 칼슘이온이 서로 상반된 영향을 미치고 있음을 볼 수 있다. 즉 비록 칼슘 농도가 낮더라도 알루미늄 농도가 충분히 낮으면 갈색송어의 생존상태는 양호하다. 하지만 높은 칼슘 농도에서는 높은 알루미늄의 악영향이 완화되는 한편 높은 칼슘 농도에서는 높은 pH에 의하여 '양호'의 상승효과가 나타난다(33). 이처럼 민물고기의 생존에는 pH, 알루미늄 및 칼슘이 서로 복잡하게 관계하고 있다(그림 7-9 참조).

8.5 산성수에 대한 민물고기의 행동

(1) 연어의 산성수 기피 행동

연어를 비롯한 소하성 어류(anadromous fish)[1]는 새끼를 부화한 하천에

---

1) 모천의 민물에서 알을 낳고 새끼고기 때 당분간 민물에서 산 다음 바다로 들어가서 살다가 산란기에 맞춰 다시 모천 민물로 돌아오는 물고기.

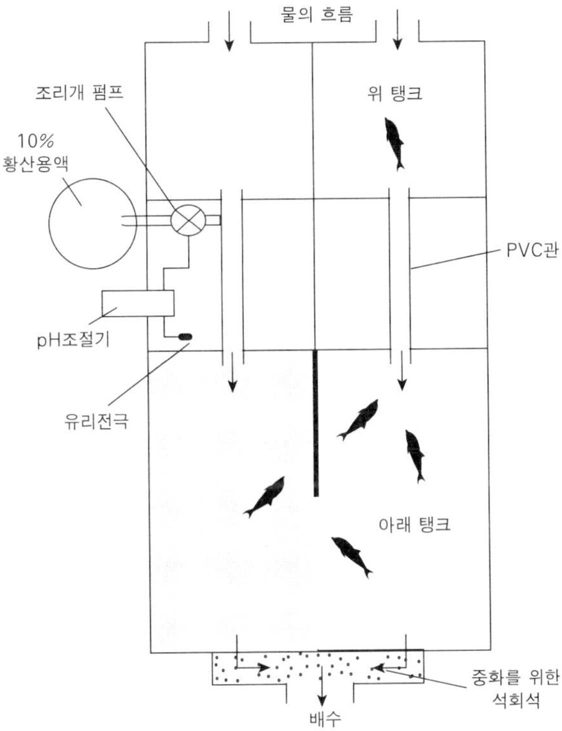

그림 8-6. 연어의 산성수 기피 행동을 실험하기 위해 6개로 구획된 두 갈래의 탱크(20).

서 바다로 나와 수천 km를 회유하고 몇 년 후에 다시 모천으로 돌아오는 회귀이동을 하는 습성이 있다. 실제로 양양(강원도) 남대천에서 부화시킨 연어 새끼를 방류하면 베링 해를 회유하다가 2-5년 뒤에 모천인 남대천으로 다시 돌아왔다. 그런데 모천의 물이 산싱화되면 연어는 필경 모천으로 돌아오지 못하므로 산란장소를 잃어 멸송되고 말 것이다. 이러한 모천물의 산성화가 유럽이나 북미 북동부에서는 수없이 일어남에 따라 모천의 물이 산성화되었을 때의 연어의 행동을 밝히는 실험이 이루어졌다.

그림 8-6은 모천의 물이 산성화되었을 때 연어가 어떤 행동을 하는가를 밝히는 실험 시설이다. 콘크리트 탱크를 6개로 구획하여 오른쪽 탱크에는 중성수(pH 6.7)를, 왼쪽에는 pH를 조절한 산성수(pH 6.0, 5.8 또는 5.5)를

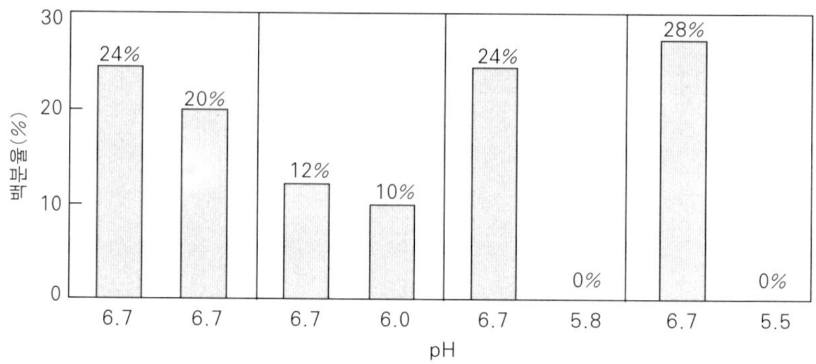

그림 8-7. 실험 탱크에서 중성수(pH 6.7)와 산성수(pH 6.0, 5.8 및 5.5)에 반응하여 암·수컷 50마리 중 헤엄쳐 오르는 연어 수의 백분율(20).

흘려주며, 중간 탱크에는 PVC관을 연결한다. 아래 탱크에는 중성수와 산성수가 완전히 섞이지 않도록 중간까지 칸막이로 분리한다. 완전히 성숙한 연어(암컷 20마리와 수컷 30마리)를 아래 탱크에 넣고 48시간 동안 PVC관을 통해 위 탱크에 헤엄쳐 오르는 개체수를 세도록 설계되어 있다(20). 실험결과는 그림 8-7에서 보는 바와 같이 두 탱크에 모두 중성수(pH 6.7)를 흘려주면 20-28%의 연어가 위 탱크로 오른다. 그런데 오른쪽 탱크에 pH 6.7을, 왼쪽 탱크에 pH 6.0을 흘려주면 10%가 오르지만, 왼쪽에 pH 5.8이나 5.5를 흘려주면 전혀 오르지 못한다(20). 이처럼 모천에 돌아오는 연어의 행동은 pH에 민감하게 반응한다. 모천의 물이 민물고기를 죽일 정도로 산성화되기 전에 연어는 그 물을 기피하여 다른 곳으로 가 버리는 것이다.

(2) 갈색송어의 둥지 틀기 행동

깨끗한 하천에서 사는 갈색송어는 산란할 때 꼬리지느러미를 힘차게 흔들어 물밑의 자갈을 헤치고 우묵한 둥지를 판 다음 알을 낳는 습성이 있다. 둥지를 틀지 못하면 갈색송어는 알을 낳지 않는다. 둥지는 암컷이 트

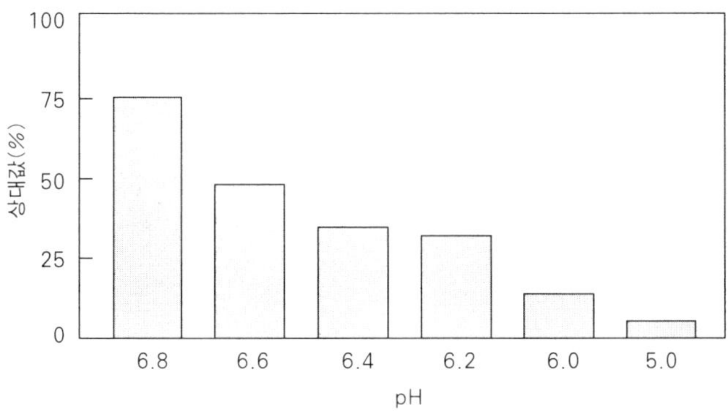

그림 8-8. 갈색송어(암컷)의 pH에 따른 둥지 트는 행동의 상대값. 상대값 = (산성수에서의 행동 수/중성수(pH 6.8)에서의 행동 수) × 100(25).

는데, 하나의 둥지를 약 1초 걸려서 빠르게 튼다.

알을 밴 갈색송어를 중성수(pH 6.8)에서 기른 다음 pH가 낮은 물(pH 6.6, 6.4, 6.2, 6.0, 5.0)에 각각 12마리씩 옮기고 30분간 둥지 트는 행동을 관찰하는 실험이 이루어졌다(25). pH 6.8의 물에서는 30분간 둥지 트는 행동을 30회 하지만 pH가 낮아짐에 따라 행동 수가 점점 적어졌다. 갈색송어는 pH 6.8의 물에서 75%가 둥지를 틀었지만 pH 6.6 이하에서 행동이 둔화되기 시작하여 pH 5.0에서 12마리 중 6마리만 30분간 1-5회 행동을 하고, 나머지 6마리는 거의 행동을 하지 않았다(그림 8-8). 이처럼 갈색송어는 산성수에 민감하게 반응하므로 산란을 하지 못해 멸종될 것이다.

8.6 산성수에서의 민물고기의 생식

(1) 정자운동의 저해

물고기는 수정할 때 사출한 정사를 물을 매개로 하여 체외수성을 한다.

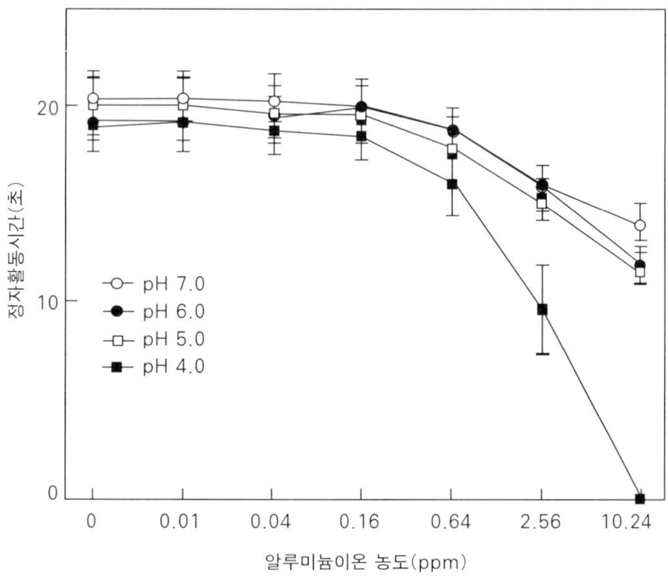

그림 8-9. pH와 알루미늄이온 농도를 몇 단계로 조합한 물에서 은어의 정자활동시간의 변화. 수직선은 통계상의 표준오차(21).

따라서 물의 pH는 정자운동에 영향을 미치므로 수정률이 크게 변한다. 맑은 물에서 사는 은어(*Plecoglossus altivelis*)의 정자를 pH와 알루미늄 농도를 몇 단계로 조합한 물에 넣고, 정자의 편모운동을 관찰하는 실험이 이루어졌다(21). 정자는 물의 pH가 낮고 알루미늄 농도가 높을수록 편모운동의 활력이 떨어졌다. 그림 8-9는 pH 4.0과 알루미늄이온 10.24ppm에서 정자운동이 완전히 정지됨을 보이고 있다. 이 결과는 물의 pH와 알루미늄이 물고기 정자의 활력을 떨어뜨려서 생식을 저해함을 보인다.

(2) 산란행동의 저해

산성수에 비교적 강한 송사리를 이용하여 산란행동이나 수정률을 관찰

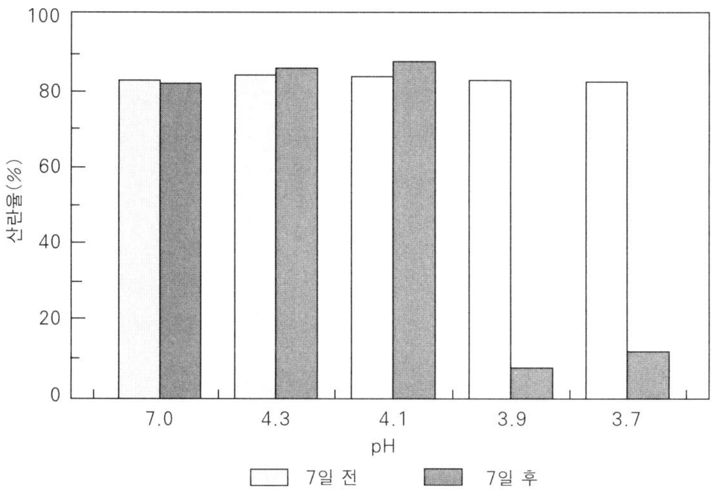

그림 8-10. 송사리의 산란행동에 미치는 산성수의 영향(22, 23).

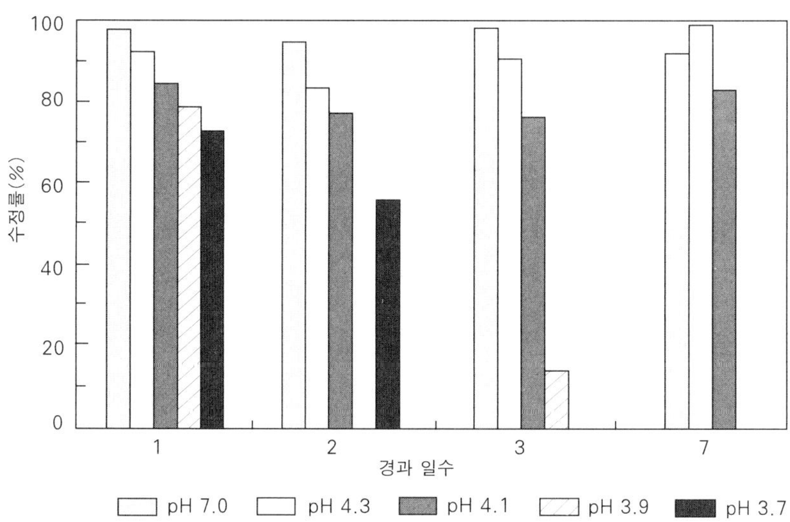

그림 8-11. 송사리의 수정률에 미치는 산성수의 영향(22, 23).

하는 실험이 이루어졌다. 수조에 암수 짝을 짓는 성숙한 송사리를 가르면서 수온을 26°C로 유지하고, 하루의 낮을 14시간으로, 밤을 10시간으로 일

주기(장일 조건)를 맞추면, 약 80%의 송사리는 매일 알을 낳는다.

그 산란행동을 알아보기 위해 송사리를 일주일 동안 중성수(pH 7.2)에서 기를 때와 산성수에서 기를 때를 비교하는 실험이 이루어졌다. 그림 8-10은 송사리가 중성수나 pH 4.1 이상의 산성수에서 산란행동을 계속하지만 pH 3.9 이하로 낮추면 산란행동이 둔화됨을 보이고 있다. 물을 산성화하기 이전에는 매일 80%의 산란율을 보이는 것과 대조적이다.

산성수에서 기른 송사리 알의 수정률은 pH 3.9 이하에서 낮아지고 시간이 지날수록 급격히 낮아져 완전히 정지된다(22, 23)(그림 8-11). 이들 실험 결과는 송사리가 다른 민물고기에 비해 산성에 강한데도 물의 pH가 어느 정도 이하로 낮아지면 산란행동이나 수정률이 떨어짐을 보이고 있다.

(3) 배 발생의 저해

물의 산성화가 민물고기 알의 배 발생에 어떤 영향을 미치는가를 알아보기로 한다. 성숙한 무지개송어(*Oncorhynchus mukiss*)의 암수 쌍을 중성수(pH 7.2)(중성수군), 산성수(pH 4.5)에서 1주간(1주산성수군) 및 2주간(2주산성수군)에서 각각 기르는 실험이 이루어졌다(19). 각 실험군별로 알과 정자를 받아 수정시키고, 각 실험군의 물에 수정란을 넣은 다음 안구배(eyed embryo)까지 발생하는 비율을 조사하였다. 안구배까지의 발생 비율은 중성수군(대조군)에서 100%, 1주산성수군에서 80%, 2주산성수군에서 0%로 나타났다. 한편 중성수에서 기른 암컷의 알과 산성수에서 기른 수컷의 정자로 수정시킨 수정란에서는 기형적 새끼고기가 11%나 나타났다. 이 결과는 산성수가 정자에 나쁜 영향을 미침을 보여 준다. 비록 어미고기를 죽이지 않을 정도의 산성수(pH 4.5)라 하더라도 알이나 정자의 기능에는 나쁜 영향을 미쳐 다음 세대를 이어갈 새끼고기 수에 심각한 타격을 주는 것이다(19).

(4) 내분비의 교란

물이 산성화되면 민물고기의 삼투압 조절에 관계하는 호르몬이나 생식에 관계하는 호르몬의 분비에 어떤 영향을 미치는가 알아보기로 한다. 어린 잉어(*Cyprinus carpio*)를 pH 7.0의 물에서 기르다가 산성수(pH 4.5)로 옮기면 삼투압 조절에 관계하는 코르티솔(cortisol)이라는 호르몬과 생식세포형성에 관계하는 성호르몬의 분비량이 크게 변한다.

그림 8-12에서 보는 바와 같이 산성수에 어린 잉어를 옮기면 혈청 속의 코르티솔의 양은 3-48시간 사이에 높게 유지되다가 1주가 지나면 정상으

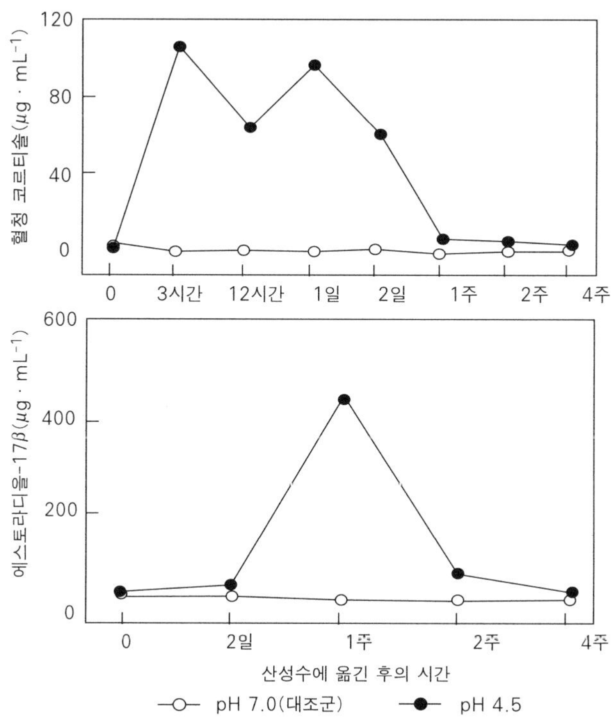

그림 8-12. 잉어의 혈청 코르티솔(위)과 에스토라디올-17β(아래)의 분비량 변화. 잉어를 pH 7.0의 물에서 기르다가 pH 4.5의 산성수에 옮긴 후에 측정한 결과이다(37).

로 회복되고, 암컷의 생식세포 형성에 관계하는 에스트라디올-17β (estradiol-17β)라는 성호르몬은 1주 후에 급속히 증가하다가 2주 후에는 정상으로 회복된다. 그리고 암컷보다 수컷의 11-케토테스토스테론(11-ketotestosterone)이라는 성호르몬의 분비량이 증가한다(37). 이처럼 산성수에 대한 민물고기의 스트레스는 호르몬에 의한 삼투압 조절과 배우자 형성의 교란으로 나타난다.

8.7 산성수의 독성 기작

(1) 아가미의 능동수송 교란

민물고기는 왜 산성수에서 살지 못하는가를 알아보기로 한다. 실험적으로 pH가 다른 물을 하천에 흘려주고 민물고기를 기르면서 그 반응을 보는 연구가 이루어지고 있다. 민물고기를 중성수(pH 7.0)에서 산성수(pH 4.5 이하)로 옮기면 아가미에서 나트륨이온(Na^+)과 염소이온(Cl^-)을 많이 배출하고 적게 흡수한다. 중성수에서는 아가미막을 통해 이온의 배출량과 흡수량이 균형을 유지하지만 산성수에서는 균형이 깨져서 혈액으로부터 나트륨과 염소가 계속 빠져나가는 것이다. 혈청에서 약 30%의 나트륨과 염소가 빠져나가면 세포외액에서도 그 이온들이 감소되고, 더 나아가 조직세포로부터 칼륨이 빠져나가므로 마침내 심장 쇼크를 일으켜 죽음에 이른다(45, 52).

물고기의 아가미는 숨을 쉬는 호흡기관일 뿐만 아니라 필요한 이온을 흡수하거나 배출하는 분비기관이다. 따라서 물고기의 아가미는 사람의 허파와 콩팥을 합한 기능만큼이나 중요한 구실을 한다(52).

(2) 혈액의 이온평형 교란

앞에서 보았듯이 민물고기를 산성수에서 기르면 아가미가 이온의 능동 수송을 정상적으로 하지 못한다. 그래서 혈액과 조직에서도 나트륨과 염소 농도가 낮아진다. 실제로 pH 6.5의 물에서 기른 무지개송어를 pH 4.7로 옮기면, 그림 8-13에서 보는 바와 같이, 시간이 지남에 따라 혈청 속의 나트륨 농도가 낮아져서 48시간 후에 24%가 감소된다. 뿐만 아니라 아가미는 알루미늄이온을 흡수하여 실험 48시간 후에 실험 전보다 25배로 증가

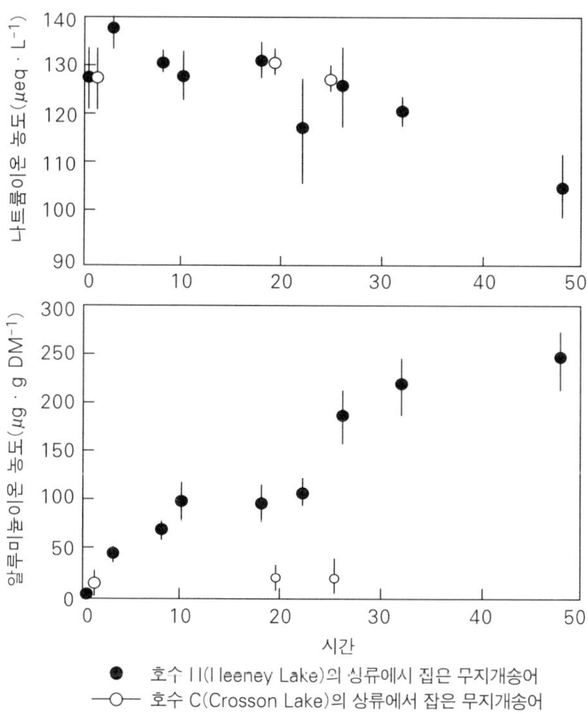

그림 8-13. 무지개송어의 혈청 속의 나트륨이온 농도(위)와 아가미 속의 알루미늄이온 농도(아래)의 변화. 무지개송어를 pH 6.5에서 pH 4.7의 물로 옮긴 후 측정한 결과이다. 수직선의 길이는 통계상의 표준편차를 나타낸다(11).

한다(11).

한편 갈색송어의 타원형 적혈구는 약산성수(pH 5.7)보다 산성수(pH 4.7)에서 장축이 더 길어진다. 그 원인은 산성수에서 혈청의 삼투압이 낮아져 적혈구 속으로 물이 들어가기 때문이다(9).

8.8 칼슘의 중요성

알칼리도가 높은 물(산도가 낮은 물)에서 사는 민물고기는 생장속도가 빠르다. 실제로 알칼리도가 높은 물은 탄산(H_2CO_3)과 관련되어 칼슘 농도가 높다. 경수(hard water)의 칼슘 농도는 500-5,000μeq · L^{-1}(10-100mg · L^{-1})이고, 연수(soft water)는 100μeq · L^{-1}(2mg · L^{-1}) 이하이다. 산성수의 칼슘 농도는 북유럽에서 50μeq · L^{-1}(1mg · L^{-1})이고, 캐나다와 미국에서 약간 더 높게 유지되고 있다. 하지만 심한 산성수에서는 칼슘 농도가 더 낮아진다(그림 7-7 참조).

칼슘이온(Ca^{2+})은 아가미막의 투과성을 조절하는 필수 이온이다. 이 이온을 물 1L당 수 mg의 낮은 농도로 유지해도 아가미막의 투과성은 정상으로 유지된다. 따라서 산성수라 하더라도 칼슘이온이 충분히 녹아 있으면 아가미막은 나트륨이온과 염소이온을 흡수하므로 혈청의 이온평형이 유지된다. 민물고기는 산성수에서 살더라도 혈청의 이온평형이 극단적으로 나쁘지 않는 한 체내의 산-염기평형이 유지된다. 그래서 칼슘이온이 있는 한 낮은 산-염기평형에서 민물고기는 아가미와 콩팥에서 암모늄이온과 수소이온을 배설하므로 건강하게 살 수 있다(52).

물의 칼슘이온 농도와 pH는 민물고기의 건강을 결정하는 중요한 요인이다. 그림 8-14는 수소이온에 대한 칼슘이온($[Ca^{2+}]/[H^+]$)의 몰 비가 3 이

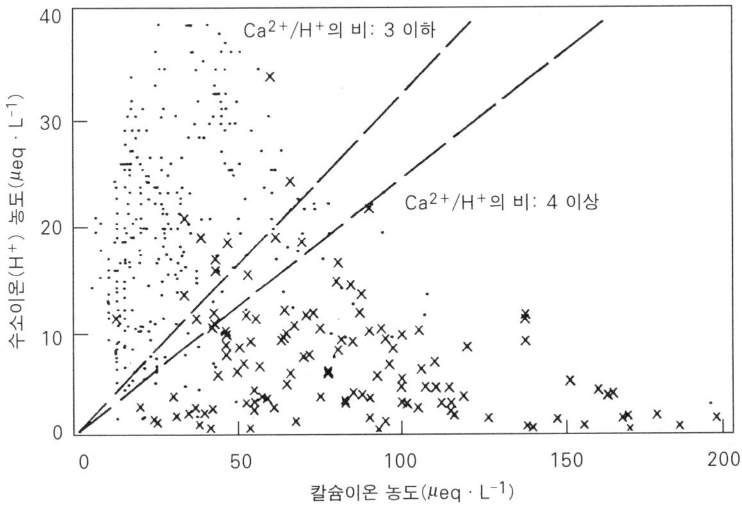

그림 8-14. 노르웨이의 호수에서 수소이온에 대한 칼슘이온([Ca^{2+}]/[H^+])의 몰 비에 따라 민물고기가 못 사는 호수(·)와 사는 호수(×)의 구분. 민물고기는[Ca^{2+}]/[H^+]의 몰 비가 3 이하에서는 살지 못하고, 4 이상에서 살고 있다(5).

하인 호수와 4 이상인 호수를 구분하고 있다. 민물고기는 [Ca^{2+}]/[H^+]의 몰 비가 4 이상인 호수에서 건강하게 살아남는다(5). 설령 pH가 낮더라도 칼슘이온 농도가 높으면 민물고기는 생존할 수 있는 것이다. 바꾸어 말하면 민물고기의 생사는 pH 못지않게 칼슘에 의해 결정된다. 이와 반대로 독성 이온으로 알려진 알루미늄 농도는 민물고기의 생사를 크게 좌우하지 않는다.

산성수에 겨우 순화된 민물고기와 만성적으로 오랫동안 견디며 사는 민물고기는 생리기능이 다르다. 즉 산성수에서 사는 민물고기는 아가미의 투과성 감소, 수송 시스템의 증가, 수소이온 배출의 증가 등의 적응반응이 일어나는데, 순화된 민물고기는 이들 적응반응이 빠르게 시작되고 만성적 물고기는 느리게 시작된다(38, 45).

8.9 수서동물에 대한 알루미늄 독성

(1) 민물고기의 피해

앞에서 토양용액 속에 알루미늄이 증가하면 식물의 생장이 저해되는 현상을 보았다(p. 102, 토양 내 알루미늄 독성 참조). 자연수의 중요한 화학성분의 하나는 알루미늄이온(Al^{3+})이다. 알루미늄은 육상에서뿐만 아니라 물에서도 생물에 심한 해독을 끼친다. 알루미늄은 토양이나 하천 · 호수의 퇴적물이나 수생식물에서 녹아 나온다. 하지만 중성수에서는 알루미늄이 수 ppm 정도로 농도가 대단히 낮다. 중성수에서 알루미늄은 부식질, 규산염 및 플르오르화물(CaF_2)과 결합하여 불용성으로 되기 때문이다. 하지만 지표수의 알루미늄이온은 pH 5.5 이하로 내려가면 pH가 낮을수록 점점 농도가 높아진다. 그림 8-15는 노르웨이에서 조사한 1,000개의 호수 물에서 pH가 낮을수록 알루미늄이온 농도가 엄청나게 높아짐을 보인다(18).

약산성수(pH 5.0-6.5)에 녹아 있는 알루미늄은 대부분 단위체(monomer)[2]로 존재하는데, 이것은 민물고기와 무척추동물에 심한 독성으로 작용한다. 알루미늄 독성에 대한 연구는 민물고기에서 많이 이루어졌다. 알루미늄 농도(50-70μg · L^{-1})를 낮게 유지한 중성 빈영양수(칼슘 농도가 낮은 물)에 민물고기를 넣으면 그 아가미에서 나트륨이온(Na^+)을 너무 많이 흡수하여 혈액과 조직세포의 나트륨 평형이 깨진다(6, 29). 이와 반대로 알루미늄 농도를 높게 유지한 산성수(pH 5.0)에 민물고기를 넣으면 역시 아가미에서 나트륨을 적게 흡수하거나 많이 배출하여 혈액과 조직세포의 나트륨 평형이 깨진다. 이처럼 알루미늄은 아가미막에서 일어나는 나트

2) 물질의 중합체를 구성하는 빈복단위로, 단량체라고도 한다.

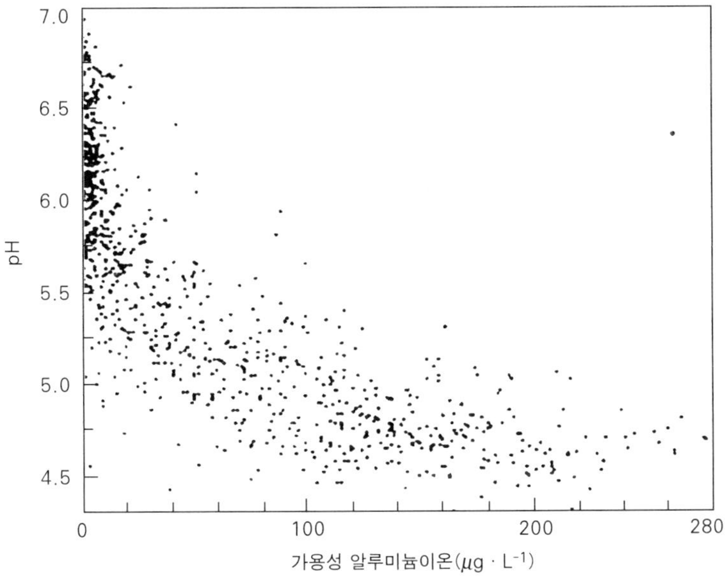

그림 8-15. 노르웨이의 1,000개 호수 물의 pH와 가용성 알루미늄이온 농도의 관계(18).

륨의 능동수송을 교란시키는 결정적인 작용을 한다.

한편 물의 알루미늄 농도를 높이면 아가미 자체에서 알루미늄이온을 흡수한다(32, 35, 43). 따라서 아가미막 내에서 알루미늄이 칼슘을 대치하므로 아가미의 미토콘드리아성 세포의 칼슘 보유량이 감소된다. 더 나아가 아가미막에 흡수된 알루미늄은 그 상피세포나 점액세포를 융합시키므로 호흡과 이온교환이 교란된다.

알루미늄이온은 아가미막에 분포하는 염류세포(chloride cell) 속으로 들어가서 이온교환 기능을 교란시킨다. 염류세포는 시토크롬옥시다아제(cytochromoxidase)라는 효소를 생산하는데 알루미늄이온이 그 효소 생산을 억제하기 때문이다. 이 밖에 민물고기에 대한 알루미늄 독성은 생장을 저해하고, 골격의 칼슘화를 억제하여 뼈를 변칙적으로 발달하게 하며, 행동을 교란하고 피부색을 변화시킨다.

(2) 알루미늄과 pH의 상조효과

민물고기는 물의 낮은 pH와 높은 알루미늄 농도에서 호흡이 왕성해지고 점액물질을 많이 분비한다(32, 35, 43). 그리고 민물고기는 종류가 다르거나 같은 종류라도 생활사 단계가 다르면 혈액의 이온 조성이 다르다. 그래서 갓 깨난 새끼고기는 낮은 pH(산성수)에 민감하고 어미고기는 알루미늄 농도($20\mu eq \cdot L^{-1}$)에 민감하다. 새끼고기는 생장하는 동안에 많은 이온을 필요로 하고 또 항상성(homeostasis) 기능이 낮지만 어미고기는 호흡과 생리활성이 왕성하기 때문이다.

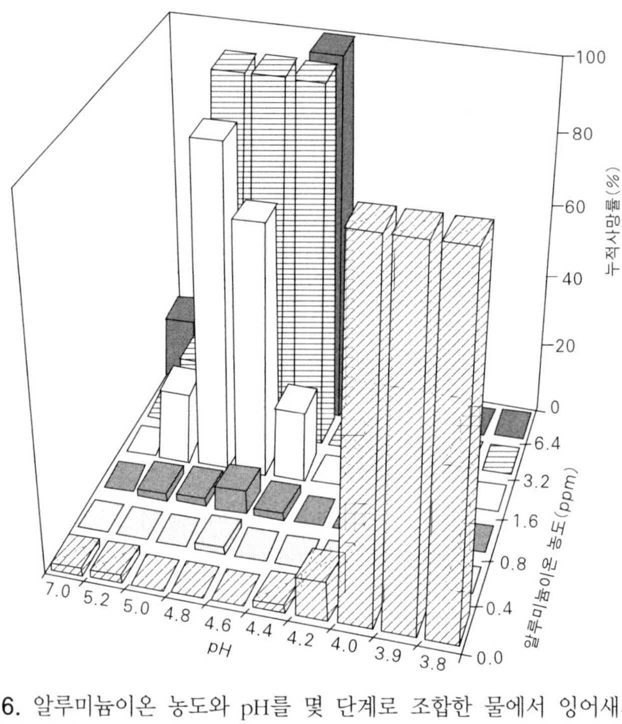

그림 8-16. 알루미늄이온 농도와 pH를 몇 단계로 조합한 물에서 잉어새끼를 6일간 길렀을 때의 사망률 비교. 알루미늄 농도가 낮으면 pH 4.0 이하에서, 높으면 pH 5.0 이상에서 사망률이 100%로 높아진다(36).

물의 pH와 알루미늄이온 농도를 몇 수준으로 조합하여 잉어새끼를 기르면서 사망률을 비교하는 실험이 이루어졌다(36). 그림 8-16은 잉어새끼의 사망률이 알루미늄이 없으면 pH 4.0 이하에서 100%로, 알루미늄 농도가 높으면 pH 5.0 이상에서 100%로 높아짐을 보이고 있다. 이 결과는 알루미늄이 민물고기의 산성수에 견디는 능력, 이른바 내산성(acid tolerance)을 낮추는 작용을 하는 것으로 해석되고 있다.

알루미늄 독성은 물의 pH와 민물고기의 생육 단계에 따라 다르게 나타난다. 예를 들면, 홍송어(*Salvelinus fontinalis*)의 알은 pH 4.3-4.8과 알루미늄이온 0.5mg · L^{-1}에서 생존율이 높지만, 유생과 후기유생은 pH 4.3-5.6과 알루미늄이온 0.2mg · L^{-1}에서 생존율과 생장률이 낮아진다. 그리고 pH 5.2-5.4와 알루미늄의 포화 농도에서 독성이 가장 크게 나타난다.

(3) 알루미늄과 칼슘의 길항효과

알루미늄 독성은 물의 pH와 알루미늄뿐만 아니라 칼슘 농도와도 깊은 관계가 있다. 즉 민물고기는 물의 낮은 pH와 낮은 칼슘 농도에서 피해를 크게 받는다(그림 8-3 및 8-5 참조). 종류와 연령이 다른 민물고기에 칼슘이온, pH 및 알루미늄이온을 여러 수준으로 조합하여 그들 요인 사이의 상대적 독작용을 밝히는 실험이 이루어지고 있다. 민물고기는 낮은 pH(4.5 이하)에서 죽지 않더라도 낮은 칼슘이온(50μeq · L^{-1} 이하)과 높은 알루미늄이온(100μeq · L^{-1} 이상)에서 죽는다.

빈영양성 산성수(pH 5.0-5.5)에서 알루미늄 농도(50μeq · L^{-1} 이하)를 낮추더라도 칼슘이온이 적으면 민물고기는 살지 못한다. 이와 비슷하게 pH 5.0의 약산성수에서 알루미늄에 대한 규소(Si^{4+}/Al^{3+})의 몰 비가 13 이상이면 알루미늄의 독성이 낮아져서 민물고기는 살아남는다(4). 이처럼 물속의 규소이온은 칼슘과 더불어 민물고기의 생존에 중요한 구실을 한다. 또한 알루미늄에 대한 구연산염의 비도 같은 효과가 있다(3). 하지만 산성수는 이온세기와 규소 농도가 낮으므로 민물고기는 알루미늄 독성에서 보호되기 어렵다.

(4) 무척추동물의 피해

민물에서 사는 무척추동물은 민물고기보다 알루미늄에 대한 내성이 낮은 것으로 알려져 있다. 따라서 같은 농도의 알루미늄 농도에서는 무척추동물이 민물고기보다 먼저 죽는다. 그래서 민물고기는 먹이가 부족하여 살지 못한다. 더구나 무척추동물 중에서 아가미로 호흡과 이온교환을 하는 종류는 알루미늄 독성에 더 약하다. 예를 들면, 왕성하게 호흡하는 하루살이(*Ephemera*)의 애벌레는 약하게 호흡하는 납작하루살이(*Heptagenia*)보다 알루미늄 독성에 더 약하다. 민물고기의 먹이로 되는 동물플랑크톤에 대한 알루미늄 독성은 갑각류인 물벼룩이 요각류보다 민감하고, 요각류는 쌍시류의 유생보다 민감하다.

인용문헌

(1) Alabaster, J.S. and R.M. Lloyd. 1982. Water Quality Criteria for Freshwater Fish. 2nd ed. Butterworths, London.

(2) Almer, B., W.T. Dickson, C. Ekström, E. Hornström and U. Miller. 1974. Effects of acidification of Swedish lakes. Ambio 3: 30-36.

(3) Baker, J.P. and C.L. Schofield. 1980. Aluminium toxicity to fish as related to acid precipitation and Adirondack surface water quality. *In*: Ecological Impact of Acid

Precipitation. D. Drablos, A. Tollan. (eds). SNSF. Sandefjord, Norway.
(4) Birchall, J.D., C. Exley, J.S. Chappell and M.J. Phillips. 1989. Acute toxicity of aluminium to fish eliminated in silicon-rich waters. Nature 338: 146-148.
(5) Chester, P.F. 1984. Ecological effects of deposited sulphur and nitrogen compounds - General discussion. Phil. Trans Roy. Soc. London. B 305: 564-566.
(6) Dalziel, T.R.K., R.W. Morris and D.J.A. Brown. 1987. Sodium uptake inhibition in brown trout, *Salmo trutta* L., exposed to elevated aluminium concentrations at low pH. Anls. Soc. Zool. Belg. 117: Suppl. 1, 421-434.
(7) Dickson, W. 1975. Cahr lakes south of Dalalven. SNV Rept. 9: 149.
(8) Egglishaw, H., J.R. Gardiner and J. Foster. 1986. Salmon catch decline and forestry in Scotland. Scot. Geogr. Mag. 102: 57-61.
(9) Galina, M. 1997. The difference in brown trout (*Salmo trutta* L.) blood composition from acidic and limed sites of two rivers in western Norway. Water Air Soil Poll. 96: 203-210.
(10) Harvey, H.H. 1975. Fish populations in a large group of acid stressed lakes. Verh. Internat. Verein. Limnol. 19: 2401-2417.
(11) Harvey, H.H. and D.A. Jackson. 1995. Acid stress and extinction of a spring-spawning fish population. Water Air Soil Poll. 85: 383-388.
(12) Harvey, H.H. and C. Lee. 1982. Historical fisheries changes related to surface water pH changes in Canada. *In*: Acidic Rain/Fisheries. T.A. Haines and R.E. Johnson. (eds). Amer. Fish. Soc., Bethesda.
(13) Henderson, P.A. and I. Walker. 1986. The leaf litter community of the Amazonian blackwater stream Tarumazinho. J. Trop. Ecol. 2: 1-17.
(14) Henriksen, A., E. Joranger, B. Jonsson and B. Kvaeven. 1988. Norwegian monitoring programme for long-range transported pollutants: annual report of observations in 1987. Status Forurensingstilsyn Rept. 333/88.
(15) Henriksen, A., L. Lien, T.S. Traaen and I.S. Sevaldrud. 1987. The 1000 lake survey 1986, Norway. State Pollution Control Authority Rept. 283/87, Oslo, Norway.
(16) Henriksen, A., L. Lien, T.S. Traaen, B.O. Rosseland and I.S. Sevaldrud. 1990. The 1000-lake survey in Norway 1986. *In*: The Surface Waters Acidification Prpgramme. B.J. Mason. (ed). Cambrdge Univ. Press, Cambridge.
(17) Henriksen, A., L. Lien, T.S. Traaen, I.S. Sevaldrud and D.F. Brakke. 1988. Lake

acidification in Norway – Present and predicted chemical status. Ambio 17: 259-266.

(18) Henriksen, A., L. Lien, B.O. Rosseland, T.S. Traaen, I.S. Sevaldrud, G. Raddum and A. Fjellheim. 1988. 1000 lake fish status, 1986, Norway. State Pollution Control Authority Rept. 314/88, Oslo, Norway.

(19) Ikuta, K. and S. Kitamura. 1995. Effect of low pH exposure of adult salmonoids on gametogenesis and embryo development. Water Air Soil Poll. 85: 327-332.

(20) Ikuta, K., A. Munakata, K. Aida, M. Amano and S. Kitamura. 2001. Effects of low pH on upstream migratory behavior in land-locked sockeye salmon *Oncorhynchus nerka*. Water Air Soil Poll. 130: 99-106.

(21) Ito, F. and M. Yamaguchi. 1993. Combined toxicity by water acidification and soluble metals to freshwater fishes. Proc. Japan. Ass. Fish. 1993. p. 340.

(22) Ito, F., T. Yada and M. Yamaguchi. 1994. Effect of acidification on *Oryzias latipes* III. Spawning and embryo development in acid water. Proc. Japan. Ass. Fish. 1994. p. 310.

(23) Ito, F., T. Yada and M. Yamaguchi. 1995. Effect of acidification on *Oryzias latipes* IV. Fertilization and abnormal embryo development in low pH. Proc. Japan. Ass. Fish. 1995. p. 313.

(24) Kamari, J. 1985. A quantitative assessment of lake acidification in Finland. Aqua Femmica 15: 11-20.

(25) Kitamura, S. and K. Ikuta. 2001. Effects of acidification on salmonoid spawning behavior. Water Air Soil Poll. 130: 875-880.

(26) Kortelainen, P. and J. Mannio. 1988. Natural and anthropogenic acidity sources for Finnish lakes. Water Air Soil Poll. 42: 341-352.

(27) Lacroix, G.L. and K.T. Kan. 1986. Speciation of aluminium in acidic rivers of Nova Scotia supporting Atlantic salmon: a methodological evaluation. Can. Tech. Rept. Fish. Aq. Sci. No. 1501.

(28) MacFadden, J.T. 1977. Assessing the Effects of Power Plant Induced Mortality on Fish Populations. N. van Winkle. (ed). Pergamon, London.

(29) McDonald, D.G., J.P. Reader and T.R.K. Dalziel. 1989. The combined effects of pH and trace metals. *In*: Acid Toxicity and Aquatic Animals. R. Morris, E.W. Taylor, D.J.A. Brown and J.A. Brown. (eds). Cambridge Univ. Press, Cambridge.

(30) Minshall, C.W. and J.N. Minshall. 1978. Further evidence on the role of

chemical factors in determining the distribution of benthic invertebrate in the R. Duddon. Arch. Hydrobiol. 83: 324- 355.

(31) Monitor. 1985. Report of the National Swedish Environmental Monitoring Programme (RMK). SNV, Solna, Sweden.

(32) Muniz, I.P. and H. Leivestad. 1980. Acidification – Effects on freshwater fish. *In*: Ecological Impact of Acid Precipitation. D. Drablos and A. Tollan. (eds). SNSF, Oslo.

(33) Muniz, I.P. and L. Walløe. 1990. The influence of water quality and catchment characteristics on the survival of fish populations. *In*: The Surface Waters Acidification Programme. B.J. Mason. (ed). Cambridge Univ. Press, Cambridge.

(34) NAPAP. 1990. Annual Report to the President and Congress, Washington, DC.

(35) Neville, C.M. 1985. Physiological response of juvenile rainbow trout, *Salmo gairdneri*, to acid and aluminium – A prediction of field responses from laboratory data. Can. J. Fish. Aquat. Sci. 42: 2004-2029.

(36) Nishimura, T., T. Ito, M. Yamaguchi, T. Yada, F. Ito, Y. Hashimoto. 1994. Effects of water hardness and combined toxicity of low pH and aluminum to *Cyprunis carpio*. Proc. Japan. Ass. Fish. 1994. p. 310.

(37) Ogawa, K., F. Ito, M. Nagae, T. Nishimura, M. Yamaguchi and A. Ishimatsu. 2001. Effects of acid stress on reproductive functions in immature carp, *Cyprinus carpio*. Water Air Soil Poll. 130: 887-892.

(38) Potts, W.T.W. and P.G. McWilliams. 1989. The effects of hydrogen and aluminium on fish gills. *In*: Acid Toxicity and Aquatic Animals. R. Morris, E.W. Taylor, D.J.A. Brown and J.A. Brown. (eds). Cambridge Univ. Press, Cambridge.

(39) Renberg, I. and R.W. Battarree. 1990. The SWAP palaeolimnology programme: a synthesis. *In*: The Surface Waters Acidification Programme. B.J. Mason. (ed). Cambridge Univ. Press, Cambridge.

(40) Rosseland, B.O., O.K. Skogheim and I.H. Sevaldrud. 1986. Acid deposition and effects in Nordic Europe. Damage to fish populations in Scandinavia continue to space. Water Air Soil Poll. 30: 65-74.

(41) Sanden, P., A. Grimvall and U. Lohm. 1987. Acidification trends in Sweden. Water Air Soil Poll. 36: 259-270.

(42) Schofield, C.R. 1976. Acid precipitation: effects on fish. Ambio 5: 228-230.

(43) Schofield, C.R. and J.R. Trojnar. 1980. Aluminium toxicity to brook trout

(*Salvelinus fontinalis*) in acidified waters. *In*: Polluted Rain. T.Y. Toribara, M.W. Miller and P.E. Morrow. (eds). Plenum Press, Rochester, N.Y.

(44) Stoner, J.H. and A.S. Gee. 1985. Effects of forestry on water quality and fish in Walsh rivers. J. Wat. Eng. Sci. 39: 27-45.

(45) Stuart, S.A. and R.W. Morris. 1985. The effects of season and exposure to reduced pH (abrupt and gradual) on some physiological parameters in brown trout (*Salmo trutta*). Can. J. Zool. 63: 1078-1083.

(46) Swedish Ministry of Agriculture. 1982. Acidification Today and Tomorrow. Stockholm.

(47) Turnpenny, A.W.H. 1989. Field studies on fisheries in acid waters in the UK. *In*: Acid Toxicity in Aquatic Animals. R. Morris, E.W. Taylor, D.J.A. Brown and J.A. Brown. (eds). Cambridge Univ. Press, Cambridge.

(48) Vanotte, R.L. 1980. The river continuum concept. Can. J. Fish. Aquat. Sci. 37: 130-137.

(49) Wales, D.L. and G.L. Beggs. 1985. Fish species distribution in relation to lake acidity in Ontario. Water Air Soil Poll. 30: 601-609.

(50) Warren, S.C., B.W. Bache, W.M. Edmunds, H.J. Egglishaw, A.S. Gee, M. Hornung, G.D. Howells, C. Jordan, J.B. Leeming, P.S. Maitland, K.B. Pugh, D.W. Sutcliffe, D.W. Wells, J.N. Cape, J.C. Ellis, D.T.E. Hunt, R.B. Wilson and D.C. Watson. 1986. Acidity in United Kingdom Fresh Waters. Interim Rept. Depart. Environ. London, UK.

(51) Watt, W.D., C.D. Scott and W.J. White. 1983. Evidence of acidification in some Nova Scotian rivers and its impact on Atlantic salmon, *Salmo salar*. Can. J. Fish. Aquat. Sci. 40: 462-473.

(52) Wood, C.M. 1989. The physiological problems of fish in acid waters. *In*: Acid Toxicity in Aquatic Animals. R. Morris, E.W. Taylor, D.J.A. Brown and J.A. Brown. (eds). Cambridge Univ. Press, Cambridge.

(53) Wright, R.F. and A. Henriksen. 1979. Sulfer: acidification of freshwaters. *In*: Sulfur Emission and the Environment. Soc. Chem. Ind., London.

(54) Wright, R.F. and A. Snekvik. 1979. Acid precipitation: chemistry and fish population in 700 lakes in southernmost Norway. Verh. Internat. Verein. Limnol. 20: 765-775.

09

산성수와 수서생물

이 장에서는 민물고기 이외의 수서생물이 산성수에서 사는 모습을 살펴보기로 한다. 여기에서 다루는 수서생물에는 세균, 플랑크톤, 수서곤충, 지렁이, 조개류 등의 무척추동물과 양서류와 물새 같은 척추동물이 포함된다. 산성수에서는 세균의 활성이 낮아지므로 유기물의 분해속도가 느려서 빈영양성 산성수로 된다. 동식물플랑크톤은 산성수에서 대체로 종 수가 감소된다. 수서곤충은 종류에 따라 산성수에서 감소되는 종과 그렇지 않은 종으로 나뉘는데, 식성에 따라 녹조류를 먹는 종은 감소되고 낙엽을 먹는 종은 오히려 증가된다. 패각 형성에 칼슘을 많이 요구하는 조개류는 알칼리도가 낮고 칼슘이 적은 물에서 살지 못한다. 그리고 양서류는 산성화에 의해 분포역이 좁아지고, 물새들도 산성환경에서 개체수가 감소된다.

9.1 건강을 해치는 산성수 환경

민물고기가 건강하게 살려면 먹이가 되는 플랑크톤이나 무척추동물, 민물고기를 잡아먹어 개체수를 일정하게 조절하는 물새 그리고 그들에게 서식지를 제공하는 대형수생식물 등 수서생태계의 구성원이 모두 건강해야 한다. 그런데 물의 산성화는 거의 모든 수서생물의 생존을 위협한다. 산성화된 빈영양수는 중성수보다 수서생물의 생활에 적합하지 않기 때문이다. 그래서 산성환경에서는 동물상과 식물상이 빈약하게 되므로 종다양성, 수도, 개체군 크기가 작아지고 군집구조가 허술해진다(22, 39).

수서생물은 종류에 따라 서식하는 물의 pH 범위가 다르다. 그림 9-1은 지표수의 pH 범위에 따른 여러 수서생물의 생존 범위를 나타낸 것이다. 특히 연체동물(달팽이, 조개)과 갑각류(엽새우, 가재)는 낮은 pH에서 살지 못한다. 수서곤충 중에서 딱정벌레속이나 깔따구속은 내성 범위가 넓지만 하루살이속은 아주 좁다(16).

산성환경에서 생물군집에 영향을 미치는 요인은 산성화 자체뿐만 아니라 수체의 크기와 깊이, 물의 정체와 유동, 퇴적물, 기후변화, 생물종 사이의 경쟁과 포식, 먹이의 선호도 등도 깊이 관계한다(8, 40).

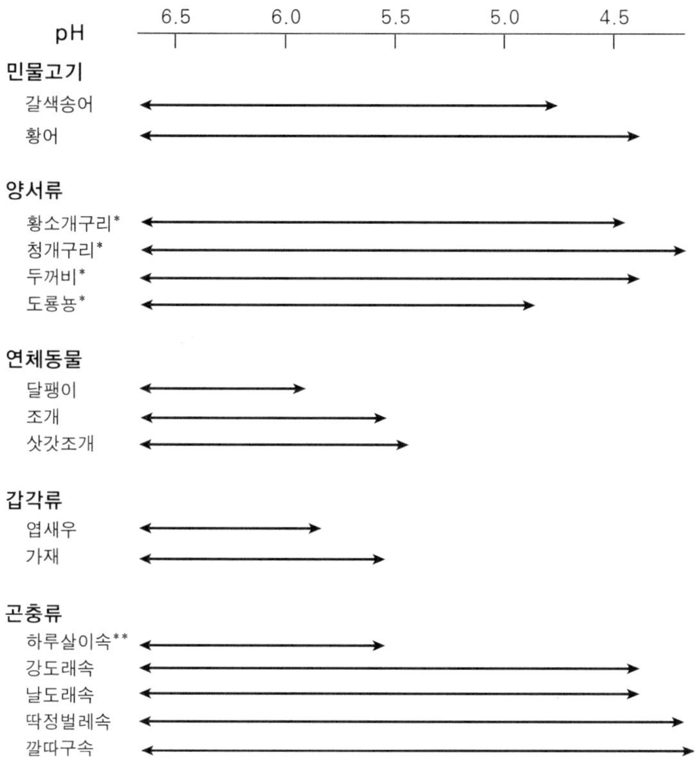

그림 9-1. 물의 pH 범위에 따른 수서생물의 생존 범위(18). *는 배를 이용하여 실험한 것이고 **는 성체를 이용하여 실험한 것이다.

9.2 미생물의 활성 저하

수서생태계에서 미생물은 유기물을 분해하고 동물플랑크톤의 먹이가 되므로 중요한 구성원이다. 특히 산성환경에서는 세균의 활성이 낮아지므로 유기물의 무기화작용, 영양소순환 및 에너지 유동이 낮아져서 생태계의 기능이 떨어진다. 가장 쉽게 눈에 띄는 미생물 활성의 저하는 낙엽이 분해되지 않은 채 쌓이는 것으로 알 수 있다(29).

실제로 물속의 세균 수는 중성수보다 산성수에서 훨씬 감소된다(14). 더구나 하천의 물 표면, 돌멩이, 나뭇잎 또는 대형수생식물의 표면에 붙어 사는 부착성 미생물은 산성화에 민감하다. 이들 부착성 미생물은 하천의 생산성에 깊이 관계하는데 물의 산성화에 의해 멸종된다(10, 20, 30, 41).

담수생태계의 미생물은 세균류와 곰팡이류로 크게 나누어지는데, 물이 산성화되면 세균의 활성이 낮아지므로 유기물의 분해속도가 느려서 무기영양소가 감소되고, 이온세기가 낮아지며 부니질(detritus)이 축적되는 등 빈영양화(oligotrophication)[1)]가 일어난다. 설상가상으로 산성수에서는 곰팡이류의 균막이 발달하여 세균의 활성을 더욱 떨어뜨린다. 실제로 곰팡이류는 산성수에서 0-4종인데 pH 6.8의 중성수에서 14종으로 증가된다(14).

빈영양성 호수에 엉성한 유기물이 많이 쌓이는 원인은 세균에 의한 분해가 느리거나 낙엽식자(shredder)인 수서곤충의 활동이 낮아지는 데 있다(31)(p. 251, 수서곤충이 좋아하는 먹이 참조). 물속에서 낙엽의 분해속도는 pH와 낙엽의 종류에 따라 다르다. 실험적으로 낙엽주머니(litter bag)에 초본, 참나무 및 오리나무의 낙엽을 넣어 물속에 담가 놓으면 그들의 분해속도는 pH가 낮을수록 느리고, 중성수에서는 참나무와 초본의 낙엽이 느리고 오리나무가 가장 빠르다(14)(표 9-1). 낙엽의 펙틴(pectin)과 셀룰로오스(cellulose) 분해자로 알려진 *Cytophaga*속 세균(yellow bacteria)은 pH 5.5 이하의 산성수에서 전혀 살지 못하고, 중성수에서 산성수로 옮겨 가는 과정에 점진적으로 감소되는 현상이 관찰된다(14).

스웨덴에서는 산성화된 6곳의 호수가 1940년대 이래 낙엽이 축적되고 있고, 다른 지역에서도 같은 현상이 관찰되고 있다(10). 하지만 캐나다에서는 산성화된 호수에서 유기물 분해가 감소된다는 증거를 찾지 못하고 있다(32).

---

1) 생물에 필요한 무기영양소가 적어지는 현상. 산성수의 빈영양화는 주로 미생물의 활성이 낮아져서 유기물의 무기화작용이 적게 일어남으로써 생긴다.

표 9-1. 영국의 여러 하천에서 물의 pH에 따른 녹조류의 생산성(엽록소 *a*)과 낙엽의 분해속도(14)

장소	pH	연평균 엽록소 *a* (mg · m^{-2})	낙엽의 무게가 50%로 감소되는 일수		
			초본	참나무	오리나무
영국의 Duddon 분수계					
Wrynose Bottom	4.8-6.3	34.2	231	282	233
Gaitscale Gill	4.6-5.0	18.1	179	245	215
Mosedale Beck	4.6-5.2	33.9	222	284	233
Hardnott Gill	6.1-6.9	13.3	176	217	69
Crosby Gill	6.0-7.3	135.0	114	159	42
영국 남부					
Dockens Water	6.7	49.1	-	-	-
Ober Water	6.7	24.1	-	-	-
Bere Stream	7.9-8.5	116.6	-	-	-
Bere Stream	7.9-8.5	123.4	-	-	-

깊은 호수 밑에 침전된 퇴적물은 그 위에 접하는 수체의 pH의 영향을 크게 받지 않는다. 하지만 퇴적물 속의 세균 수는 수체의 pH가 낮아짐에 따라 감소된다(15). 한 야외 실험에서 물의 pH, 세균 수, 퇴적물의 세균 활성 및 총유기물량 사이에는 밀접한 관계가 있고, 퇴적물의 호흡률은 pH 7.2보다 pH 3.8에서 10%로 감소됨이 밝혀졌다(6).

9.3 식물플랑크톤의 종다양성과 1차 생산성

식물플랑크톤은 수서생태계의 1차 생산자이며, 동물플랑크톤과 초식성 수서곤충 및 어류의 먹이가 된다. 실물플랑크톤의 종다양성은 중성호수에서 무기영양소가 충분한 늦여름에 50-60종 이상으로 증가하지만, 산성호수에서 무기영양소가 부족하면 10-20종으로 감소된다(그림 7-9 참조).

그림 9-2는 스웨덴 서부에서 pH가 다른 세 호수의 식물플라크톤의 종

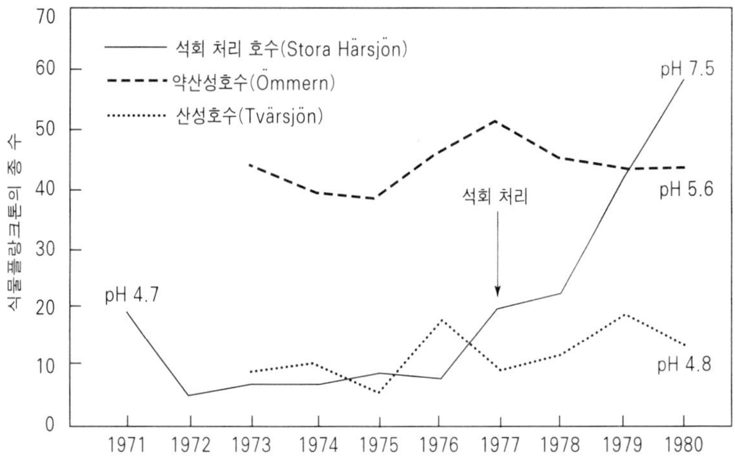

그림 9-2. 물의 pH가 각각 다른 세 호수의 식물플랑크톤의 종 수 비교(37).

수를 10년 동안 조사한 결과이다(37). 식물플랑크톤의 종다양성은 평균 pH 5.6의 약산성 호수(Ömmern)에서 40-50종이지만 pH 4.7-4.8인 산성호수(Stora Härsjön과 Tvärsjön)에서 10-20종으로 감소되고 있다. 그리고 5-10종이 출현하는 산성호수(Stora Härsjön)에 석회 처리를 하여 pH 7.5로 높인 결과 50-60종으로 증가하였다(37). 한편 영국에서 규조류군집과 환경요인의 관계를 서열분석(ordination analysis: CANOCO)한 결과 규조류 분포와 pH 및 알칼리도 사이에 깊은 상관관계가 있었다(14).

녹조류군집은 빈영양성 산성하천보다 부영양성 중성하천에서 왕성하게 번식하므로 후자의 하천에서 엽록소 *a*가 증가된다(14)(표 9-1 참조). 하지만 호수의 빈영양화는 식물플랑크톤의 1차 생산성에 깊은 영향을 미치지 않는다. 식물플랑크톤의 광합성률은 물의 무기영양소 농도 이외에 햇빛의 세기, 이산화탄소 농도, 수온 등 환경요인의 영향을 크게 받고, pH 자체의 영향은 적게 받기 때문이다. 하지만 표고가 높은 고지의 하천에서는 물의 산성화와 빈영양화되는 과정에 인산(H_3PO_4) 농도가 높아져서 식물플랑크톤의 1차 생산성이 증가하는 예가 알려져 있다.

민물에서 사는 식물플랑크톤, 착생조류 및 부착조류는 산성수와 중성수에서 종류가 각각 달라진다. 하지만 산성수에 적응한 식물플랑크톤과 적응하지 못한 것들 사이의 1차 생산성은 거의 차이가 없다.

9.4 동물플랑크톤의 산 민감성

동물플랑크톤은 물고기의 먹이가 되므로 수서생태계에서 영양단계의 중요한 위치를 차지한다. 그런데 동물플랑크톤은 물이 산성화됨에 따라 종다양성이 감소되고, 중성수에서 산성수로 변하는 과정에 종류가 바뀌게 된다. 영국에서 99개의 빈영양성 호수에는 68종의 동물플랑크톤이 서식하는데 산성호수(pH 5.0)에는 9종이, 중성호수에는 12종이 서식하였다(8, 9).

표 9-2에 표시한 스웨덴의 산성호수(Tvärsjön)에서는 중성호수(Färgen)보다 동물플랑크톤의 윤충류(Rotatoria), 지각류(Cladocera) 및 요각류(Copepoda)의 종 수가 감소되고 있다(5). 산성호수에 석회 처리를 하여 물을 중성화시키면 지각류의 종 수는 크게 변하지 않지만, 혐산성(acidophobous)인 윤충류의 종 수는 증가하고, 호산성(acidophilous) 종인

표 9-2. 산성호수와 중성호수 또는 산성호수에 석회 처리를 하여 중성화한 호수의 동물플랑크톤의 평균 종 수(5)

호수	구분	pH 값	조사기간	윤충류	지각류	요각류	합계
Tvärsjön	산성호수	4.7-4.8	1974-81	3.7	1.7	1.5	7.0
Färgen	중성호수	6.7-7.0	1981-87	8.4	4.0	2.7	15.5
Ömmern	석회 처리 전	5.3	1974-81	8.4	5.0	1.9	15.2
	석회 처리 후	7.0-7.5	1982-92	10.0	5.1	1.7	16.9
Nedsjön	석회 처리 전	5.3	1974-81	6.4	3.9	2.5	12.7
	식회 처리 후	6.5-7.0	1983-94	10.0	4.3	1.0	15.4

요각류의 종 수는 오히려 감소한다. 같은 스웨덴에서 석회 처리를 하여 pH 7.1로 높인 산성호수(Trehörningen)가 재산성화되어 pH 6.1로 낮아지면 지각류인 *Holopedium gibberium*, *Diaphanosoma brachyurum* 및 *Daphnia longispina*가 감소되었다(4).

캐나다 북서부의 툰드라지대에는 극단적인 산성호수와 염기성호수가 분포하는데, 염기성호수(pH 8.0 이상)에서 잡은 산 민감성 물벼룩(*Daphnia*)을 산성수(pH 4.5)에 옮기면 곧 죽는다(13). 산성호수의 특성종인 지각류 *Bosmina longirostrisis*는 중성수에서 사는 물벼룩을 대치하지만 다시 물을 산성화시키면 *B. longirostrisis*가 물벼룩을 대치하지는 못한다(18). 요각류는 산성수의 대표종으로 알려진 지각류 *Diaptomas* spp.보다 산성에 대한 민감도가 약간 낮다고 한다(3).

이처럼 물의 pH에 따라 동물플랑크톤의 생존 순서가 달라지는 원인은 몸속으로 흡수하는 물의 투과성과 깊은 관계가 있다. 산성에 민감한 동물플랑크톤은 산성수에서 나트륨 흡수가 감소되고, 헤모글로빈 소실이 증가되며, 산소흡수가 감소되고, 아가미 조직이 손상되며, 수명이 단축되고, 탈피할 때 사망률이 높아지며, 생식능이 저하되고 한 배의 새끼 수가 감소되며 생식시기가 지연된다.

9.5 무척추동물의 종다양성 변화

민물에서 사는 무척추동물(절지동물인 수서곤충류, 갑각류인 새우 · 게류, 환형동물인 지렁이 · 거머리류, 연체동물인 조개 · 물달팽이류 등)은 하천 · 호수의 수질오염의 지표가 되므로 우리나라의 하천과 호수에서 많이 연구되어 왔다. 이들 무척추동물은 호수 주변의 얕은 연안내와 하천에 주로 서식하며 연중 물의 깊이와 수온이 변하는 불안정한 환경에서도 끈질기게 살아남아 종다양성이 높은 군집을 형성한다.

수서곤충류는 몸집이 크고 물 위를 헤엄쳐 다녀 쉽게 볼 수 있는 송장헤엄치게나 물방개, 물벌레 등뿐만 아니라 물속에서 사는 많은 종류, 산지 계류에서 예를 들면, 하루살이류(Ephemeroptera), 강도래류(Plecoptera), 날도래류(Trichoptera), 잠자리류(Odonata), 딱정벌레류(Coleoptera) 및 파리류(Diptera)와 같은 수서곤충의 애벌레가 복잡한 군집을 형성한다. 우리나라의 수서생태계에는 약 360종류(파리류 제외)의 수서곤충이 서식하고 있다.

수서무척추동물은 수서생태계에서 유기물 분해와 에너지 유동에 중요한 구실을 한다. 이들은 조류(말무리)나 낙엽과 같은 광합성 산물, 그것이 분해된 유기물이나 다른 소동물을 잡아먹고, 자신은 민물고기나 물새의 먹이가 되므로 먹이사슬의 중요한 위치를 차지한다. 또 대부분의 수서곤충은 애벌레 단계만 물속에서 살고 날개도지[羽化]를 하여 어미 벌레가 되면 육상으로 옮겨 간다.[2] 그런 뜻에서 수서곤충은 수서생태계와 육상생태계의 물질순환과 에너지 유동의 다리 구실을 하는 생물이라고 말할 수 있다.

수서곤충은 계통분류상 몇 무리(강)로 나누는데, 물의 산성화는 그 무리(강)에 따라 피해 정도가 달라진다. 예를 들면, 하루살이류는 산성에 민감하므로 pH 5.7 이하의 물에서 완전히 자취를 감추며, 특히 꼬마하루살이류(*Baetis*)는 pH 5.7 이하의 산성하천에서 전혀 살지 못하지만 잠자리류나 파리류는 산성수에서도 살아남는다.

깔따구류의 애벌레는 pH 3.0-4.0의 산성수에서 개체수가 오히려 증가한다(그림 9-1 참조). 그리고 물 위를 헤엄쳐 다니는 송장헤엄치게류(*Notonecta*)와 물벌레과(Corixidae)와 같은 노린재류는 pH 5.0의 산성수에

2) 다만 패류나 지렁이류는 일생 동안 물속에서만 산다.

서도 살고 있다. 하지만 강도래류, 날도래류, 딱정벌레류, 민물새우 및 삿갓조개류는 종에 따라 산성에 견디는 정도가 다르긴 해도 pH 5.7 이하의 산성하천에서 종 수가 감소된다(14).

산성수에 석회 처리를 하면 산도가 낮아지는데(pH가 높아지는데), 100종의 무척추동물이 살던 pH 4.0-4.5의 산성호수에 5년간 석회 처리를 한 결과 110종으로 증가하였다. 이와 대조적으로 12종의 무척추동물이 살던 산성호수(pH 4.0-4.5)에 석회 처리를 한 결과 종 수는 변하지 않은 채 종류가 바뀌어 군집의 균형이 유지되었다. 그 원인은 민물고기가 선호하는 종이 없어지고 잡아먹지 못하는 종이 새로 침입했기 때문이다(19).

9.6 물의 알칼리도와 무척추동물

물의 알칼리도는 양이온보다 음이온 농도가 높으면 낮고, 그 반대이면 높다(p. 182, 물의 알칼리도와 산도 참조). 알칼리도가 낮은 빈영양성 산성수의 양이온(예: Ca^{2+}) 농도는 무척추동물의 생존에 필요한 농도보다 보통 낮다.

물의 알칼리도 자체는 무척추동물에 크게 영향을 미치지 않지만, 알칼리도가 낮은 물은 이온평형이 깨져 있어 폭우나 봄의 눈 녹을 때 돌발적으로 일어나는 산 충격을 완화하지 못한다. 하지만 무척추동물은 민물고기와는 달리 하루나 이틀 동안의 산성 충격에 견디는 특성을 지니고 있다(35, 36).

중간 정도의 알칼리도와 pH 6.0 이상의 하천수에서는 무척추동물군집의 종다양성이 높아지고, 계절에 따라 개체수가 특히 증가하는 예가 있다. 하천 바닥에 서식하는 등각류인 민물벌레(*Asellus aquaticus*)와 조개류인 *Lymnea peregris*나 *Ancylus*는 pH 5.6 이하에서 칼슘이 부족해 개체수가 감소된다.

패각 형성에 칼슘을 많이 요구하는 조개류는 알칼리도가 낮고 칼슘이 부족한 하천수에서 살지 못한다. 표고가 높은 지역의 산성계류에서 알락하루살이류인 *Ephemerella ignita*는 낮은 pH에 견디지만 낮은 알칼리도와 낮은 칼슘 농도의 물에서 살지 못한다(40).

이와 대조적으로 어떤 수서곤충의 애벌레는 알칼리도가 낮은 산성수에서 넓은 범위의 내성을 갖는 경우도 있다. 예를 들면, 캐나다의 산성 툰드라에 형성된 pH 3.5의 호수에도 수서곤충의 애벌레가 살고 있다. 그리고 산성수에서 살지 못하는 붉은깔따구류인 *Chironomus riparius*를 실험적으로 pH 2.8-8.2의 기울기를 가지는 일련의 물에 넣었을 때 모두 견디며 살아남았다.

pH 6.0 이하의 물에서 갑각류인 옆새우류 *Gammarus lacustris*는 살지 못하고, 민물가재류 *Astacus astacus*는 개체수가 감소되며, pH 5.0에서 그들의 생식이 거의 중단되었다(1, 25).

9.7 수서곤충이 좋아하는 먹이

(1) 수서곤충의 식성

수서곤충은 먹이를 먹는 방법에 따라 산성수에서 사는 종류와 살지 못하는 종류로 구분된다(12, 28). 산성수에서 사는 종류는 돌 표면의 조류를 긁어먹는 생초식자(grazer), 낙엽을 잘게 씹어 먹는 낙엽식자(shredder), 다른 소동물을 잡아먹거나 체액을 빨아먹는 포식자(predator) 및 유기질의 미세한 부유물이나 부니질(detritus)을 긁어먹는 부니질식자(collector)의 네 종

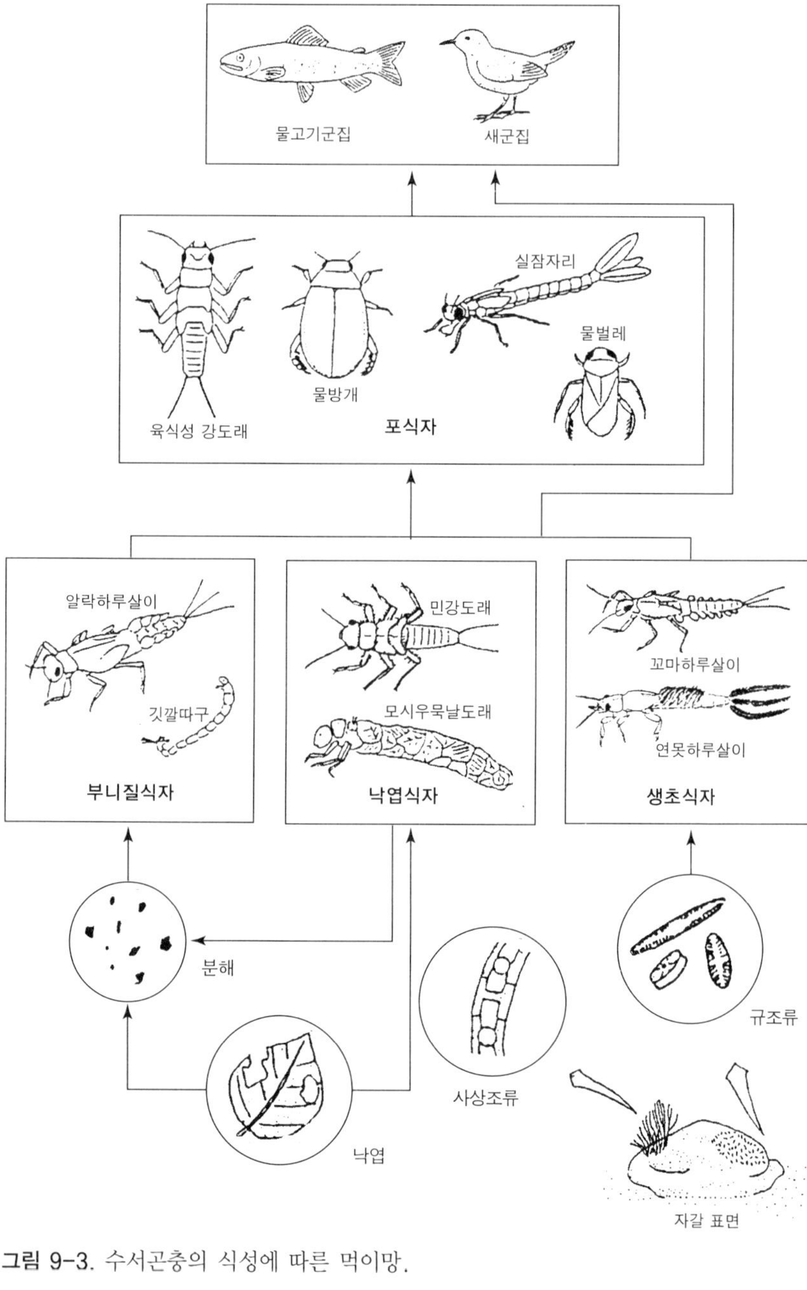

그림 9-3. 수서곤충의 식성에 따른 먹이망.

류로 나뉜다(16). 물이 산성화되면 대부분의 생초식자는 줄어들고, 낙엽식자는 개체수가 증가되는 경향이 있지만 더러 감소되는 종도 있으며, 포식자와 부니질식자는 환경조건에 따라서 증가하는 종과 어쩌다가 감소하는 종으로 나누어진다(그림 9-3).

산성수에 약한 하루살이류는 생초식자인데, 설상가상으로 물이 산성화되면 규조류가 감소하고 그 대신 사상조류나 물이끼가 증가하므로 생초식자는 먹이가 부족하여 살지 못하게 된다.

낙엽식자인 수서곤충과 갑각류(엽새우, 게)는 pH 5.5 이하의 산성수에서 살지 못하므로 낙엽이 쌓이게 된다. 특히 민물벌레(*Asellus*)는 중성수에서 낙엽을 왕성하게 분해하지만 물이 산성화되면 멸종되어 낙엽이 많이 쌓인다. 하지만 날도래 애벌레와 같은 내산성 종은 산성하천에서 낙엽을 왕성하게 분해하므로 낙엽이 쌓이지 않는다. 재미있는 것은 낙엽식자인 날도래류 *Potamophylax cingulatus*는 물이 산성화되면 생장속도가 오히려 빨라진다는 것이다. 그 까닭은 산성수에서 세균의 활성이 낮아져서 낙엽이 분해되지 않은 채 쌓여 먹이가 풍부해지기 때문이다(28). 하지만 낙엽이 분해된 부니질을 먹는 부니질식자는 낙엽의 분해속도가 느리면 개체수가 감소된다.

여러 가지 소동물을 잡아먹는 포식자는 산성화의 영향을 받는 종과 받지 않는 종으로 나뉜다. 포식자에 속하는 노린재류의 수서곤충은 파이프 모양의 주둥이를 소동물의 몸에 꽂고 체액을 빨아먹으므로 산성수를 마시지 않은 채 살 수 있다. 피식자인 소동물의 체액은 이온평형이 잘 이루어져 있으므로 이런 종류의 포식자는 산성수에서 아무 문제없이 살아남는다.

(2) 꼬마하루살이의 식성

스웨덴의 중성 하천수에서 사는 로다니꼬마하루살이(*Baetis rhodani*)와

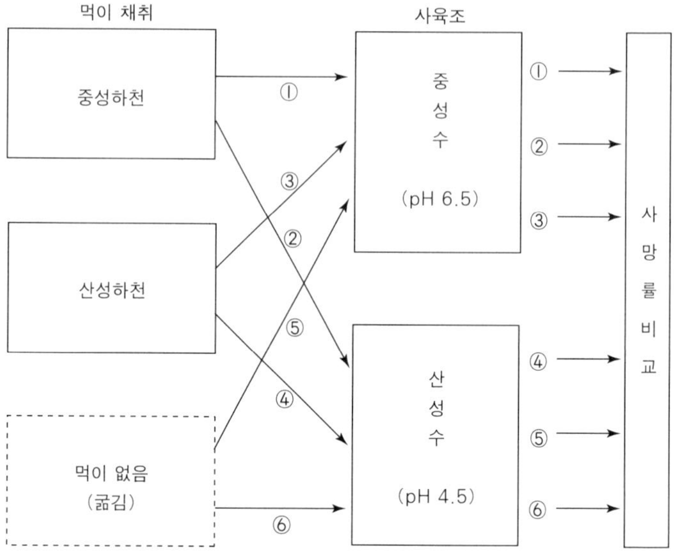

그림 9-4. 중성수 및 산성수 사육조에서 기르는 로다니꼬마하루살이에 중성먹이 또는 산성먹이를 먹이거나 먹이를 주지 않는 실험군의 배치.

무티쿠스꼬마하루살이(*Baetis muticus*)는 pH 5.0 이하에서 살지 못하는 수서곤충이다. 전자는 돌 표면에 붙어 사는 선태류나 규조류를 먹는 생초식자이고, 후자는 낙엽이 분해된 부니질(detritus)을 먹는 부니질식자이다.

로다니꼬마하루살이를 그림 9-4와 같이 각각 중성수와 산성수가 들어 있는 사육조에 기르면서 중성하천에서 채집한 규조류(중성먹이)나 산성하천에서 채집한 사상조류(산성먹이)를 똑같은 양씩 따로 주었다. 이 밖에 먹이를 주지 않는 사육조 등 모두 6가지 실험군을 만들었다. 그리고 중성먹이와 산성먹이를 6일간 먹인 다음 굶기면서 사망률을 조사하였다(33).

로다니꼬마하루살이의 사망률은 중성먹이를 중성수 사육조에서 먹인 군(①)과 산성수 사육조에서 먹인 군(②)에서 가장 낮았고, 중성먹이를 중성수 사육조에 먹인 군(①)과 산성먹이를 산성수 사육조에 먹인 군(④)이 같았으며, 산성먹이를 중성수 사육조에 먹인 군(③)과 중성수 사육조에서 계속 굶긴 군(⑤)이 같았고, 산성먹이를 산성수 사육조에 먹인 군(④)보다 산성수 사육조에서 계속 굶긴 군(⑥)이 낮았다.

자외선 비디오카메라를 이용하여 행동을 연속 촬영한 결과 로다니꼬마하루살이는 중성수 및 산성수 사육조에서 중성먹이의 주변을 장시간 맴돌았다. 먹이를 먹는 데 소비하는 시간은 중성수 사육조에서 중성먹이를 먹는 데 20%, 산성먹이를 먹는 데 5% 이하가 소요되었지만 산성수 사육조에서는 중성먹이나 산성먹이를 먹지 않는 행동을 하였다. 이처럼 로다니꼬마하루살이는 산성먹이에 대한 선호도가 낮아서 산성하천에서 살지 못함이 밝혀졌다(33).

한편 부니질식자인 무티쿠스꼬마하루살이는 산성수에 대한 내성이 낮을 뿐만 아니라 산성하천에서는 대형 수생식물이 적고 세균의 활성이 낮아서 부니질이 적게 생기므로 먹이가 부족하여 생장이 제한됨이 밝혀졌다(33).

(3) 수서곤충의 알루미늄 농축

수서곤충은 식성에 따라 체내의 알루미늄 함량이 달라진다(17). 물속의 알루미늄 농도는 pH 6.0보다 pH 4.0의 하천수에서 높아지는데, pH 4.0의 산성하천에서 낙엽식자(*Asellus aquaticus*, 민강도래류 및 우묵날도래류)는 몸속에 알루미늄을 많이 함유하고($1 mgAl \cdot gDM^{-1}$), 부니질식자(예: 줄강도래류(*Isoperla grammatica*))는 적게 함유하며($0.3 mgAl \cdot g\ DM^{-1}$), 포식자(예: 깃날도래류(*Plectrocnemia conspersa*))는 거의 함유하지 않았다.

pH 6.0의 약산성하천수에서 낙엽식자는 포식자보다 몸속에 알루미늄을 더 많이 함유한다. 하지만 수서곤충에서 먹이사슬에 따른 알루미늄의 생물학적 농축(biological magnification)은 아직 명확히 밝혀지지 않았고, 수서곤충을 잡아먹는 민물고기나 조류에 알루미늄이 농축된다는 증거도 아직 확실히 수집되지 않고 있다(16).

9.8 산성수에 대한 수서곤충의 피해 기작

수서곤충은 기관아가미(tracheal gill), 기문(stigma) 또는 미세한 털 사이에 공기 방울을 간직하는 모반(plastron)을 이용하여 호흡하도록 진화되어 왔다. 수소이온(H^+)이 많은 산성수에서 기관아가미로 호흡하는 수서곤충은, 마치 민물고기의 아가미처럼, 기관아가미에서 나트륨이온(Na^+)과 염소이온(Cl^-)이 빠져나간다(38)(p. 228, 산성수의 독성 기작 참조). 이 이온들은 체액의 삼투압 조절에 중요한 구실을 하므로 기관아가미를 가지는 수서곤충은 산성수에서 오랫동안 살지 못한다.

수서곤충 중에서 산성수에 잘 견디는 강도래류인 *Amphinemura sulcicollis*는 산성수와 중성수에서 나트륨 흡수량에 차이가 없지만, 산성수에 민감한 다른 강도래류인 *Perla bipunctata*는 중성수보다 산성수에서 나트륨을 적게 흡수한다(38).

수서곤충의 기관아가미에는 민물고기의 아가미처럼 염류세포가 분포되어 있다. 그 세포 속에는 수많은 미토콘드리아가 들어 있어 이온 수송에 필요한 에너지를 공급한다. 그런데 산성수의 수소이온은 염류세포의 기능을 저해하므로 하루살이와 같이 기관아가미로 호흡하는 수서곤충은 산성수에서 살지 못한다. 하지만 수서곤충 중에서 기문이나 모반의 공기 방울로 호흡하는 종류는 산성수에서 견디며 사는 능력이 뛰어나다.

9.9 산성수에 대한 무척추동물의 반응

(1) 계류수의 산성화 실험

물의 산성화가 수서생물군집이나 수서생태계에 미치는 반응을 알아보기 위해 자연계에서 대규모의 실험이 이루어지고 있다. 미국 뉴햄프셔 주의 허버드브룩(Hubbard Brook) 시험림의 계류수에 4개월간 황산을 첨가하여 물을 pH 6.0에서 4.0으로 산성화하는 실험이 이루어졌다(12). 계류수에서 살던 무척추동물은 산성화된 물 위에 떠서 10일간 죽지 않은 채 표류를 계속하였다. 하지만 10일 후에는 산성 처리 계류수와 비처리 사이에 표류 개체수의 차이가 없었다. 산성 처리한 계류수에서는 무척추동물군집의 종다양성이 낮아지고 개체수가 적어지며, 하루살이류인 *Ephemerella funeralis*가 느리게 생장하여 다음 세대를 이어나갈 애벌레의 수가 감소되었다.

같은 지역의 다른 계류수에 알루미늄을 첨가하는 실험이 이루어졌다(11). 계류수에 알루미늄을 첨가하면 물의 pH와 가용성 유기물 농도는 낮아지고 알루미늄 농도는 높아졌다. 알루미늄 처리로 계류수는 표면장력이 낮아져서 물거품이 많이 일었다. 아마도 무척추동물이 표류하는 원인은 물의 표면장력이 낮아졌기 때문이었을 것이다.

한편 웨일스 남부(영국)의 한 계류수에 황산 처리를 하여 24시간 내에 pH 7.0에서 4.2로 갑자기 낮추고, 황산알루미늄 처리를 하여 알루미늄 농도를 약 10배로 높이는 실험이 이루어졌다(27). 알루미늄 처리 결과 물의 수소이온 농도는 약 300배로 높아지고, 3종의 무척추동물이 견디며 살았지만 하루살이(*Ecdyonurus*), 꼬마하루살이(*Baetis*) 및 옆새우(*Gammarus*)는 사망률이 30%나 높아지고, 낮은 알루미늄 처리에서 무척추동물이 많이 표류하였다. 하지만 이렇게 낮은 pH와 알루미늄 농도에서도 무척추동물은 민물고기보다 잘 견디며 살았다. 수서곤충이 알루미늄이나 산 처리와 같은 스트레스를 받았을 때 표류하여 밑으로 떠내려가는 것은 위험에 대한 기피 행동이라고 해석되고 있다(16).

(2) 산성수에 반응하는 지렁이의 행동

지렁이는 산성토양에서 보통 살지 못한다. 석회암 토양에서는 수많은 지렁이가 살고 있어 그들의 배설물로 토양의 물리화학적 특성이 개량된다. 지렁이는 어느 정도의 산성토양에서 살지 못하는가 알아보자.

흙 속에서 사는 낚시지렁이(*Allolobophora japonica*)를 이용하여 산성토양에 반응하는 행동이 연구되었다(24).

〈실험 1〉 pH 2.0, 2.2, 2.4, 2.6, 2.8, 3.0, 3.2, 3.6, 3.8, 4.0의 완충용액(buffer solution)[3]을 준비하여 각각 폴리비닐 접시에 붓는다. 건강한 낚시지렁이를 핀셋으로 잡아 폴리비닐관에 넣는다(그림 9-5의 튜브법). 지렁이를 넣은 폴리비닐관을 수직으로 세워 완충용액에 접촉시키면 pH 2.5 이하에서 낚시지렁이는 전구엽(prostomium)을 움츠리지만, 그보다 높은 pH에서는 완충용액 속으로 기어들어 간다.

〈실험 2〉 실험 1과 같은 완충용액을 준비하고 낚시지렁이를 핀셋으로 잡아서 완충용액에 접촉시키면 pH 2.3 이하의 완충용액에서 몸을 구부려서 기피하는 반응을 나타낸다(그림 9-5의 현탁법). 이들 실험 결과로 낚시지렁이는 pH 2.5 이하의 물을 기피하는 행동을 함을 알 수 있다.

〈실험 3〉 밭의 흙을 파다가 그늘에 말린 다음 2mm 그물의 체로 친다. 유리 비커에 300g의 흙을 넣은 다음 1N의 황산용액을 떨어뜨리고 저으면

---

3) 산 또는 염기를 첨가했을 때 수소이온 농도가 거의 변하지 않고 안정된 용액. 보통 약산(또는 약염기)과 그들의 염을 일정 비율로 혼합하여 원하는 pH의 완충용액을 만든다.

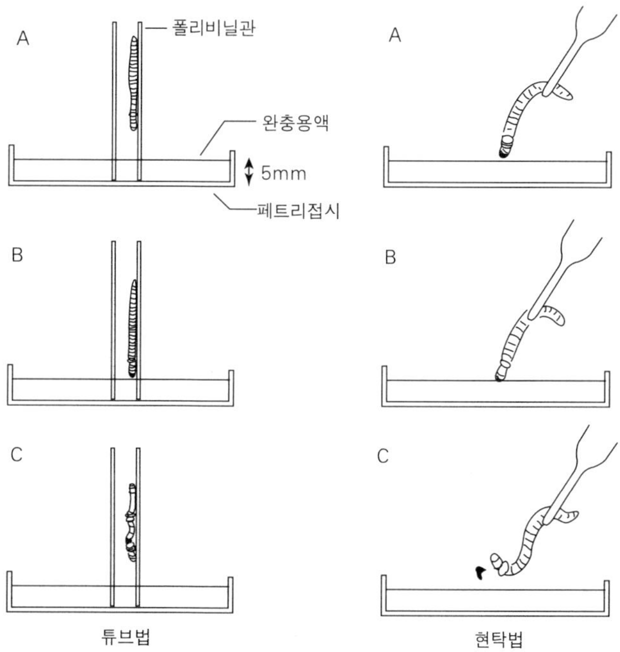

그림 9-5. 낚시지렁이를 완충용액에 담그는 실험 순서(24).

서 원하는 흙의 pH(2.0, 3.0, 4.0)로 맞춘다. 한편 여과 깔때기에 300g의 흙을 넣고 0.1N의 황산용액 300mL를 부어 하루 동안 놓아둔다. 여액을 거른 다음 다시 300mL의 0.1N 황산용액을 넣어 하루 동안 놓아둔다. 이 조작을 여러 번 되풀이하여 원하는 pH 값으로 맞춘다.

이렇게 산성화시킨 토양을 실온에서 건조시킨 다음 각각 폴리비닐 접시(직경 6cm, 높이 7cm)에 40g(약 3cm 깊이)씩 넣고 물을 부어 수분 함량을 약 30%로 맞춘다. 각 접시에 5마리의 건강한 낚시지렁이를 넣고 어두운 곳에 놓아둔다. 그리고 증발하는 물을 매일 보충해 준다. 하루가 지난 다음부터 지렁이의 생사와 구멍 파는 행동을 관찰하여 기록한다.

낚시지렁이는 대부분 pH 3.7 이하에서 구멍을 파지 못하고, pH 4.0 이하에서 2주 뒤에 죽었다. 아울러 물지렁이는 pH 4.2 이하의 흙에서 겨우 견디며 살고 있음을 실험으로 밝힐 수 있다(24).

9.10 산성화와 양서류

(1) 개구리 배 발생의 저해

양서류는 수서생태계의 영양단계에서 중요한 구성원의 하나이다. 그런데 유럽과 북미의 산성비지역에서는 토양과 물이 산성화되어 양서류가 줄어들고 있다. 특히 양서류는 봄에 눈 녹을 때 갑작스럽게 밀려오는 산성수에 노출되어 마침 산란한 알이 큰 피해를 입는다.

양서류 알의 배 발생은 물의 산성화에 민감하다. 표 9-3은 양서류의 종류에 따라 알의 배 발생이 pH 3.8-5.0에서 위험 수준이고, pH 3.4-4.5에서 치사 수준임을 보이고 있다(7). 치사 수준보다 pH 0.25 단위 이하로 내려가면 배는 초기에 죽고, pH 0.25 단위 이상으로 오르면 정상으로 배 발생이 진행되지만 난황막의 확장이 불완전하여 대부분 부화하지 못한다. 난황막의 확장은 산성화의 직접적인 피해라기보다 삼투압 조절이 원활하지 못한 데서 오는 피해라고 생각된다. 이와 같이 양서류의 알은 발생할 때 산성에 대단히 민감하지만 올챙이는 점차 내성이 높아지고 개구리는 더욱 넓

표 9-3. 양서류의 배 발생에 대한 위험 pH와 치사 pH(7)

종류	위험 pH	치사 pH
청개구리류(*Hyla andersoni*)	3.8	3.4-3.7
미국두꺼비(*Bufo americanus*)	4.0-4.2	3.8-4.2
두꺼비(*Bufo bufo*)	4.5	4.25
산개구리(*Rana temporaria*)	4.5	4.0-4.25
도롱뇽류(*Ambystoma maculatum*)	4.5-5.0	4.0-4.5

주: 위험 pH에서는 배의 사망률이 증가하기 시작하고, 치사 pH에서는 배가 100% 죽는다.

은 범위(pH 3.0까지도 생존)의 내성을 가지게 된다.

양서류의 생존은 물의 pH와 알루미늄 두 요인에 의해 영향을 받는다. 두꺼비는 pH 4.25 이하에서 죽는데, 알루미늄 농도가 높으면 사망률이 더 높아진다. 개구리속(*Rana*)은 pH 4.5가 위험 수준이고 pH 4.0이 치사 수준이다. 미국두꺼비(*Bufo americanus*)를 pH 6.0에서 4.3으로 옮기면 알의 부화율은 낮아지지만 올챙이는 죽지 않았다. 낮은 pH와 높은 알루미늄 농도에서 개구리는 몸집이 작아지고 올챙이는 변태가 느리게 진행된다.

(2) 도롱뇽의 산 민감성

도롱뇽의 일종(*Plethodon cinereus*)은 기온이나 습도와 관계없이 토양의 산도에 따라 분포역이 민감하게 제한된다. 미국의 한 산지에서 1m^2 방형구 1,044개를 설치한 다음 낙엽을 헤치고 도롱뇽의 생존 여부를 조사한 연구가 이루어졌다(43). 그림 9-6에서 보는 바와 같이 도롱뇽은 토양이 pH

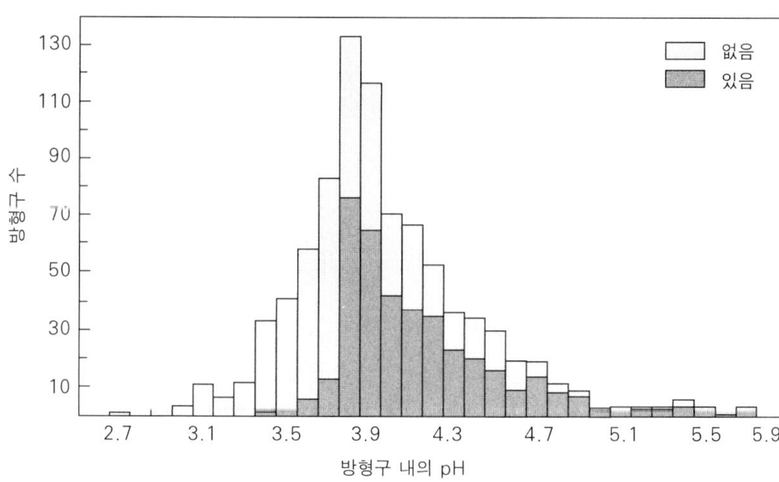

그림 9-6. 토양의 pH에 따른 도롱뇽(*Plethodon cinereus*)이 출현하는 방형구(1m^2)와 출현하지 않은 방형구(1m^2)의 빈도분포(43).

3.7 이하를 띠는 284개 방형구 중에서 25개 방형구(8.8%)에만 출현하고, pH 3.8 이상을 띠는 760개 방형구 중에서 386개 방형구(50.8%)에만 출현하였다. 또한 pH 3.7 이하에서는 새끼 도롱뇽이 전혀 발견되지 않았다. 한편 도롱뇽은 pH 2.5-3.0에서 급성 치사가 일어나고, pH 3.0-4.0에서 8개월에 걸쳐 만성적 치사가 일어나며, 낮은 pH에서 생장과 호흡이 저해되었다.

9.11 산성수와 물새의 번식

(1) 물까마귀

하천 변에서 사는 물새는 물이 산성화됨에 따라 직접적으로 또는 먹이의 감소로 인해 위협을 받는다. 물까마귀(*Cinclus cinclus*)는 수서곤충이나 민물고기를 잡아먹으므로 물가를 떠나지 않는 물새이다. 영국의 물까마귀 개체군은 지난 30년간 그들이 사는 하천에서 먹이가 줄어들고, 물의 알칼리도가 낮아짐으로써 점차 감소되었다(26).

노르웨이에서는 물까마귀에 대해 청정수역과 만성적 산성수역에서 발견된 한배산란수, 알 수 및 알의 형태가 비교되었다(23). 표 9-4는 물까마귀가 알을 품는 한배산란수(number of clutch)와 알 수가 청정수역보다 산성수역에서 적음을 나타내고 있다. 두 수역 사이에 알의 크기(부피, 무게, 길이, 표면적)는 차이가 없지만 산성수역의 알껍질은 청정수역에 비해 7.0%만큼 가볍고, 6.1%만큼 얇으며, 알의 각중/표면적 비가 7.0%만큼 낮았다. 전자현미경으로 본 알 껍질의 단면은 탄산칼슘($CaCO_3$)으로 구성된 책상조직층(palisade layer)이 무척 얇았다(23). 그 원인은 산성에 민감한 가재, 달팽이, 조개 등의 먹이에 칼슘이 적은 것과 관계가 깊었다. 알껍질의 두께와 DDT

표 9-4. 노르웨이의 청정수역과 산성수역에서 발견한 물까마귀의 한배산란수 및 알 수 비교(23)

구분	연도	발견한 한배산란수	발견한 알 수
청정수역	1984	6	16
	1985	6	23
	합계	12	39
산성수역	1984	4	6
	1985	6	26
	합계	10	32

의 관계를 의심했지만 노르웨이에서는 DDT의 사용을 오래전에 중단한 상태여서 관계가 없는 것으로 판단되었다.

(2) 딱새

스웨덴의 산성호수 가까이에 둥지를 트는 딱새(*Ficedula hypoleuca*) 중에서 알이 깨져서 생식을 못하는 개체군은 뼈 속에 알루미늄이 농축되어 있었다. 그 원인은 알루미늄이 농축된 수서곤충을 먹기 때문이라고 풀이되고 있다. 그 관계를 밝히기 위해 일본메추리(*Coturinx coturinx japonica*) 새끼에 시트르산-알루미늄을 사료에 섞어서 사육한 결과 알껍질 두께가 얇아졌고, 사료에 칼슘과 인을 보충하면 알루미늄 과다로 일어나는 생식률의 감소가 완화되었다.

산성수역에서 딱새의 생식률이 낮아지는 원인은 물의 산성화로 말미암아 칼슘 함량이 많은 조개류나 갑각류가 감소됨으로써 알껍질이나 어린 새의 뼈 구성에 필요한 칼슘이 부족하기 때문이다(42). 하지만 물의 산성화에 의해 물새 개체군이 커졌다는 보고도 있다. 흰뺨오리(*Bucephala clangula*) 처럼 잠수성 오리류는 물이 산성화된 후 개체수가 오히려 증가하고 생장도 빨라졌다. 그 원인을 조사해 보니 산성화로 먹이의 경쟁자인 민물고기가 줄어들고 수서곤충이 증가하여 먹이가 풍부해졌기 때문이었다(21).

(3) 아비새

아비새(*Gavia immer*)는 물속을 헤엄쳐 다니면서 수서동물을 잡아먹는 상위영양단계를 차지하는 물새이다. 캐나다 온타리오 주의 호수 1,529곳에서 아비새 9만 7,000쌍의 둥지를 조사해 보니 그 둥지 수는 물의 pH나 호수 면적과 관계가 깊었다(21). 아비새는 호수 물이 pH 6.5 이상에서, 그리고 면적이 10ha 이상인 호수에서 둥지를 트는 빈도가 높았다. 실제로 pH 5.5 이하의 호수에서는 아비새의 먹이가 되는 민물고기와 가재가 적었다.

(4) 황금새

스웨덴 북부의 산성호수 연안에 사는 황금새(*Ficedule hypoleuca*)는 알껍질이 얇아져서 부화하기 전에 깨져 생식률이 낮아졌다. 그 원인은 즐겨먹는 먹이에 알루미늄이 많기 때문이라고 생각되었다. 하지만 수서곤충의 몸에 들어 있는 알루미늄은 탈피할 때 껍질 속에 포함된 채 버려져서 성충의 몸에는 알루미늄이 거의 들어 있지 않다. 따라서 알루미늄이 먹이사슬에 따라 농축된다는 예상은 빗나갔다(42).

9.12 산성수에 대한 대형수생식물의 적응

대형수생식물은 호수나 하천 변에 자생하는 줄, 부들, 골풀 등의 정수식물과 물수세미, 말즘 등의 침수식물이다. 이들 수생식물은 민물고기와 무척추동물의 서식지, 산란장소 및 먹이가 되고, 아름다운 경관을 연출하는 대단히 가치 있는 식물이다. 대형수생식물은 종류에 따라 산성에 민감하게 반응한다.

물이 pH 5.3이고 수심 6m 깊이까지 수생식물이 자라는 캐나다의 한 산성호수(Beaverskin Lake)에서 수생식물군락을 집락분석(cluster analysis)으로 분류한 결과 물이끼-통발군락, 개수염군락 및 기타 군락으로 나뉘었다(34). 물이끼-통발군락은 물이끼속 식물(*Sphagnum macrophyllum*)이 우점하고 통발속 식물(*Utricularia purpurea, U. vulgaris*)과 물부추속 식물(*Isoetes sp.*)이 섞여 형성된다. 개수염군락은 쇠털골속 식물(*Eleocharis acicularis*), 숫잔대속 식물(*Lobelia dortmanna*), 물부추속 식물 등이 함께 군락을 형성한다. 통발속 식물은 3.5m 깊이에, 물부추속 식물은 5.0m 깊이에서 생육하고, 개수염속 식물은 더 얕은 물에서 자란다.

표 9-5는 산성호수에서 생육하는 대형수생식물군락의 현존량을 조사한 결과이다(34). 물이끼-통발군락에서는 물이끼속 식물이 가장 많고, 개수염군락에서는 개수염속 식물(*Eriocaulon septangulare*)이 가장 많았다. 그리고 산성호수에서 침수식물의 물질생산은 물이 투명한 호수에서 높고, 흐린 물에서 낮았다. 산성호수의 물은 빈영양성이므로 유기물 농도가 낮고 투명도가 높아서 깊은 곳까지 침수식물이 자랄 수 있다.

한편 골풀속 식물(*Juncus bulbosus*)이 자라는 산성호수에 석회 처리를 하면 식물이 더 무성해진다. 산성화된 호수가 많은 노르웨이에서는 골풀속 식물이 자라던 산성호수(pH 4.5-5.0)에 석회 처리를 한 호수(27개), 상류에서 석회를 흘려서 간접적으로 물을 중성화한 호수(8개) 및 석회 처리를 안 한 산성호수(20개)를 선정하고, 석회 처리 호수는 다시 3년 이하, 4-5년 및 5년 이상 처리로 구분하여 식물의 생육상태를 비교하고, 각 호수에서 골풀속

표 9-5. 캐나다의 산성호수(Beaverskin Lake)에서 조사된 대형수생식물의 현존량(34). 단위는 gDM · m^{-2}

식물	물이끼-통발군락	개수염군락	기타 군락
개수염속(*Eriocaulon septangulare*)	0.3	38.8	3.4
개연꽃속(*Nuphar variegatum*)	0.0	0.0	0.1
말즘속(*Potamogeton confervoides*)	0.0	0.2	0.5
물부추속(*Isoetes* sp.)	0.8	1.0	0.1
물수세미속(*Myriophyllum tenellum*)	0.8	0.3	0.2
물이끼속(*Sphagnum macrophyllum*)	47.0	< 0.1	0.7
쇠털골속(*Eleocharis acicularis*)	0.4	3.6	3.3
수련속(*Nymphoides cordata*)	0.1	0.8	0.4
숫잔대속(*Lobelia dortmanna*)	0.0	3.1	0.4
통발속(*Utricularis* spp.)	1.2	0.0	< 0.1
흑삼능속(*Sparganium* spp.)	0.7	0.0	0.0

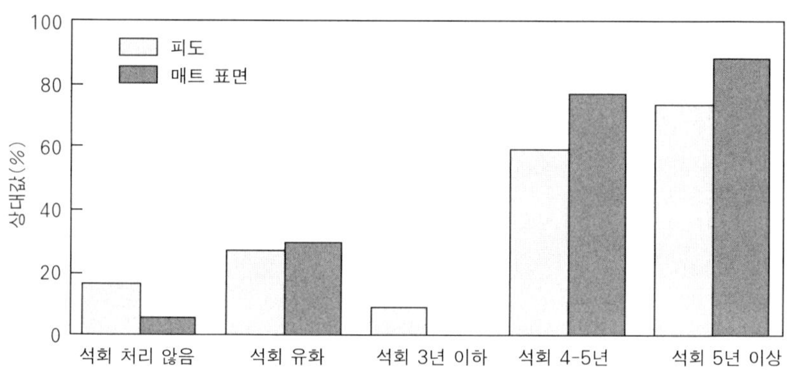

그림 9-7. 산성호수, 상류에서 석회를 흘려서 간접적으로 석회 처리를 한 호수, 3년 이하, 4-5년 및 5년 이상 석회 처리를 한 호수에서 골풀속 식물의 피도와 매트 넓이의 상대값(%) 비교(2).

식물의 피도(cover)와 매트 넓이의 백분율(mat percent)을 측정하였다(2).

그림 9-7은 골풀속 식물이 석회 처리에 의해 피도와 매트 넓이의 비율이 높아짐을 보이고 있다. 특히 4-5년과 5년 이상의 석회 처리에 의해 피도와 매트 표면이 넓어지고, 키가 2-3m 높이로 무성하게 자라 연안대를 가득 덮

었다. 그리고 산성에 내성이 없는 물수세미속 식물(*Myriophyllum alterniflorum*), 말즘속 식물(*Potamogeton* spp.) 등이 석회 처리를 한 후 새로 정착하여 종다양성이 높아졌다.

한편 스웨덴의 한 호수는 본래 숫잔대-물부추(*Lobelia-Isoetes*)군락이 형성되어 있었는데 물이 pH 5.0 이하로 산성화됨에 따라 본래의 군락이 물이끼속 식물(*Sphagnum*)로 대치되었다(10). 이 물이끼속 식물은 산을 생산하는 특이한 기능을 가지고 있다. 즉 이온교환을 통해 칼슘이온(Ca^{2+})을 흡수하고 수소이온(H^+)을 배출하며 중탄산이온(HCO_3^-)에서 해리된 이산화탄소(CO_2)를 탄소원으로 흡수함으로써 물을 특이하게 산성화시킨다. 하지만 물이끼가 생육하는 산성호수에 석회 처리를 하면 pH와 칼슘 농도가 높아지므로 물이끼는 쇠퇴된다.

인용문헌

(1) Appelberg, M. 1981. Early development of the crayfish, *Astacus astacus*, in acid water. Inst. Freshw. Res. Drottningholm 61: 34-47.

(2) Brandrud, T.E. and J.G.M. Roelofs. 1995. Enhanced growth of the macrophyte *Juncus bulbosus* in S. Norwegian lakes. A regional survey. Water Air Soil Poll. 85: 913-918.

(3) Brett, M.T. 1989. Zooplankton communities and acidification processes (a review). Water Air Soil Poll. 44: 121-138.

(4) Edberg, F., P. Andersson, H. Borg, C. Ekström and E. Hörnström. 2001. Reacidification effects on water chemistry and plankton in a limed lake in Sweden. Water Air Soil Poll. 130: 1763-1768.

(5) Ekström, C. and E. Hörnström. 1995. Development of zooplankton in relation to lime treatment in two acidified lakes. Water Air Soil Poll. 85: 925-930.

(6) Francis, A.J. 1986. The ecological effects of acid deposition. Part II. acid rain

effects on soil and aquatic microbial processes. Experimentia 42: 455-465.

(7) Freda, J., W.J. Sadinski and W.A. Dunson. 1991. Long term monitoring of amphibian populations with respect to the effects of acid deposition. Water Air Soil Poll. 55: 445-462.

(8) Fryer, G. 1985. Crustacean diversity in relation to the size of waterbodies: some facts and problems. Freshw. Biol. 15: 347-361.

(9) Fryer, G. and O. Forshaw. 1979. The freshwater Crustacea of the island of Rhum (Inner Hebrides): a faunistic and ecological survey. J. Linn. Soc. 11: 333-367.

(10) Grahn, O., H. Hultberg and L. Landner. 1974. Oligotrophication – A self-accelerating process in lakes subject to excessive supply of acid substances. Ambio 3: 93-94.

(11) Hall, R.J., C.T. Driscoll and G.E. Likens. 1985. Physical, chemical and biological consequences of episodic aluminium additions to stream. Limnol and Oceanogr. 30: 212-263.

(12) Hall, R.J., G.E. Likens, S. Fiance and G. Hendrey. 1980. Experimental acidification of a stream in the Hubbard Brook Experimental Forest, New Hampshire. Ecology 61: 976-989.

(13) Havas, M. and T.C. Hutchinson. 1982. Aquatic invertebrates from the Smoking Hills. NWT: effects of pH and metals on mortality. Can. J. Fish. Aquat. Sci. 39: 890-903.

(14) Haworth, E.Y. 1990. Trophic relationships in acid waters. *In*: The Surface Waters Acidification Programme. B.J. Mason. (ed). Cambridge Univ. Press, Cambridge.

(15) Hendrey, G.R., K. Ballsrud, T.S. Traaen, M. Laake and G. Raddum. 1976. Acid precipitation: some hydrobiological changes. Ambio 5: 224-227.

(16) Herrmann, J. 1990. Physiological, foodchain and ecological effects among benthic invertebrates exposed to low pH and associated metal concentrations. *In*: The Surface Waters Acidification Programme. B.J. Mason. (ed). Cambridge Univ. Press, Cambridge.

(17) Herrmann, J. and K. Pick. 1995. Do stream invertebrates accumulate aluminium at low pH conditions? Water Air Soil Poll. 85: 407-412.

(18) Howells, G. 1991. Acid Rain and Acid Waters. Ellis Horwood, New York.

(19) Howells, G. and T.R.K. Dalziel. 1990. The Loch Fleet Project: report to sponsors

(3). CEGB, NSHEB, BC.

(20) Hultberg, H. and O. Grahn. 1980. Effects of acid precipitation on macrophytes in oligotrophic lakes. J. Great Lakes Res. 2: 208-217.

(21) McNicol, D.K., M.L. Mallory and H.S. Vogel. 1995. Using volunteers to monitor the effects of acid precipitation on common loon (*Givia immer*) reproduction in Canada: the Canadian lakes loon survey. Water Air Soil Poll. 85: 463-468.

(22) Minshall, C.W. and J.N. Minshall. 1978. Further evidence on the role of chemical factors in determining the distribution of benthic invertebrates in the R. Duddon. Arch. Hydrobiol. 83: 324-355.

(23) Nybø, S., M. Staurnes and K. Jerstad. 1997. Thinner eggshells of dipper (*Cinclus cinclus*) eggs from an acidified area compared to a non-acidified area in Norway. Water Air Soil Poll. 93: 255-266.

(24) Ohno, M. 2001. Sensitivity of a Japanese earthworm (*Allolobophora japonica*) to soil acidity. Water Air Soil Poll. 130: 1019-1024.

(25) Økland, J. and K.A. Økland. 1980. pH levels and food organisms for fish. Studies of 1000 lakes in Norway. *In*: Ecological Impact of Acid Precipitation. D. Drablos and A. Tollan. (eds). SNSF, Sandefjord, Norway.

(26) Ormerod, S.J. 1985. The diet of the breeding dipper, *Cinclus cinclus*, and their nestlings in the catchment of the river Wye: a preliminary study by faecal analysis. Hydrobiologia 127: 316-331.

(27) Ormerod, S.J., P. Boole, C.P. McCahon, N.S. Weatherley, D. Pascoe and R.W. Edwards. 1987. Short-term experimental acidification of a Welsh stream: comparing the biological effects of hydrogen ions and aluminium. Freshw. Biol. 17: 341-356.

(28) Otto, C. and B.S. Svenson. 1983. Properties of acid brown water streams in South Sweden. Arch. Hydrobiol. 99: 1-11.

(29) Overrein, L.N., H.M. Seip and A. Tollan. 1980. Acid precipitation – Effects on forests and fish. Final Report of SNSF Project, 1972-1980, FR/80. Norwegian Council for Sc. Ind.. Res., Oslo.

(30) Palumbo, A.V., P.J. Mulholland and J.W. Elwood. 1987. Bacterial communities in acidic and circumneutral streams. Appl. Environ. Microbiol. 53: 337-344.

(31) Schindler, D.W. 1988. Effects of acid rain on freshwater ecosystems. Science 239: 149-157.

(32) Schindler, D.W. and M.A. Turner. 1982. Biological, chemical and physical responses of lakes to experimental acidification. Water Air Soil Poll. 18: 259-271.

(33) Sjöström, P. 1990. Food and feeding of *Baetis rhodani* (Ephemeroptera) in acid environment. *In*: The Surface Waters Acidification Programme. B.J. Mason. (ed). Cambridge Univ. Press, Cambridge.

(34) Stewart, C.C. and B. Freedman. 1989. Comparison of the macrophyte communities of a clearwater and a brownwater oligotrophic lake in Kejimk Ujik National Park, Nova Scotia. Water Air Soil Poll. 46: 335-341.

(35) Sutcliffe, D.W. 1983. Acid precipitation and its effects on aquatic systems in English Lake District. Rept. Freshw. Biol. Ass. Ann. Rept. 51: 30-62.

(36) Sutcliffe, D.W. and A.G. Hildrew. 1989. Invertebrate communities in acid streams. *In*: Acid Toxicity in Aquatic Animals. R.W. Morris, R.W. Taylor, D.J.A. Brown and J.A. Brown. (eds). Cambridge Univ. Press, Cambridge.

(37) Swedish Ministry of Agriculture. 1982. Acidification Today and Tomorrow. Environment '82 Committee.

(38) Vangenechten, J.H.D., H. Witters and O.L.J. Vanderborght. 1989. Laboratory studies on invertebrate survival and physiology. *In:* Acid Toxicity and Aquatic Animals. R.W. Morris, R.W. Taylor, D.J.A. Brown and J.A. Brown. (eds). Cambridge Univ. Press, Cambridge.

(39) Vanotte, R.L. 1980. The river continuum concept. Can, J. Fish. Aquat. Sci. 37: 130-137.

(40) Willoughby, L.G. and R.G. Mappin. 1988. The distribution of *Ephemerella ignita* (Emphemeroptera) in streams: the role of pH and food resources. Freshw. Biol. 19: 145-155.

(41) Winterbourne, M.J., A.G. Hildrew and A. Box. 1985. Structure and grazing of stone surface organic layers in some acid streams in southern England. Freshw. Biol. 19: 145-155.

(42) Wolff, B.G. and R.E. Philips. 1990. Effects of dietary aluminium on reproduction in Japanese quail *Coturnix coturnix japonica*. Water Air Soil Poll. 50: 293-299.

(43) Wyman, R. and D.S. Hawksley-Lascault. 1987. Soil acidity affects distribution, behavior, and physiology of the salamander *Plethodon cinereus*. Ecology 68: 1819-1827.

10

물질의 부식과 사람의 건강

이 장에서는 대기오염물질과 산성비에 의해 물질이 부식되어 경제적 손실이 생기고 사람의 건강이 손상되어 질병으로 이어지는 내용을 다룬다. 쇠가 녹슬고 콘크리트가 부스러지는 현상을 주변에서 흔히 볼 수 있다. 물질의 부식은 직접 일어나는 대기부식과 산성토양이나 산성수를 통해서 일어나는 간접 부식으로 나뉜다. 대기부식은 주로 이산화황에 의해 일어나므로 부식속도는 공기가 맑은 지역보다 오염된 지역에서 빠르고 오염배출원에서 가까운 지역일수록 빠르다.

대기오염물질이 사람의 건강에 피해를 주는 것은 사실이지만 어떤 물질이 어느 정도로 피해를 주는가를 정확히 판정하기는 쉽지 않다. 건강의 척도는 심한 질병이나 사망을 기준으로 해서는 안 되고 심리적 안락 상태를 기준으로 잡아야 한다. 건강에 피해를 주는 대기오염물질은 이산화황, 질소산화물, 오존 등이다. 앞으로 이산화황의 농도는 감소될 전망이지만 더 증가될 것으로 예상되는 질소산화물은 광화학반응에 의해 산성비나 오존을 많이 형성하므로 인류의 고민거리이다.

10.1. 대기오염과 부식

주변에서 쇠가 녹슬고 콘크리트 건축물이 부스러지며 청동제 조형물이 변색되고 문화재의 수명이 단축되며 페인트가 바래는 모습을 흔히 볼 수 있다(9). 이와 같은 현상을 부식(corrosion)이라고 한다. 변질된 부식 산물은 본래 지니고 있던 물성보다 화학적으로 더 안정되어 있다.

부식의 원인과 진행 과정, 실태와 경제적 손실을 파악하기 위해 스웨덴에는 부식연구소가 설립되어 있다. 아시아에서는 세계은행의 지원을 받아 여러 가지 물질의 부식속도와 경제적 손실을 연구하고 있다(32). 유럽의 국제연합경제위원회(United Nations Economic Commission for Europe, UN ECE)는 유럽 12개국과 미국 및 캐나다에 39곳을 선정하여 8년간 옥외에 방치된 구리, 청동, 철강, 아연, 알루미늄, 니켈, 주석, 석재, 페인트, 스테인드글라스 등의 부식속도와 환경 요인(이산화황, 이산화질소, 오존, 습도 등) 사이의 관계를 연구하고 있다(7, 33). 그리고 유럽에서는 6개 화력발전소 주변의 건축용 석재, 아연, 전기도금철강, 콘크리트, 페인트 등의 부식에 의한 경제적 손실액을 조사하여 전 유럽의 손실액을 추정하고 있다(14).

부식에 의해 유리된 중금속은 하수처리장의 오니에 축적되거나 하천, 호수 및 항만의 퇴적물에 축적되어 생물에 해를 끼친다. 특히 오니 속의 아연과 구리는 금속의 부식에서 오는 양이 많다. 이렇게 하여 물질 표면에서 유리된 중금속은 생태계의 먹이사슬을 통해 사람과 가축의 몸에 축적되므로 새로운 환경문제를 일으키고 있다.

10.2 물질의 부식

금속은 오염물질의 종류에 따라 부식 산물이 다르다. 부식 산물은 금속 표면에 붙어서 보호막을 형성해 무거워지는 것과 빗물에 녹아 표면에서 없어져서 가벼워지는 것으로 구분된다. 예를 들면, 납(Pb)은 황산에 부식되면 그 표면에 황산납($PbSO_4$)의 보호막이 형성되어 무거워지지만 질산에 부식되면 질산납($Pb(NO_3)_2$)이 형성되어 빗물에 녹아 없어지므로 가벼워진다.

물질의 부식은 습성강하물(산성비)보다 건성강하물(이산화황)에 의해 더 심하게 일어난다. 다만 콘크리트는 산성비와 이산화황의 2가지에 의해 다 같이 부식된다. 산성비는 물질을 부식시키는 데 있어 상반된 효과를 나타낸다. 즉 산성비 속의 수소이온(H^+)과 황산이온(SO_4^{2-})은 물질을 부식시키는 효과가 높지만, 산성비 자체는 물질의 표면에 떨어졌던 이산화황을 씻어 내어 부식을 경감시키는 효과도 있다.

물질의 부식은 직접 일어나는 대기부식과 토양과 물의 산성화에 의해 촉진되는 간접 부식으로 나뉜다. 간접 부식은 대기오염물질이 장거리 수송을 한 다음 토양과 물을 산성화시킴으로써 간접적으로 발생하므로 넓은 범위에 걸쳐서 일어난다.

10.3 대기부식

대기부식(atmospheric corrosion)은 주로 건성강하물인 이산화황(SO_2)에 의해 일어난다. 그래서 금속의 부식과 대기 중의 이산화황 농도 사이의 관계가 많이 연구되고 있다.

(1) 철

철강의 부식은 이산화황의 배출원으로부터 비교적 가까운 거리에서 많이 일어난다. 그림 10-1은 탄소철강판의 부식이 이산화황 배출원에서 2-3km 내의 비교적 가까운 거리에서 주로 일어남을 보여 준다(8). 따라서 대기부식을 줄이기 위해 굴뚝을 높이 세우는 것이 효과가 있기는 하지만 근본적인 대책은 되지 못한다.

피복되지 않은 탄소철강의 부식속도는 공기가 맑은 농촌보다 오염된 도시에서 빨라지고 심하게 오염된 공업단지에서 더 빨라진다(표 10-1). 이처럼 철의 부식은 이산화황 농도가 높을수록 빠르게 일어난다. 그림 10-2는 미국의 6개 도시에서 연평균 이산화황 농도가 높을수록 탄소철강의 부식이 많이 일어남을 보이고 있다(36).

표 10-2는 옥외에 방치된 철강판의 부식속도가 이산화황으로 심하게 오염된 공업단지에서 아랫면보다 윗면이 느리지만, 청정지역에서 윗면이 빠

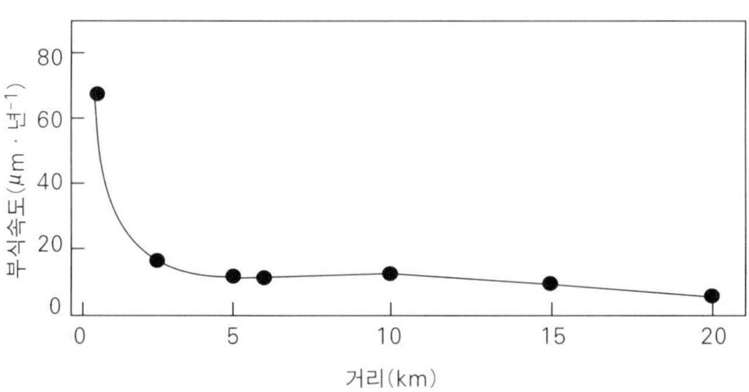

그림 10-1. 이산화황 배출원으로부터의 거리에 따른 탄소철강의 부식속도(8).

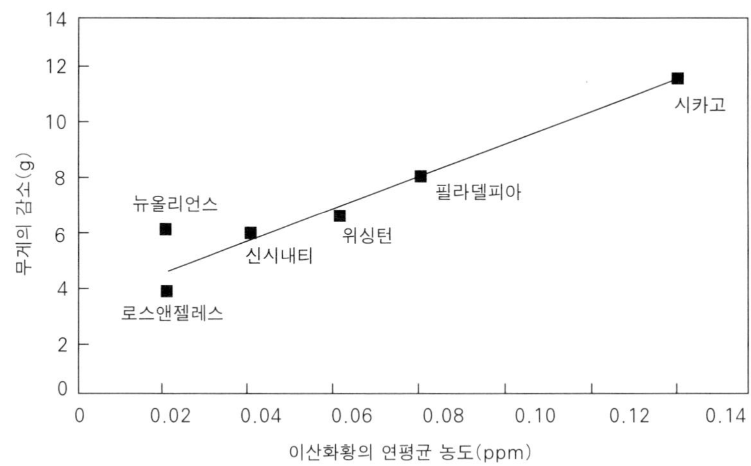

그림 10-2. 이산화탄소 배출량이 다른 미국 6개 도시의 연평균 이산화탄소 농도와 탄소철강(10×15cm)의 무게 감소 사이의 관계. 탄소철강은 16개월간 옥외에 방치되었다(36).

표 10-1. 대기오염 정도가 다른 공업단지, 도시 및 농촌에서 탄소철강의 부식속도 비교(37)

대기오염의 정도	조사장소	부식속도($\mu m \cdot 년^{-1}$)
공업단지	Most(체코)	39
	Kopisty(체코)	52
	Auby(프랑스)	50
	Duisburg(독일)	70
도시	Stockholm(스웨덴)	30
	Prague(체코)	28
	Moscow(러시아)	20
	St. Denis(프랑스)	18
농촌	Flahult(스웨덴)	8
	Zvenigorod(러시아)	7
	Kasperske Hory(체코)	9
	Picherande(프랑스)	6

주: 부식속도는 1년간 표면이 부식되는 두께(μm)로 나타냈다.

름을 보이고 있다. 그 원인은 오염지역에서 철강판 윗면에 떨어진 이산화황이 빗물에 씻겨 내리기 때문이다(8, 37).

구소련의 연간 금속 부식량은 2만 ton에서 2만 5,000ton에 날해 연 생

표 10-2. 스웨덴의 공업단지와 청정지역에서 옥외에 방치된 철강판의 윗면과 아랫면의 부식속도(8)

장소	부식속도(g · m^{-2} · $년^{-1}$)		전체에 대한 윗면의 부식 비율(%)
	윗면	아랫면	
공업단지(Kvarntorp)	279	466	37
청정지역(Kiruna)	73	59	55
청정지역(Bohus Malmön)	145	107	58

주: 철강판의 부식속도는 연간 $1m^2$당의 산화철의 무게(g) 증가로 나타냈다.

산량의 10-12%에 해당하는 막대한 양이었다. 모스크바 주변의 탄소철강, 아연 및 구리의 부식속도는 1950년에 각각 600, 19 및 12g · m^{-2} · $년^{-1}$이었지만 1990년에 각각 그 25%, 40% 및 33%로 감소되었다. 그 원인은 1950년대에 가정난방에 석탄을 사용하여 이산화황 배출량이 많았지만 점차 천연가스로 대체했기 때문이다. 그리고 구소련의 탄소철강, 아연 및 구리의 부식속도는 1989년 이전에는 아주 빨랐지만 그 이후 느려졌다. 그 원인은 1989년 이후 구소련이 해체됨으로써 공업이 쇠퇴하여 대기오염물질의 배출량이 감소되었기 때문이라고 분석되고 있다(15).

(2) 구리와 청동

구리(Cu)는 대기부식을 비교적 적게 받지만, 이산화황은 구리를 황산구리($CuSO_4$)로 만들어 표면에 보호막을 형성하고 이 보호막이 빗물에 녹아 내리기 때문에 보기 흉하게 된다(8). 구리의 부식속도는 연평균 0.5-3.0μm의 두께인데 농촌(1μm · $년^{-1}$ 이하), 도시(1-2μm · $년^{-1}$), 공업단지(2-5μm · $년^{-1}$)의 순으로 빨라진다(38).

그리고 같은 장소에서 구리의 부식속도는 미환경(microenvironment)에 따라 옥내(본래 무게의 0.9-3.4%)보다 옥외(1.2-8.6%)에서 2-3배나 더 빨라

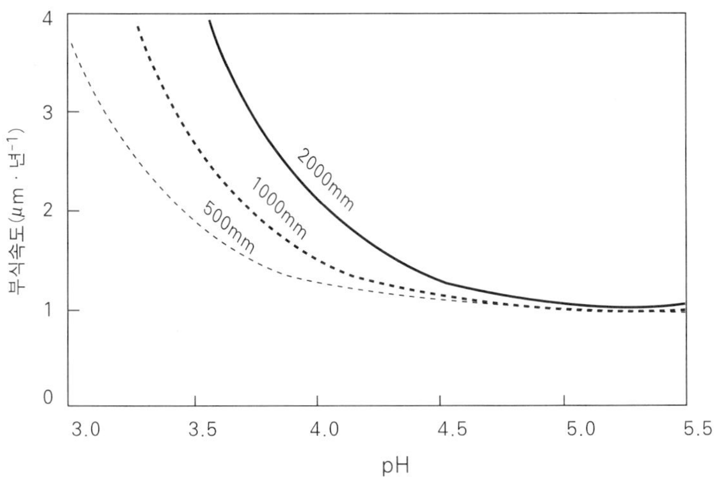

그림 10-3. 옥외에 놓아둔 구리판의 부식속도에 미치는 pH와 강수량의 영향. 곡선 위의 숫자는 연 강수량(33).

진다(13, 22). 이산화황의 농도가 옥내보다 옥외에서 더 높기 때문이다. 해안지역에서 실내에 놓아둔 구리판의 표면에 생기는 미세한 구멍은 염소에 의해 부식된 것이다(22). 그리고 구리는 오존에 의해서도 부식된다. 한편 구리의 부식은 빗물의 pH와 강수량의 영향을 받는다. 그림 10-3은 구리의 부식이 pH 4.5 이하에서 강수량이 많을수록 빨라짐을 보이고 있다(33).

청동은 구리보다 더 빠르게 부식된다. 구리와 청동은 가볍게 부식되면 녹색을 띠고 심하게 부식되면 흑색을 띠므로 보기 흉하게 된다. 구리의 부식 산물은 물에 먼저 녹고 다음에 시트르산에 녹는다(6).

아시아의 23곳에 구리판과 청동판을 2.5년 동안 옥외에 매달아 놓은 다음 측정한 부식속도는 충칭(重慶, 중국)>대전 · 대구(한국)>일본 해안>일본 도시>일본 농촌의 순으로 느리게 나타났다. 이 부식 순서는 공기 중의 이산화황 농도에 비례한 것이다(6).

청동은 일본에서 이산화황과 염소의 두 오염물질에 의해 부식되는데, 중국에서 이산화황에 의해서만 부식된다(13). 그리고 대전을 포함한 동아시아의 13곳에서 1997-1999년 사이에 옥내에 매달아 놓은 구리판은 음이온에 의해 부식되는데, 부식 산물이 공기 중의 음이온 농도에 비례하지 않고 모든 대기오염물질의 농도에 비례하였다(6).

대기 중에 이산화황 농도가 높은 지역에서 구리나 청동 표면에 생기는 엷은 녹색의 부식 산물은 브로칸타이트(brochantite: $Cu_4(SO_4)(OH)_6$)라는 물질이고, 짙은 녹색의 부식 산물은 안틀라이트(antlerite: $Cu_3(SO_4)(OH)_4$) 라는 물질이며, 미세한 백색 결정은 쿠프라이트(cuprite: Cu_2O)라는 물질이다. 그리고 이산화질소 농도가 높은 곳에서 생기는 구리의 부식 산물은 질산구리($Cu(NO_3)_2$)이고, 해안 가까이에 세워진 청동제 조형물의 부식 산물은 염소를 포함한 아타카마이트(atacamite: $Cu_2Cl(OH)_3$)라는 물질이다(13, 20). 이것으로 보아 구리나 청동은 대기오염물질의 종류에 따라 각각 다른 부식 산물이 형성됨을 알 수 있다(20).

(3) 아연, 니켈 및 알루미늄

아연(Zn)은 금속 중에서 이산화황에 의한 부식속도가 가장 빠른 금속이다. 아연이 이산화황으로 부식되면 황산아연($ZnSO_4$)이 생겨서 표면에 보호막을 형성하고 이것이 빗물에 녹아내리게 된다(8). 아연판의 표면에는 염기성인 탄산아연($ZnCO_3$)의 보호막이 형성되는데 이것은 빗물에 잘 녹는다. 특히 그 보호막은 pH 4.0 이하의 산성비에 빠르게 녹으므로 부식된 아연의 무게는 점점 가벼워진다(25).

니켈(Ni)과 니켈 도금 철강은 이산화황에 의해 비교적 빠르게 부식된다. 니켈판의 부식속도는 대기오염이 극히 심한 곳($6\mu m \cdot$ 년$^{-1}$)에서 가장 높고, 다음이 공업단지와 도시($1.8\mu m \cdot$ 년$^{-1}$)이며, 농촌($0.25\mu m \cdot$ 년$^{-1}$)이 가장 느리다(8, 30).

알루미늄(Al)은 이산화황에 의해 빠르게 부식되지 않지만 염소에 의해서는 비교적 빠르게 부식된다(33). 알루미늄은 노출된 초기에 미세한 구멍이 약간 생기는데 다른 피해가 나타나기 전에 곧 부식이 정지된다(8, 37). 이 구멍의 깊이는 농촌에서 얕지만(100μm) 도시에서는 깊어진다(100-200μm).

스테인리스강은 도시의 오염된 공기 중에서도 강한 내성을 갖는다. 그래서 스테인리스강으로 만든 건축자재, 집기, 의료기구 등은 오랫동안 깨끗하게 유지된다. 하지만 퇴색되거나 미세한 구멍이 뚫리는 예도 있다(8, 37).

금속에 대한 온도의 영향은 9-11°C를 경계로 하여 부식속도가 달라진다. 9-11°C보다 낮으면 상대습도가 높게 유지되므로 부식속도가 빨라지고, 그보다 높으면 표면의 습기가 빠르게 건조하므로 느리게 일어난다(33). 이 밖에 상대습도, 강수량, 안개 등의 기후 요인, 습성 지속시간(상대습도 80% 이상에 노출된 시간), 대기 중의 염분 농도, 자외선, 결빙 및 미생물도 금속의 부식에 영향을 미친다(4, 22).

(4) 대리석, 사암, 콘크리트 및 스테인드글라스

기념비, 조형물, 빌딩의 전면과 현관의 장식 등에 쓰이는 대리석(석회암)과 사암은 이산화황에 의해 비교적 빠르게 부식된다. 대기오염물질에 대한 부식속도는 석영질 사암보다 대리석이 빠르고, 다공질성 석회암이 가장 빠르다(18).

그림 10-4는 사암으로 조각한 미술품의 부식된 모습을 보이고 있다. 사암이나 대리석 조각품은 그리스나 이탈리아에서 수백 년 동안 아름다움을 간직해 왔지만 지난 몇십 년 이래 아주 빠르게 부식되고 있다. 이러한 부식의 시발점을 거슬러 올라가면 화석연료 연소가 증가한 시기와 일치한다.

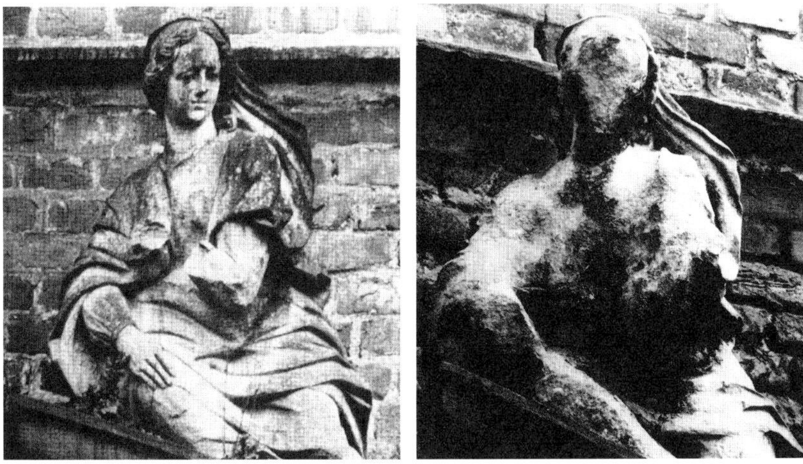

그림 10-4. 사암으로 조각한 조형물의 부식. 이 조형물은 1703년에 독일의 공업단지 루르(Rhur) 지역의 교회에 세워졌는데, 약 200년 후인 1908년에 찍은 왼쪽 사진의 조형물이 60년 뒤인 1969년에는 오른쪽 사진처럼 흉한 모습으로 부식되었다(31).

풍동(wind tunnel) 내에서 풍속, 난류, 기온, 상대습도 및 이산화황, 오존, 산화질소의 농도를 조절하여 대리석, 석회암 등 8가지 석재의 부식속도를 측정한 결과 이산화황에 의한 부식속도는 상대습도가 높아짐에 따라 빨라지고, 석회석은 20% 이하의 상대습도에서, 대리석은 60% 이하에서 부식속도가 느렸는데, 그 원인은 석회석에 작은 구멍이 많고 대리석에 적은 데 있었다(28).

탄산칼슘($CaCO_3$)으로 구성된 사암이나 대리석의 조형물에 이산화황이 묻으면 그 표면에 석고(황산칼슘: $CaSO_4$)가 형성되고 이것이 빗물에 녹아 부스러진다. 게다가 탄산칼슘보다 석고는 부피가 커지고, 온도 변화, 겨울의 결빙 및 높은 상대습도에 의해 더욱 빠르게 부스러진다(8, 19). 그리고 산성비는 다공질의 사암이나 대리석의 표면을 적신 다음 깊숙이 스며들어 속에서도 부식을 일으킨다. 그림 10-5는 사암이나 대리석이 이산화황 강하량이 많을수록 빠르게 부식되어 가벼워지고, 사암이 대리석보다 더 빠르게

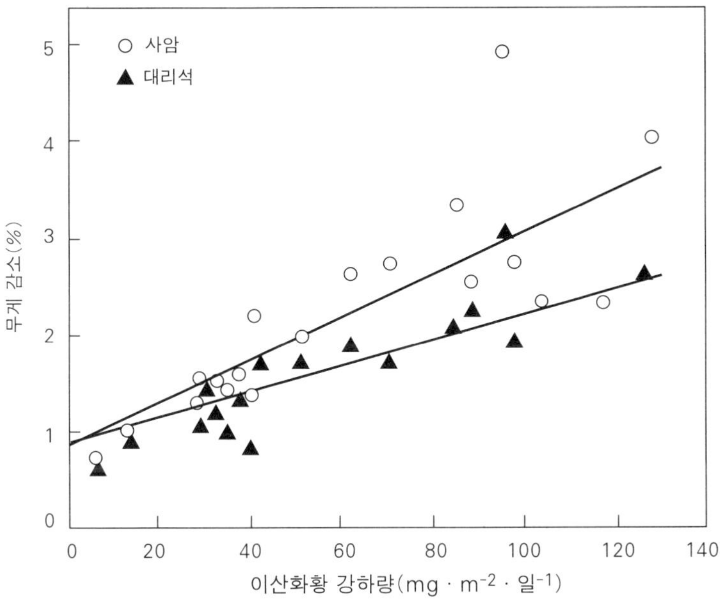

그림 10-5. 대기 중 이산화황 강하량과 사암 및 대리석의 무게 감소 사이의 관계(11, 12).

가벼워지고 있음을 보인다.

한편 한 장소에 놓인 여러 가지 물질의 부식속도는 철강>대리석>청동>구리의 순으로 느리게 나타난다(11, 12). 건축자재로 쓰이는 대리석, 철강, 구리 및 알루미늄이 이산화황에 의해 부식되는 속도를 영국의 여러 도시에서 8년간 측정하여 지도화한 연구가 이루어졌다(2). 고풍스러운 교회의 유리창문에 쓰이는 스테인드글라스(착색유리)는 온도의 영향을 받지 않지만 긴 시간이 지나면 이것도 역시 부식된다(33).

콘크리트는 산성비에 의해 부식된다. 콘크리트 막대(40×160×15mm)에 pH 2.5, 3.0, 4.0 및 5.6의 인공산성빗물을 각각 500, 2,200, 3,100, 6,300 및 9,000mm · 년$^{-1}$으로 뿌리면 그 부식속도는 pH가 낮고 빗물이 많을수록 빨라진다. 즉 9,000mm의 강수량일 때의 부식속도는 pH 5.6보다

pH 2.5에서 3배, pH 3.0에서 1.2배로 빠라진다(5). 그리고 황의 안정동위원소 비($\delta^{34}S$)를 이용하여 교량을 만든 콘크리트 표면의 황산이온을 추적한 결과 대기 중의 이산화황이 콘크리트를 부식시키고 있음이 확인되었다(21).

(5) 페인트와 옻칠

금속의 녹이나 목재의 부패를 방지하기 위해 칠하는 페인트는 대기오염물질에 의해 서서히 변질된다. 특히 청정한 공기보다 오염된 공기에서 빠르게 변질된다. 페인트의 수명이 이산화황 농도에 의해 짧아진다는 실험적 증거는 아직 없지만 농촌보다 도시에서 수명이 짧아지는 것은 사실이다.

한편 가구의 표면에 칠하여 윤기를 내고 내구성을 높이는 옻칠(urushi)은 대기오염물질과 안개에 의해 부식된다. 옻칠판을 대기오염물질과 안개가 많은 곳에 매달아 놓으면 표면에 반점(0.2-0.3mm 크기)이 생기는데 일본보다 충칭(중국)과 대전(한국)에서 많이 생겼다(13, 35). 이 밖에 목재, 플라스틱, 직물, 가죽, 종이 및 전기기구 등도 이산화황 단독 또는 다른 대기오염물질과의 혼합에 의해 부식된다.

10.4 산성토양과 산성수 속의 부식

(1) 산성토양

도시의 땅 속에는 수도 파이프, 도로 표지판, 전선, 콘크리트 등이 묻혀 있다. 땅에 묻힌 금속의 부식속도는 도양용액의 진기전도도, 습도, 산화환

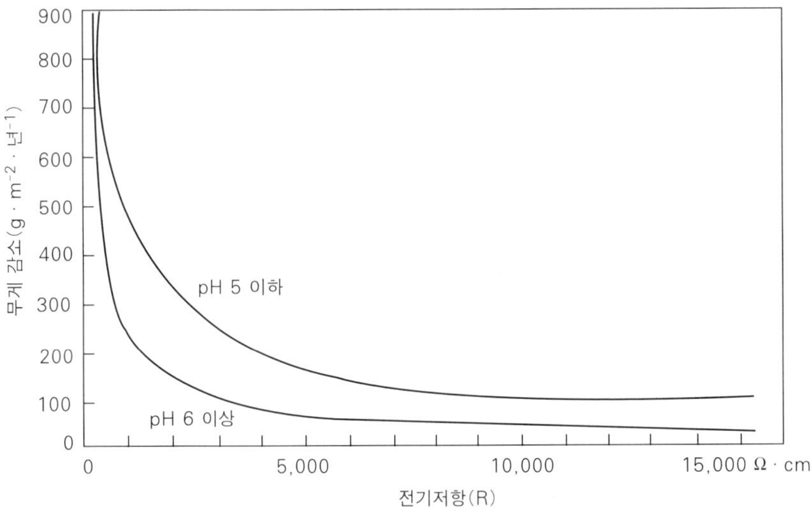

그림 10-6. 토양 속의 철강판의 부식. pH가 다른 토양에 묻힌 철강판의 부식에 의한 무게 감소 및 전기저항(R)의 관계. 철강판은 낮은 pH에서 빠르게 부식되어 무게가 감소되고 전기저항이 커진다(1).

원전위, 미생물 활성, 물리적 구조, 화학성분 등에 따라 달라진다. 산성토양은 중성토양보다 묻힌 물질들을 빠르게 부식시켜 경제적 손실을 가져온다(9, 23, 24, 29).

그림 10-6은 토양 속에 묻힌 철강이 pH 6.0 이상보다 pH 5.0 이하에서 부식속도가 빨라짐을 보이고 있다(1). 토양 속에 묻힌 철강판의 부식속도는 pH가 1.0 낮아질 때마다 약 2배 정도 빨라진다(31). 토양 속에서 금속의 부식속도는 아연이 pH 6.0 이하에서, 탄소철강이나 피복되지 않은 쇠가 pH 5.0 이하에서, 구리가 pH 4.0 이하에서 현저히 빨라진다. 하지만 흙 속에 묻힌 철제 무기는 pH와 관계없이 강수량이 많을수록 부식속도가 빠른 것으로 나타났다(3).

토양에 묻힌 청동은 50-100년 전에 캐낸 것보다 요즘에 캐낸 것이 훨씬 많이 부식된 것으로 보아 산성토양이 최근에 형성된 것으로 생각되고 있다. 하지만 토양 속에 묻힌 청동제 고고학적 유물은 토양의 pH보다 토양 속에 함유된 그을음, 황 또는 인의 함량에 비례하여 부식된다(34).

(2) 산성수

산성수는 도로의 맨홀, 쇠말뚝, 물탱크, 수도 파이프에 도금한 납, 구리, 아연 등을 부식시켜 파이프에 구멍이 빨리 뚫리게 한다. 이러한 금속은 pH 6.0보다 pH 5.0에서 빠르게 부식된다. 산성수는 pH가 낮을 뿐 아니라 탄산이온(CO_3^-)이 적고, 황산이온(SO_4^{2-})이나 질산이온(NO_3^-)이 많기 때문이다. 물의 산성화에 의한 부식을 방지하려면 물을 pH 7-9로 유지하고 탄산이온의 농도를 70mg · L^{-1} 이상으로 유지해야 한다. 특히 구리의 부식을 방지하려면 물의 탄산이온을 70-130mg · L^{-1}로 유지해야 한다.

10.5 오염가스의 상조효과

앞에서 물질의 부식은 이산화황에 의해 가장 빠르게 일어난다는 사실을 알았다. 그런데 이산화황은 단독으로 존재할 때보다 다른 오염가스와 혼합되었을 때 부식속도가 한층 빠른 상조효과(synergic effect)가 나타난다.

그림 10-7은 이산화황과 오존(O_3) 또는 이산화질소(NO_2)를 혼합했을 때 아연판의 부식속도가 훨씬 더 빨라짐을 보이고 있다(9). 아연과 청동의 부식속도는 이산화황과 이산화질소의 혼합가스보다 이산화황과 오존의 혼합가스에서 더 빨라진다(9, 22). 이러한 혼합가스의 상조효과는 특히 아연, 구리, 니켈 및 석회암의 부식에서 두드러지게 나타난다.

이산화질소는 단독으로 존재하면 물질을 거의 부식시키지 않는다. 이산

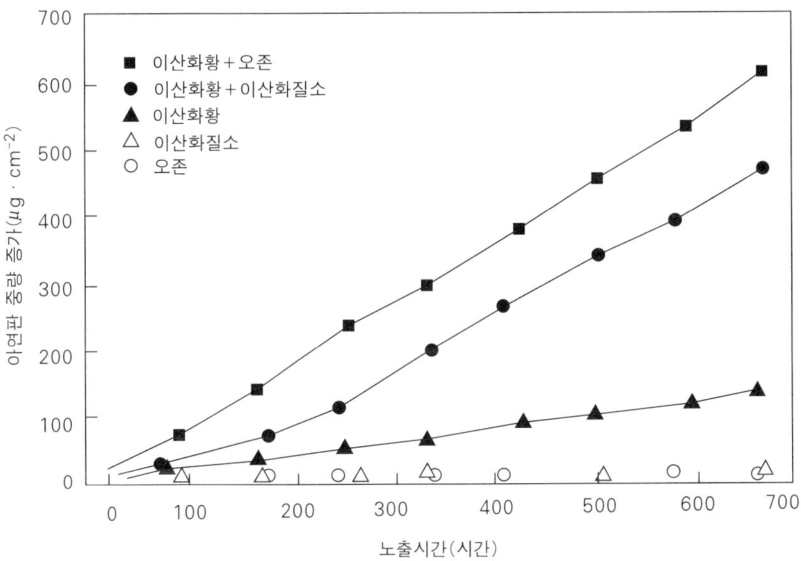

그림 10-7. 몇 가지 오염가스의 혼합에 의한 아연판 부식의 상조효과. 상대습도 90%에서 이산화황(SO_2: 225 ppb), 이산화질소(NO_2: 400 ppb) 또는 오존(O_3: 400 ppb)의 혼합가스에 의한 아연판 무게의 증가. 아연이 부식되면 오염가스를 흡수해 무거워진다(9).

화질소는 이산화황보다 대기 중 농도가 낮을 뿐 아니라 부식작용도 약하기 때문이다. 그러나 질산(HNO_3)은 대기 중 농도가 높고 강산이므로 부식속도가 빠르고, 특히 건조기후에서 부식속도가 빠르다.

한편 오존은 단독으로 천연고무, 플라스틱, 페인트 등을 부식시키는데, 오존과 이산화황을 혼합하면 그들의 부식속도가 더 빨라지는 상조효과가 크게 나타난다(9).

10.6 대기오염과 사람의 건강

과학자들은 이산화황, 질소산화물 및 민지의 농도와 사람의 호흡기질환

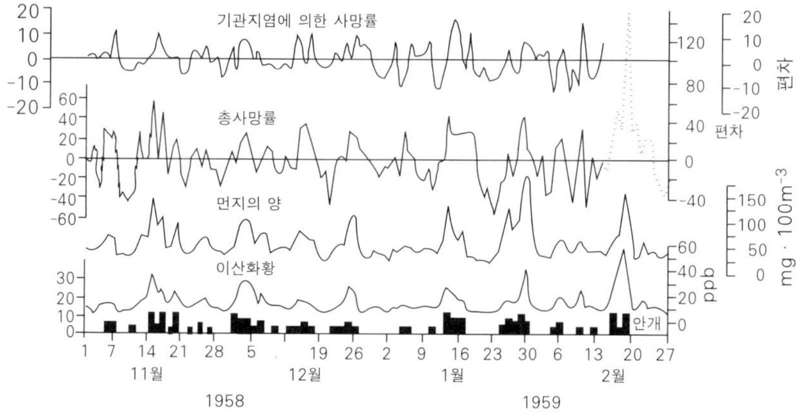

그림 10-8. 런던 스모그사건 당시(1958-1959) 매일의 평균 이산화황(SO_2) 농도(ppb), 먼지 강하량(mg · 100m^{-3}), 안개 일수, 총사망률 및 기관지염에 의한 사망률. 사망률은 오염물질과 안개 일로부터 15일 뒤로 이동 평균한 값이다(16).

사이의 관계를 연구해 왔다. 그래서 대기오염물질의 농도가 높을 때 사망률이 높아지는 예가 알려져 있다. 대기오염에 의한 건강의 피해는 도시나 공업단지와 같이 인구밀집지역에서 나타나기 쉽다. 물질과 에너지를 많이 소비하여 대기오염물질을 많이 배출하기 때문이다. 그리고 심한 건강 피해는 오염 배출원으로부터 비교적 가까운 거리에서 나타난다(17).

독자들은 스모그(smog)라는 용어가 연기(smoke)와 안개(fog)의 합성어이고, 두 물질이 혼합된 스모그가 건강을 해친다는 말을 자주 들었을 것이다. 일찍이 산업혁명이 일어난 영국에서는 석탄을 많이 이용했기 때문에 스모그가 자주 발생하였다. 특히 안개가 많은 런던의 스모그는 유명하다. 그에 대한 대책을 소홀히 하였던 런던에서는 마침내 1958-1959년에 스모그로 인해 많은 사람이 목숨을 잃었다. 그림 10-8은 그 당시 런던에서 대기 중의 이산화황 농도, 먼지 강하량, 안개 일수, 총사망률 및 기관지염에 의한 사망률 사이의 관계를 나타낸 것이다. 그림에서 여러 곡선의 정점이 서로 겹쳐져 있는 것을 볼 수 있다. 특히 이산화황 농도와 기관지염 사망률 사이는 비교적 잘 일치한다. 런던에서는 이 스모그 사건의 기간에 대기오염에 의해 무려 4,000명 이상이 목숨을 잃었다(16).

대기 중에는 여러 가지 오염물질이 혼합되어 있을 뿐 아니라 두세 가지 물질이 상조효과를 나타내기 때문에 건강에 어느 오염물질이 가장 해로운가를 뚜렷이 밝히기는 어렵다. 어떤 오염물질의 독성을 동물실험으로 밝힌다 하더라도 실제 환경에서는 어느 물질이 가장 해롭다고 단정하기가 어렵다. 한 도시 전체의 오염과 한 개인의 환경이나 건강상태는 다르기 때문이다. 현대 도시인은 하루의 대부분을 사무실이나 작업장, 집 안에서 지내며 밖에 머무는 시간은 겨우 몇 시간에 지나지 않는다.

10.7 건강의 척도

대기오염의 피해는, 우리의 건강을 갑자기 악화시키지 않고 만성적으로 서서히 나타나기도 하는데, 그림 10-9는 대기오염물질이 건강에 미치는 과정이 5단계로 진행됨을 보이고 있다. 즉 ① 오염물질에 대해 부담감을 느끼는 단계, ② 확실하지는 않지만 어쩐지 이상한 생리적 느낌을 가지는 단계, ③ 몸에 생리적 질병의 징후가 나타나는 단계(심리적 피해), ④ 정신적 불건강, 곧 정신의 병적 상태가 나타나는 단계, ⑤ 마지막으로 사망률이 높아지는 단계이다(27).

건강의 척도는 뚜렷한 생리적 질병이 없는 것만이 아니라 정신적 건강과 심리적 안락을 누릴 수 있어야 한다. 대기오염물질이 건강에 미치는 영향도 신체적 무병만이 아니고 정신적 · 심리적 무병을 목표로 삼아야 한다.

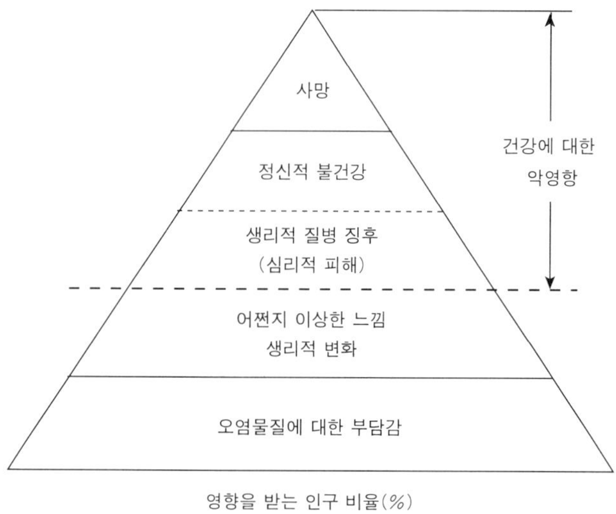

그림 10-9. 사람이 대기오염물질에 노출되었을 때의 건강을 5단계로 구분한 피라미드. 건강은 신체적 무병상태만이 아니라 정신적 · 심리적으로 안락해야 함을 나타내고 있다(27).

10.8 대기오염물질에 의한 피해

(1) 공기의 질 지침

사람의 건강을 손상시키는 대기오염물질은 이산화황, 이산화질소, 대류권의 오존 및 미세 먼지 입자와 휘발성 유기물이다. 이들 오염물질은 가스나 에어로졸로 되어 사람의 건강을 해치게 된다. 에어로졸은 그 입자의 지름에 따라 건강에 미치는 영향이 달라진다. 에어로졸 입자는 작으면 작을수록 화학적 활성이 높아져서 허파 속으로 깊숙이 들어가기 때문이다.

세계보건기구(WHO)는 공기의 질 지침(air quality guideline, AQG)으로 건강을 해치는 이산화황, 이산화질소 및 대류권 오존의 농도를 표 10-3과

표 10-3. 세계보건기구에서 공기의 질 지침 평균 시간과 지침 농도 및 1990년에 그 지침 농도에 노출된 유럽 인구의 비율(10)

오염물질	평균 시간	지침 농도($\mu g \cdot m^{-3}$)	노출된 유럽 인구(%)
이산화황(SO_2)	24시간	125	34
	1년	100	9
이산화질소(NO_2)	24시간	150	8 (도시인구는 20%)
대류권 오존(O_3)	1시간	200	16-56

주: 전 유럽 인구는 7억 명이다.

같이 정하고 있다. 사람의 건강을 지키는 이산화황 농도는 24시간 평균 125$\mu g \cdot m^{-3}$ 이하이고 연평균 100$\mu g \cdot m^{-3}$ 이하이며, 이산화질소 농도는 24시간 평균 150$\mu g \cdot m^{-3}$ 이하이고, 대류권 오존 농도는 1시간 평균 200$\mu g \cdot m^{-3}$ 이하로 규정되어 있다. 사람은 정해진 시간에 지침 농도를 초과한 오염물질에 노출되면 건강이 손상된다. 건강 피해는 높은 농도로 단시간 노출될 때보다 낮은 농도로 장시간 노출될 때 판단하기 어렵다(10).

(2) 이산화황

이산화황(SO_2)은 고약한 냄새가 나는 무색의 기체인데 시간이 경과하여 산화되면 황산 입자, 곧 에어로졸로 되어 광선을 산란시키므로 먼 거리의 물체가 보이지 않도록 시정(visibility)을 단축시킨다(p. 21, 대기오염물의 산화 참조). 이 기체에 노출되면 입이 마르고 목이 따갑고 눈이 아리게 되고 초과 농도에 노출되면 호흡기에 이상이 생긴다.

이산화황 농도가 높으면 만성호흡기환자가 증가한다. 사람의 호흡기환자는 공기의 질 지침 농도(표 10-3)에 24시간 이상 노출되면 청정공기보다 1.15배로 증가하고, 65세 이상 노년층의 사망률은 1.09배로 증가한다. 1년 평균농도 이상으로 노출되면 호흡기 기능이 4-7%나 낮아지는 것으로 알려져 있다(10).

(3) 이산화질소

이산화질소(NO_2)는 냄새가 나지 않고 물에 잘 녹지 않는데도 시정을 단축시키고, 눈과 목을 아리고 쓰리게 하며, 곧바로 허파꽈리에 들어가 손상시켜서 가래가 생기게 한다. 그리고 이산화질소는 그 자체뿐만 아니고 자외선의 광화학반응에 의해 생긴 오존(O_3)과 PAN(peroxyacyl nitrates)이 더 큰 피해를 입힌다.

이산화질소에 24시간 평균 지침 농도(150μg · m^{-3})에 노출되면 어린이가 호흡기질환을 앓게 된다. 예를 들면, 독일에서는 가벼운 호흡기질환이 청정 공기에서보다 30-50%나 많이 생겼다. 그리고 이산화질소의 초과 농도는 유럽의 거의 모든 도시에서 연평균 16일간 지속되고, 가벼운 호흡기환자가 주민의 23%에 이르며, 모든 어린이의 0.3-0.5%가 이 병을 앓고 있다. 특히 발칸반도의 세르비아-몬테네그로(구 유고슬라비아)의 수도 베오그라드에서는 초과 농도의 이산화질소에 노출되는 날이 매년 88일에 달하고, 호흡기환자가 전 주민의 11%에 달하며, 어린이 100명 중의 25명이 앓고 있어 매년 1만 7,000건에서 2만 9,000건이 발생하고 있다(10).

(4) 대류권 오존

대류권 오존(O_3)은 이산화질소와 휘발성 유기탄소(VOC)가 자외선의 광화학반응을 받아 형성된다. 시간당 평균농도(200μg · m^{-3}) 이상의 오존에 노출되면 보통 공기에서보다 기침이 심하게 나고 눈이 따갑게 느껴지는데, 특히 어린이가 민감하다. 유럽의 경우 15세 미만의 소년들은 매년 평균 내

번의 오존 피해 징후를 경험한다. 오존에 의한 호흡기질환은 100μg · m^{-3}에 노출될 때보다 200μg · m^{-3}에 노출될 때 10%나 더 증가한다.

우리나라에서는 여름에 서울을 비롯한 대도시에서 오존 경보가 내리곤 한다. 햇빛이 세고 기온이 높은 여름에 오존 농도가 높아지기 때문이다. 예를 들면, 유럽에서 햇빛이 세고 기온이 높았던 1989년에는 전 인구의 38-56%가 평균 3.8일의 오존 초과 농도에 노출되었지만 햇빛이 약하고 서늘했던 1985년에는 0.07-0.09%만 노출되었다. 유럽에서는 매년 1/6의 인구가 오존의 초과 농도에 노출되지만, 햇빛이 세고 기온이 높은 해에는 전 유럽 인구의 절반이 초과 농도에 노출되고 있다.

(5) 미세 먼지

보통 가스상 오염물질이 많은 공기 중에는 미세 먼지도 많다. 지름이 10μm(PM_{10}) 이상인 미세 입자는 콧구멍이나 기관지의 점액질에 잡히지만 2-10μm($PM_{2\text{-}10}$)인 미세 입자는 목구멍을 통해서 허파꽈리까지 곧바로 내려가서 그곳에 있는 특수한 세포를 통해 혈류 속으로 흡수된다. 요즘 이러한 미세 먼지 입자(PM_2)에 의한 피해가 밝혀지고 있다. 미세 입자가 증가한 날에는 호흡기환자가 증가하고 통원환자도 증가하며 사망률이 높아진다(10).

10.9 대기오염물질에 의한 피해 사례

(1) 중국의 미세 먼지 피해

중국에서는 대기오염물질 중의 미세 먼지 입자($PM_{2.5}$: 직경 2.5μm의 미세 입자)에 의한 피해자 수와 피해액이 추정되고 있다. 중국에서 1995년의 미세 입자에 의한 사망자는 연간 18만 명에 달하고, 급만성적으로 정신적 · 심리적 불건강을 호소하는 사람은 5억 5,000만 명 이상이라고 보고되었다. 만약 중국에서 1995년에 청정한 공기를 유지했더라면 46만 명이 건강을 유지할 수 있었을 것이라고 추정하고 있다(26).

피해액을 1인당 미화 6만 달러로 계산하면 목숨을 잃은 사람의 경제적 손실은 100억 8,000만 달러에 달하고, 정신적 · 심리적 불건강까지를 돈으로 환산하면 연간 220억 달러에 달할 것으로 추정하고 있다(26). 미세 먼지 입자만의 피해가 이렇게 크니 이산화황, 이산화질소 및 오존에 의한 피해액을 계산한다면 천문학적 액수가 될 것이다. 중국 충칭(重慶)의 이산화황 농도는 전 세계에서 으뜸가기 때문이다(p. 60, 이산화황 배출의 전망 참조).

(2) 유럽의 대기오염 피해

유럽은 일찍(1977년)부터 대기오염물질의 배출과 수송에 관한 자료를 축적해 왔으므로 건강을 해치는 이산화황, 이산화질소 및 대류권 오존의 초과 농도에 노출되는 인구통계가 자세히 나와 있다. 또한 유럽은 도시마다 대기오염물질 농도를 비교적 잘 측정해 왔고, 전 유럽을 관장하는 150km×150km 구획으로 구분된 6시간마다의 실시간 기상자료, 오염물질의 동태와 분산 등의 추정자료를 정비해 왔다.

유럽에서 대기오염의 피해 인구는 5만 명 이상의 대도시와 소도시 · 농촌으로 구분하여 추정하고 있다. 유럽의 전 인구는 7억 명이며 도시 인구가 3억 1,400만 명이고, 나머지가 소도시 · 농촌에 살고 있다. 소도시 · 농촌 인구의 분포는 150km×150km 구획 내의 인구밀도로 파악하고 있다.

이러한 자료에 WHO의 공기의 질 지침(AQG)을 조합하여 각 대기오염물질의 초과 농도에 노출되는 인구의 비율을 계산하였다. 옥외에서 활동하는 시간을 기준으로 하여 초과 농도에 노출되는 시간을 추정하고, 오염물질의 종류에 따라 노출과 노출되지 않는 시간을 구분하여 각각의 인구 비율로 할당한다.

표 10-3에서 본 바와 같이 유럽에서 이산화황의 단시간 노출(24시간 당 평균 125μg · m^{-3}) 인구는 34%이고 장기간 노출(1년당 평균 100μg · m^{-3}) 인구는 9%이다. 전 유럽에서 단시간의 이산화질소(24시간당 평균 150μg · m^{-3}) 노출 인구는 8%이지만 도시 인구만으로 계산하면 20%를 웃돌고 있다. 대류권 오존에 단시간 노출(1시간당 평균 200μg · m^{-3})된 인구는 16-56%에 달한다(10). 이처럼 유럽에서 이산화황이나 이산화질소보다 오존의 초과 농도에 노출되는 인구가 증가하는 것은 새로운 충격으로 받아들여지고 있다.

전염병학의 자료를 근거로 하여 이산화황의 단시간 초과 농도에 노출된 어른의 호흡기환자를 유럽 인구의 0.17%로, 도시에서의 환자를 0.39%로 추정하면 전 유럽에서 발생하는 호흡기환자는 매년 8만 9,000건 내지 20만 5,000건에 이르고, 65세 이상 노년층의 사망률을 0.23%로 간주하면 매년 6,000명 내지 1만 3,000명이 목숨을 잃는다(표 10-4). 장기간 이산화황의 초과 농도에 노출되어 호흡기 기능이 4-7%로 저하되는 인구는 최소

표 10-4. 유럽에서 공기오염물질의 영향을 받는 건강 상태와 피해를 받는 인구 또는 건수(10)

오염물질	노출기간	영향을 받는 건강상태	피해를 받는 인구와 건수
이산화황	단기간(24시간)	만성 호흡기질환 65세 이상 노년층의 사망 위험	매년 8만 9,000-20만 5,000건 매년 6,000-1만 3,000명
	장기간(1년)	호흡기 기능의 4-7% 저하	970만 명
이산화질소	단기간(24시간)	소년의 가벼운 호흡기질환	매년 5만 8,000-9만 9,000건
오존	단기간(1시간)	소년의 기침과 눈 쓰라림	매년 22만-190만 건

300만 명이며 모든 도시에 적용하면 970만 명에 달한다.

단기간 이산화질소의 초과 농도에 노출되어 가벼운 호흡기질환을 앓는 소년은 0.3-0.5%로 전 유럽에서 매년 5만 8,000건 내지 9만 9,000건에 달하고 있다. 오존의 초과 농도에 노출되어 발생하는 어린이의 기침과 눈 쓰라림의 증세는 햇빛이 센 해에 어린이의 0.20-0.29%가 호소하므로 190만 건으로 많고, 서늘한 해에 0.03-0.05%만 호소하므로 22만 내지 30만 건으로 적어진다. 따라서 햇빛이 세고 더운 여름날 왕성하게 활동하는 소년들의 야외 생활에 각별한 조심을 당부하고 있다(10).

인용문헌

(1) Arpaia, M. 1981. On some soils corrosivity problems. Proc. 8th Int. Cong. Metallic Corrosion, Mainz.

(2) Butlin, R.N., T.J.S. Yates and B. Chakrabarti. 1995. Mapping of critical loads and levels for pollution damage to building materials in the United Kingdom. Water Air Soil poll. 85: 2693-2699.

(3) Chendorain, M.D., L.D. Stewart and B. Packer. 2005. Corrosion of unexploded ordnance in soil – Field results. Envir. Sci. Tech. 39: 2442-2447.

(4) Henriksen, J.F. 1995. Reactions of gases on calcareous stones under dry conditions in field and laboratory studies. Water Air Soil Poll. 85: 2707-2712.

(5) Kanazu, T., T. Matsumura, T. Nishiuchi and T. Yamamoto. 2001. Effect of simulated acid rain on deterioration of concrete. Water Air Soil Poll. 230: 1481-1486.

(6) Kitase, M., S. Hatakeyama, T. Mizoguchi and Y. Maeda. 2001. Regional characteristics of copper corrosion components in East Asia. Water Air Soil Poll. 130: 1463-1468.

(7) Knotkova, D., P. Boschek and K. Kreislova. 1995. Effect of acidification on atmospheric corrosion of structural metals in Europe. Water Air Soil Poll. 85:

2661-2666.
(8) Kucera, V. 1976. Effects of sulphur dioxide and acid precipitation on metals and anti-rust painted steel. Ambio 5: 243-248.
(9) Kucera, V. and S. Fitz. 1995. Direct and indirect air pollution effects on materials including cultural monument. Water Air Soil Poll. 85: 153-165.
(10) Lübkert-Alcamo, B. and M. Krzyzanowski. 1995. Estimate of health impacts of acidifying air pollutants and tropospheric ozone in Europe. Water Air soil Poll. 85: 167-176.
(11) Luckat, S. 1980. Quantitative Untersuchung des Einflusses von Luftvernreinigungen bei der Zerstörung von Naturstein. Umveltsforschungsplan des Bundesministerium des Innern. Forschungsbericht 106 08 003/02. Zollern Inst. Deuchen Bergbau-Museum. Dortmund.
(12) Luckat, S. 1981. Quantitative Untersuchung des Einflusses von Luftverunreinigen bei der Zerstörung von Naturstein. Staub-Reinhalt-Luft 41: 440-442.
(13) Maeda, Y., J. Morioka, Y. Tsujino, Y. Satoh, X. Zhang, T. Mizoguchi and S. Hatakeyama. 2001. Material damage caused by acidic air pollution in East Asia. Water Air Soil Poll. 130: 141-150.
(14) Mayerhofer, P., M. Weltschev, A. Trukenmüller and R. Friedrich. 1995. A methodology for the economic assessment of material damage caused by SO_2 and NO_x emission in Europe. Water Air Soil Poll. 85: 2687-2692.
(15) Mikhailov, A.A., M.N. Suloeva and E.G. Vasilieva. 1995. Environmental aspects of atmospheric corrosion. Water Air Soil Poll. 85: 2673-2678.
(16) Ministry of Health. 1954. Mortality and morbidity during the London fog of December 1952. Reports on Public Health and Medical Subjects No. 95. Her Majesty's Stationary Office, London, UK.
(17) Murray, F., G. McGranahan and J.C.I. Kuylenstierna. 2001. Assessing health effects of air pollution in developing countries. Water Air Soil Poll. 130: 179-184.
(18) Nord, A.G. and K. Holenyl. 1999. Sulphur deposition and damage on limestone and sandstone in Stockholm city building. Water Air Soil Poll. 109: 147-162.
(19) Nord, A.G., K. Tronner. 1995. Effect of acid rain on sandstone: the royal palace and the Riddarholm church, Stockholm. Water Air Soil Poll. 85: 2719-2724.
(20) Nord, A.G., K. Tronner and A.J. Boyce. 2001. Atmospheric bronze and copper

corrosion as an environmental indicator. Water Air Soil Poll. 127: 193-204.

(21) Pye, K. and N. Schiavon. 1989. Caused of sulphate attack on concrete, render and stone indicated by sulphur isotope ratios. Nature 342: 663-664.

(22) Reisener, A., B. Stöckle and R. Snethlage. 1995. Deterioration of copper and bronze caused by acidifying air pollution. Water Air Soil Poll. 85: 2701-2706.

(23) Romanoff, M. 1957. Underground corrosion. US National Bureau of Standards Circ 579. US Government Printing Office, Washington.

(24) Schaschl, E. and G.S. Marsh. 1963. Some new views on soil corrosion. Materials Prot. 2: 8-17.

(25) Schikorr, G. 1964. Die Bedeutung des Sclwefeldioxyls für die atmosphärische Korrosion der Metalle. Werkstoffe und Korrosion 15: 457-463.

(26) Shah, J.J., T. Nagpal, T. Johnson, J. Li and C. Peng. 2001. RAINS-Asia model application to China: policy implications for sulfur control. Water Air Soil Poll. 130: 235-240.

(27) Shy, C.M. and J.F. Finklea. 1973. Air pollution affects community health. Environ Sci. Tech. 17: 3-13.

(28) Spiker, E.C., R.P. Hosker Jr., V.C. Weintraub and S.I. Sherwood. 1995. Laboratory study of SO_2 dry deposition on limestone and marble: effects of humidity and surface variables. Water Air Soil Poll. 85: 2679-2685.

(29) Steinrath, H. 1965. Über die Beurteilung der Korrosiongefährdung von Eisen und Stahl im Erdboden. Gas- und Wasserfach 106: 1361-1365.

(30) Swedens's Case Study for the United Nations Conference on the Human Environment. 1972: Air Pollution Across National Boundaries. The Impact on the Environment of Sulfur in Air and Precipitation. Stockholm.

(31) Swedish Ministry of Agriculture. 1982. Acidification Today and Tomorrow. Environment '82 Committee.

(32) Tidblad, J., V. Kucera and A.A. Mikhailov. 2001. Mapping of acid deposition effects and calculation of corrosion costs on zinc in China. Water Air Soil Poll. 130: 1469-1474.

(33) Tidblad, J., V. Kucera, A.A. Mikhailov, J. Henriksen, K. Kreislova, T. Yates, B. Stöckle and M. Schreiner. 2001. Dose-response functions on dry and wet acid deposition effects after 8 years of exposure. Water Air Soil Poll. 130: 1457-1462.

(34) Tronner, K., A.G. Nord and G.C. Borg. 1995. Corrosion of archaeological

bronze artefacts in acidic soil. Water Air Soil Poll. 85: 2725-2730.

(35) Tsujino, Y., Y. Satoh, N. Kuramoto and Y. Maeda. 2001. Effects of acid deposition on urushi lacquer in East Asia. Water Air Soil Poll. 130: 1487-1492.

(36) Upham, J.B. 1965. Materials deterioration and air pollution. J. Air Poll. Cont. Ass. 15: 265.

(37) UN ECE. 1981a. The influence of sulphur pollutants on atmospheric corrosion of important materials. ENV/IEB/WG 1/R 1. Geneve.

(38) UN ECE. 1981b. The influence of sulphur pollutants on atmospheric corrosion of important materials. Adendum. ENV/IEB/WG 1/R 1/Add. Geneve.

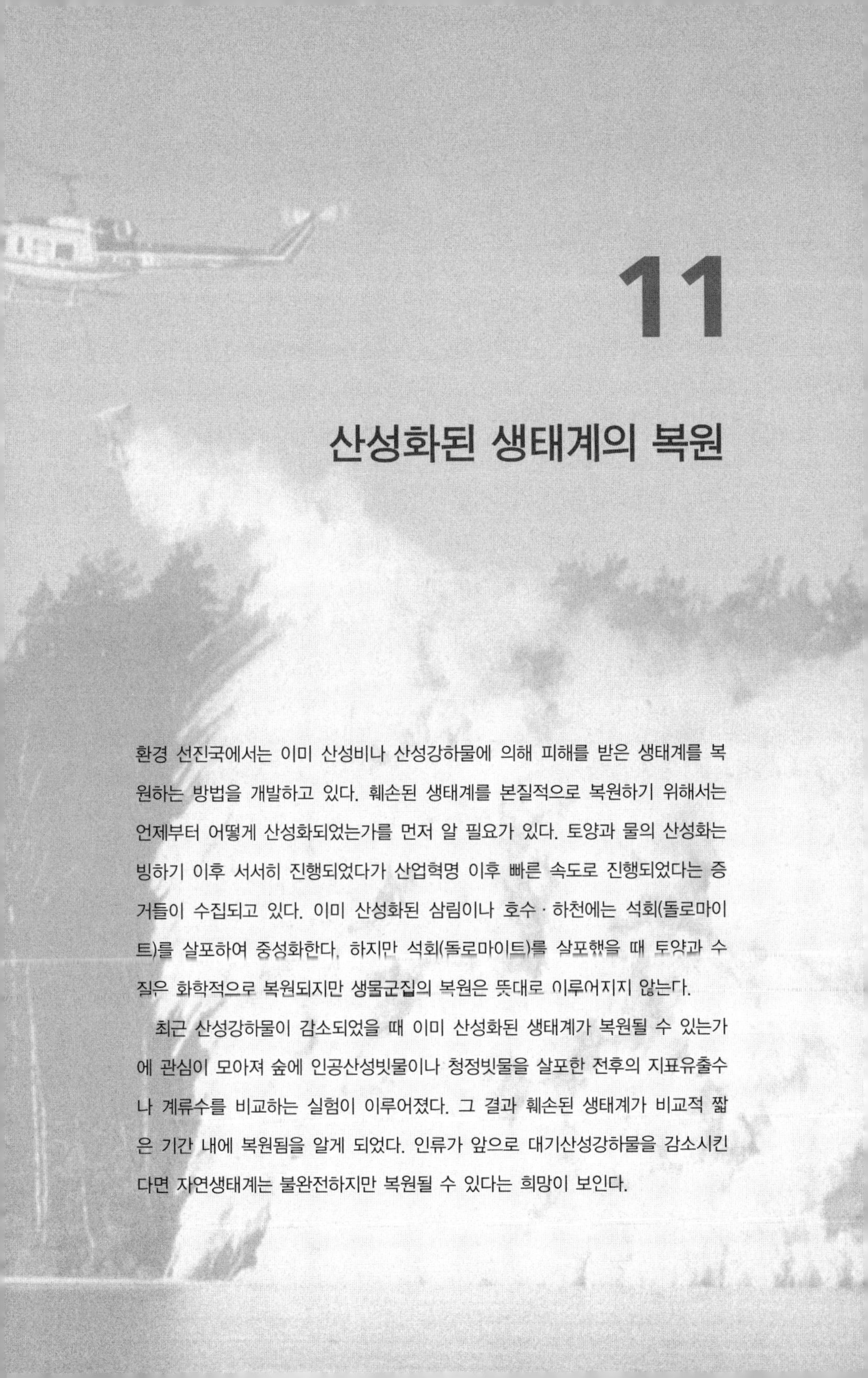

11

산성화된 생태계의 복원

환경 선진국에서는 이미 산성비나 산성강하물에 의해 피해를 받은 생태계를 복원하는 방법을 개발하고 있다. 훼손된 생태계를 본질적으로 복원하기 위해서는 언제부터 어떻게 산성화되었는가를 먼저 알 필요가 있다. 토양과 물의 산성화는 빙하기 이후 서서히 진행되었다가 산업혁명 이후 빠른 속도로 진행되었다는 증거들이 수집되고 있다. 이미 산성화된 삼림이나 호수 · 하천에는 석회(돌로마이트)를 살포하여 중성화한다. 하지만 석회(돌로마이트)를 살포했을 때 토양과 수질은 화학적으로 복원되지만 생물군집의 복원은 뜻대로 이루어지지 않는다.

최근 산성강하물이 감소되었을 때 이미 산성화된 생태계가 복원될 수 있는가에 관심이 모아져 숲에 인공산성빗물이나 청정빗물을 살포한 전후의 지표유출수나 계류수를 비교하는 실험이 이루어졌다. 그 결과 훼손된 생태계가 비교적 짧은 기간 내에 복원됨을 알게 되었다. 인류가 앞으로 대기산성강하물을 감소시킨다면 자연생태계는 불완전하지만 복원될 수 있다는 희망이 보인다.

11.1 언제부터 산성화되었는가?

이미 산성화된 생태계를 복원하려면 지구상에서 언제부터 산성화가 일어났는가를 알 필요가 있다. 그것을 밝히기 위해 보통 호수 아래 퇴적되어 있는 규조류(diatom)와 퇴적물의 pH를 조사한다. 규조류는 중성수와 산성수에서 사는 종이 다르고, 종에 따라 껍질의 문양이 다르며, 또한 껍질이 오래 보존되므로 옛날에 살았던 종이라도 구별할 수 있는 특징이 있다. 그 이치를 이용하여 산성화 과정을 밝히는 데 규조류가 이용된다.

오래된 호수 밑의 퇴적층에서 흙기둥(코아)을 수직으로 뽑아내어 각 층의 규조류의 종을 감별하고 퇴적물의 pH를 조사하면 중성수에서 살았던 종으로부터 산성수를 선호하는 종으로 바뀌는 과정이 나타난다. 이러한 고생태학적 연구를 통해 지질시대와 현대를 잇는 산성화 과정이 밝혀지고 있다. 그림 11-1은 스코틀랜드의 한 호수 퇴적층에서 규조류와 퇴적물의 pH 변화가 1850년경을 고비로 하여 중성종에서 산성종으로 바뀌는 과정을 보인다. 1850년경은 영국에서 산업혁명이 시작되는 무렵이었다(3).

한편 영국의 로덤스테드(Rothamsted) 시험농장에서 지난 150년간 교란되지 않은 채 방치한 토양은 초기에 높은 pH를 유지했지만 스스로 유기물이 축적됨에 따라 점차 pH가 낮아졌다. 그리고 증발량보다 강수량이 많은 지역의 토양은 염기성 양이온이 세탈되어 서서히 산성화된다. 이렇게 하여 식생변화(천이)와 기후변화는 느리기는 하지만 자연스럽게 토양을 산성화

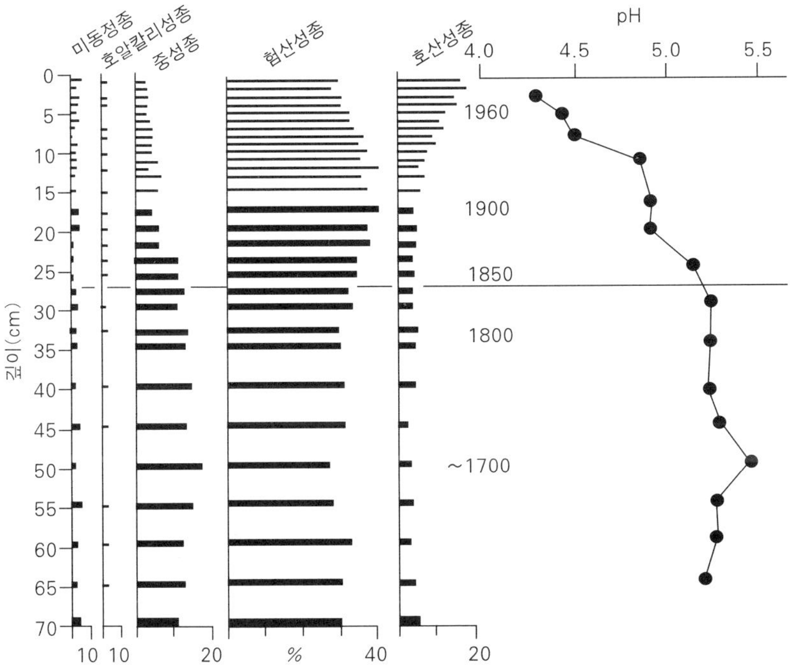

그림 11-1. 스코틀랜드(영국)의 한 호수 밑 퇴적층의 pH와 규조류의 연도 변화. 1850년경을 경계로 하여 퇴적층의 pH는 낮아지고, 규조류 중에서 중성종과 혐산성종은 감소되고 호산성종은 증가한다(3).

시킨다. 이에 더하여 지난 수십 년 이래 대기산성강하물이 증가하여 토양을 빠르게 산성화시키고 있다. 이러한 지식의 축적은 토양의 산성화에 대비하여 그 복원전략을 짜는 데 유익하였다(제4장 토양의 산성화 참조).

복원의 목표를 어느 시점으로 잡는가가 문제이다. 지질학적 원시상태로 잡는가 또는 19세기 중엽(산업혁명의 시작)으로 잡는가에 따라 복원전략이 달라질 수 있다. 산업혁명 이전의 수준으로 복원시키는 것이 목표라면 오늘날의 빗물의 산도로는 복원이 불가능하다. 현재의 산성강하물로는 이미 형성된 산성토양과 산성수에서 낮아지는 알칼리도를 감당하지 못하기 때문이다(p. 191, 늪 산성화의 과거, 현재 및 미래 참조). 하지만 봄에 눈 녹을 때 단시간의 산성수 충격이 곧 회복되듯이 한다면 복원은 어렵지 않게 이루어질 것이다.

이론과 실제에서 몇 가지 해결점을 찾는다면 산성물질의 배출을 감소시키고, 산성화된 토양과 지표수에 석회(돌로마이트) 처리를 하여 토양과 산성수를 관리하며, 임업을 침엽수림에서 활엽수림으로 전환하고, 산성에 내성을 가지는 어류를 도입하며 멸종된 어류를 다시 정착시키는 전략을 세워야 할 것이다.

11.2 삼림생태계의 석회 처리

(1) 돌로마이트 처리 효과

우리나라에서는 수십 년 전부터 논이나 밭의 흙이 산성화되면 농용 석회를 뿌려서 중화시켜 왔다. 산성토양에는 칼슘과 마그네슘이 부족하기 때문에 석회 처리의 효과가 잘 나타난다. 노르웨이와 미국 북동부에서는 헬리콥터를 이용하여 삼림이나 호수에 돌로마이트를 살포하여 토양과 계류수의 수질을 개선하고 있다(14). 우리나라에서 석회는 강원도와 충청북도의 석회암지대에서, 돌로마이트는 원주시 신림면에서 생산되고 있으므로 자원이 풍부한 편이다.

산성강하물에 의해 산성화된 토양에도 석회($CaCO_3$)나 돌로마이트($CaMg(CO_3)_2$)를 뿌려 중화시킬 수 있다. 석회에는 칼슘이 들어 있고, 돌로마이트에는 칼슘과 마그네슘이 들어 있어 토양을 개량하게 된다. 석회는 산성빗물 속의 수소이온과 반응하여 칼슘, 이산화탄소 및 물로 분해되고, 돌로마이트는 칼슘, 마그네슘, 이산화탄소 및 물로 분해된다.

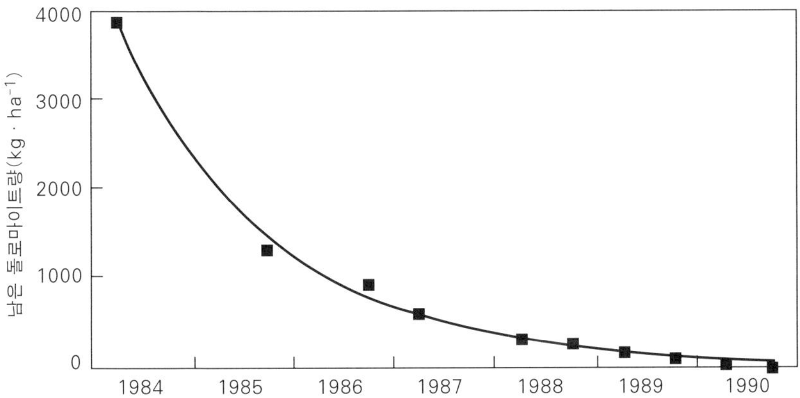

그림 11-2. 삼림토양에 처리한 4ton · ha^{-1}의 돌로마이트의 시간 경과에 따른 용해 잔존량. 이 실험 지역의 연평균 기온은 7.3°C, 연평균 강수량은 800mm이다(19).

삼림토양에 1ha당 4ton의 돌로마이트를 처리하면 그림 11-2에서 보는 바와 같이 6년에 걸쳐 서서히 용해된다(19). 돌로마이트에서 녹아 나온 칼슘은 토양 입자에 붙어 있던 수소이온을 떼어내고 토양 입자에 더 단단히 달라붙기 때문에 표토층에 남고, 마그네슘은 느슨하게 붙기 때문에 아래층으로 이동한다(28). 그래서 처리한 돌로마이트가 모두 용해되었을 때에는 부식질층에 약 70%의 칼슘과 약 30%의 마그네슘이 남는다(19).

우리나라에서는 관악산(서울)의 침엽수림과 활엽수림에서 1ha당 0ton(대조구), 1.5ton 및 3.0ton의 돌로마이트 처리를 하는 실험이 이루어졌다(17). 돌로마이트 처리 후 토양의 pH는 침엽수림에서 pH 0.1-0.6 단위로, 활엽수림에서 pH 0.1-0.2 단위로 높아졌다. 그리고 토양의 칼슘은 그림 11-3에서 보는 바와 같이 침엽수림에서 1년 뒤에 대조구보다 1.5ton과 3.0ton 처리로 각각 18%와 10%씩 증가하고, 마그네슘은 1.5ton과 3.0ton 처리에서 다같이 400%나 증가하였다.

스웨덴의 독일가문비숲에 3-6ton의 돌로마이트와 석회의 혼합물을 처리

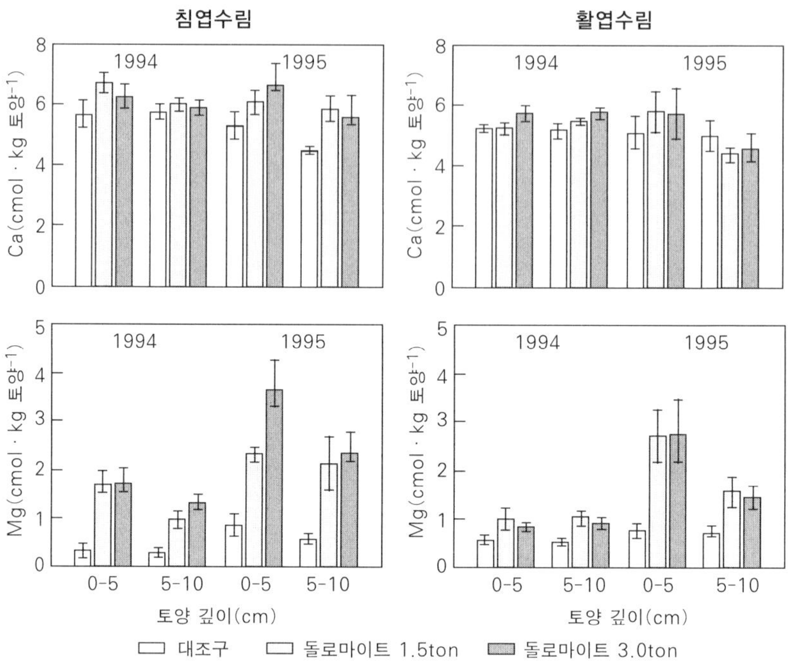

그림 11-3. 관악산(서울)의 침엽수림과 활엽수림 토양에 1.5ton과 3.0ton · ha^{-1}의 돌로마이트를 처리한 1년(1994년)과 2년(1995년) 뒤의 칼슘(Ca, 위)과 마그네슘(Mg, 아래)의 농도 변화(17).

한 토양은 pH 0.6-1.0 단위로 높아지고 칼슘과 마그네슘은 400-800%로 증가하였다(16, 23, 26). 이들의 결과로 보아 돌로마이트 처리를 한 산성토양은 pH가 높아질 뿐만 아니고 산성비에 씻겨나간 칼슘과 마그네슘이 보충되는 효과가 있음을 알 수 있다.

돌로마이트 처리는 토양에서 알루미늄(Al), 망간(Mn), 카드뮴(Cd) 및 아연(Zn)을 감소시키고, 알루미늄이온에 대한 염기성 양이온의 비($(Ca^{2+}+Mg^{2+})/Al^{3+}$)를 높여서 식물의 생육에 적합한 토양이 만들어지는 긍정적 효과가 있다(19). 실제로 이러한 토양의 개량효과로 루벤스가문비의 생장이 촉진되었다(32). 하지만 돌로마이트 처리가 반드시 이롭지만은 않다는 주장도 나오고 있다(8, 12). 돌로마이트 처리는 토양에 구리(Cu), 철(Fe) 및 납(Pb)과 같은 중금속을 증가시키는 부정적 효과가 있다. 이들 중금속은 유기물에 약하게 결합되어 있다가 pH가 높아지면 해리되어 생물에 해를 끼치기 때문이다. 이 밖에 돌로마이트 처리는 수목의 붕소결핍증과 병원성 곰팡이(*Heterobasidium annosum*)에 의한 뿌리썩음병을 일으킬 수 있다(19).

(2) 부식질의 성상과 양의 변화

낙엽은 미생물, 톡토기, 진드기(절지동물) 및 지렁이에 의해 잘게 쪼개져서 부식질로 변한다. 그런데 돌로마이트 처리를 하지 않은 부식질은 엉성한 채 땅 표면에 남아 있는데(조부식질: mar humus type), 처리한 부식질에는 지렁이, 톡토기, 진드기 등이 증식하여 아주 잘게 부서져서 일부가 땅속으로 스며들어 간다(정부식질: mull humus type). 이처럼 돌로마이트 처리는 부식질의 성상을 크게 변화시킨다(19).

삼림토양에 돌로마이트나 석회 처리를 하면 임상에 쌓였던 부식질이 이산화탄소와 물로 빠르게 분해되므로 그 양이 감소된다. 이렇게 부식질이 감소되면 토양의 수분보유능이 낮아져서 가뭄이 계속될 때 나무가 수분부족으로 자라지 못하게 된다. 낙엽을 제거한 토양과 모래가 많은 토양에 돌로마이트 처리를 하면 부식질마저 감소되므로 더욱 수분부족이 심해진다.

한편 돌로마이트(석회) 처리를 하면 잔뿌리(지름 2mm 이하)의 총량에는 변화가 없지만 땅 표면에 뻗는 잔뿌리는 증가하고 깊은 무기토양에 뻗는 잔뿌리는 감소하는 불균형이 일어난다. 이렇게 잔뿌리의 재배치가 일어나는 이유는 땅 표면에 처리한 돌로마이트가 표토층에 많이 남아 있기 때문이다. 잔뿌리가 땅 표면에 많이 뻗으면 가뭄이 계속될 때 역시 수분부족에 시달리고 바람에 쓰러지기 쉽다(19, 21, 22, 27).

(3) 질산태질소의 증가

돌로마이트(석회) 처리를 하면 토양 내 질소화합물은 종류에 따라 증가되는 것과 감소되는 것으로 나누어진다. 표 11-1은 돌로마이트 처리를 한 토양이 처리하지 않은 대조구보다 부식질층과 무기토양층(40cm 깊이)의 질산태질소(NO_3^--N)와 가용성 유기질소(DON)의 농도가 증가하고, 이와 반대로 암모늄태질소(NH_4^+-N)가 감소됨을 보이고 있다(12, 19, 23). 돌로마이트 처리에 의해 질산태질소가 증가하는 까닭은 부식질층에 가용성 유기질소가 증가하고, 미생물에 의한 유기물의 무기화작용과 암모늄의 질산화작용이 왕성해지기 때문이다(8)(그림 6-8 참조).

한편 너도밤나무숲 토양에 돌로마이트 처리를 하지 않는 대조구(산성토양: pH 3.5-3.8)와 3.0ton · ha^{-1} 처리의 돌로마이트구(pH 4.6-6.6)를 설치하고 안정동위황산암모늄(($(^{15}NH_4)_2SO_4$)을 토양에 주입하여 안정동위질소(^{15}N)의 행방을 추적하는 실험이 이루어졌다(7). 그림 11-4는 대조구보다

표 11-1. 침엽수림 토양에서 돌로마이트 처리구와 비처리구(대조구) 사이의 부식질층과 무기토양층(40cm 깊이)의 연평균 질산태질소(NO_3^--N), 암모늄태질소(NH_4^+-N) 및 가용성 유기질소(DON)의 함량 비교(19). 단위는 kgN · ha^{-1} · 년$^{-1}$

구분	대조구(A)	돌로마이트구(B)	차이(B-A)
부식질층			
질산태질소(NO_3^--N)	48.5	54.3	+5.8
암모늄태질소(NH_4^+-N)	10.4	7.6	-2.8
가용성 유기질소(DON)	13.0	27.0	+14.0
합계	71.9	88.9	+17.0
무기토양층(40cm 깊이)			
질산태질소(NO_3^--N)	33.1	55.0	+21.9
암모늄태질소(NH_4^+-N)	0.7	0.5	-0.2
가용성 유기질소(DON)	1.0	2.0	+1.0
합계	34.8	57.5	+22.7

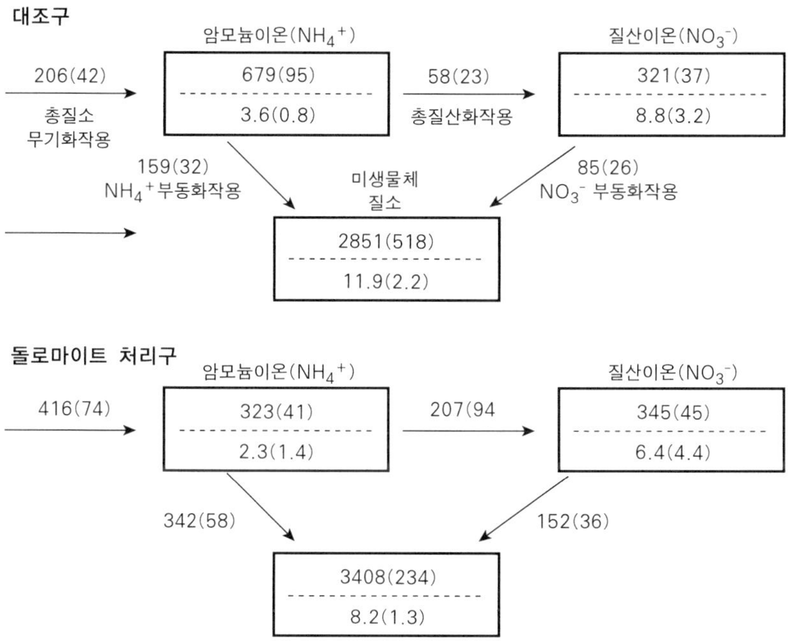

그림 11-4. 너도밤나무숲의 산성토양(pH 3.5-3.8)과 돌로마이트 처리 토양(pH 4.6-6.6)의 부식질층에서 미생물에 의한 질소순환(mgN · m^{-2} · 일$^{-1}$, 구획 내의 분자)과 회전시간(일수, 구획 내의 분모). 괄호 밖의 숫자는 평균값, 괄호 내의 숫자는 통계상의 표준오차. 그림 6-8과 비교하여 보시오(7).

돌로마이트구에서 총질소무기화작용은 약 2배, 총질산화작용은 약 4배, 암모늄이온과 질산이온의 부동화작용은 모두 약 2배의 증가를 보이고 있다(p. 157, 질소포화 토양의 질소순환 참조).

돌로마이트 처리구에서는 질산화작용이 왕성하게 일어나고, 질산이온보다 암모늄이온의 부동화작용이 2배 이상 증가되므로 토양에 암모늄보다 질산이온이 증가하게 된다. 따라서 부동화작용에 의해 무기질소가 미생물체에 결합될 때 질산이온보다 암모늄이온이 더 많이 결합된다. 이때 질산이온보다 암모늄이온이 에너지를 적게 소비하는 것으로 알려져 있다(7).

대기질소강하량이 증가하고, 실상가상으로 석회(돌로마이트) 처리를 하여 질산태질소가 증가하면 질소포화가 촉진되어 삼림쇠퇴로 이어질 가능성이 높다(p. 154, 질소포화에 따른 반응 참조). 더구나 경사진 삼림에 석회(돌로마이트) 처리를 하면 질산태질소를 함유한 지표수가 하천이나 호수에 흘러 들어가서 상수원이 질산으로 오염될 수 있고, 토양용액에서 증가된 질산은 지하수나 식수에 들어가서 사람이나 가축의 건강을 해칠 수 있다(p. 203, 산성화에 따른 지하수오염 참조).

(4) 토양생물의 변화

삼림토양에 석회(돌로마이트) 처리를 하여 pH가 높아지면 낙엽을 분해하는 토양생물에 큰 변화가 일어난다. 어떤 생물은 산성을 좋아하고 다른 생물은 중성을 좋아하기 때문이다. 표 11-2는 침엽수림에 돌로마이트 처리를 한 뒤 세균, 톡토기와 지렁이의 현존량을 조사한 결과이다(19). 돌로마이트 처리를 하면 지렁이(대조구의 7-8배)와 세균(1.5-3.0배)은 많이 증가하고, 톡토기(1.3배)는 약간 증가하며, 미생물보다 지렁이가 더 증가한다. 이처럼 돌로마이트 처리를 하면 토양생물이 증가해 부식질의 질과 양이 변화된다.

표 11-2. 침엽수림 토양에서 돌로마이트의 처리구와 처리하지 않은 대조구의 세균, 톡토기 및 지렁이의 현존량 비교(19)

구분	세균 (mg C · 100g dw 토양$^{-1}$)		톡토기 (×10^{3}개체 · m^{-2})	지렁이	
	낙엽층	0-5cm층		(개체 · m^{-2})	(g · m^{-2})
	10월		6월	4월	10월
대조구	98.9	34.5	48.5	26.9	2.75
돌로마이트구	244.7	49.8	63.0	194.6	23.75
증가율(%)	247	144	129	723	864

11.3 산성화된 삼림분수계의 복원

다음에 설명하는 두 가지 지표유출수(runoff) 실험은 노르웨이에서 RAIN(Reversing Acidification In Norway) 사업으로 빗물 대신 산을 첨가하거나 빗물에서 산을 제거한 청정빗물을 삼림에 살포한 후 지표유출수의 화학성분 변화를 추적한 결과이다(39).

(1) 지표유출수의 산성화

산성화된 삼림토양을 중성으로 복원시키는 기초자료를 얻기 위해 삼림토양에 황산이나 질산을 뿌려서 산성화시키는 실험이 이루어졌다. 노르웨이의 서부(Sogndal)는 약산성 비(pH 4.8)가 내려서 그런 대로 건강한 삼림생태계가 유지되고 있었다. 이 삼림의 임상토에 ① 엷은 황산을 뿌리는 황산구, ② 황산과 질산을 1:1로 혼합한 황산+질산구 및 ③ 산을 넣지 않은 물을 뿌리는 대조구를 설치하여 4년간(1984-1987) 실험하였다(40). 이 실험에서 황산이나 질산으로 토양을 산성화시키는 이유는 미래에 대기 중의 황산화합물(SO_x)이 감소되고, 질소산화물(NO_x)이 증가될 것을 전망한 실험설계이다.

그림 11-5는 지표유출수의 알칼리도(총염기성 양이온 농도와 총음이온 농도의 차)가 대조구보다 황산구나 황산+질산구에서 점진적으로 낮아짐을 보이고 있다. 그리고 황산이온 농도는 황산구가 산 처리 전(20-25μeq · L^{-1})보다 처리 후(50-57μeq · L^{-1})에 대조구보다 약 2배로 높아지고, 황산+질산구에서 산 처리 전(35μeq · L^{-1})보다 처리 후(45μeq · L^{-1})에 약간만 높아졌다. 지표유출수의 질산이온은 황산+질산구에서 극히 미량만 증가하고 나머지 90% 이상이 토양에 보유되었다. 이러한 결과는 삼림토양에 질소가

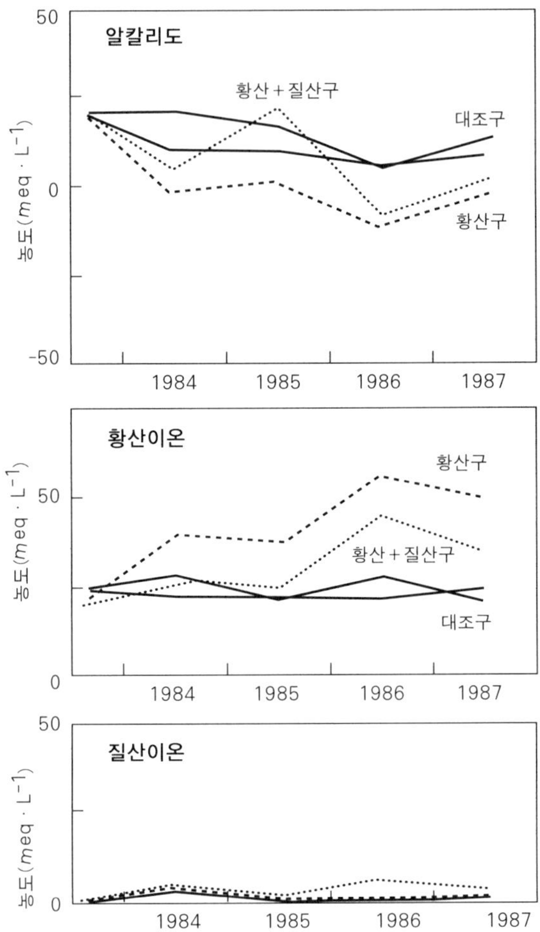

그림 11-5. 노르웨이 서부(Sogndal)에서 삼림토양 위에 엷은 황산을 살포한 황산구, 황산과 질산(1:1)을 살포한 황산+질산구 및 자연의 빗물이 내리게 한 대조구(2개 구)를 설치한 후 시간경과에 따른 지표유출수의 연평균 알칼리도, 황산이온 및 질산이온 농도의 변화(40).

부족했기 때문에 일어난 것이다.

한편 산 처리로 말미암아 지표유출수의 칼슘, 마그네슘 및 알루미늄 농도는 높아졌다(표 11-3). 이처럼 산 처리에 의해 염기성 양이온과 알루미늄

표 11-3. 노르웨이 서부(Sogndal)에서 삼림분수계에 설치한 황산을 처리한 황산구, 황산+질산(1:1)을 처리한 황산과 질산구 및 자연의 빗물을 맞게 한 대조구에서 흘러내리는 지표유출수의 pH와 부피가중 연평균 주요 양이온 농도의 연도별 변화(40). 이온농도 단위는 $\mu eq \cdot L^{-1}$

구분	pH	칼슘이온 (Ca^{2+})	마그네슘이온 (Mg^{2+})	알루미늄이온 (Al^{3+})
대조구				
처리 전	5.5	19	9	0
1984	5.4	19	17	0
1985	6.0	16	8	0
1986	6.0	18	8	0
1987	5.7	19	11	1
황산구				
처리 전	5.5	19	12	0
1984	5.1	22	13	3
1985	5.4	22	11	2
1986	5.1	28	14	2
1987	5.1	29	13	3
황산+질산구				
처리 전	6.0	22	9	0
1984	5.4	26	12	1
1985	5.4	20	9	0
1986	5.2	27	11	1
1987	5.4	26	10	3

농도가 높아지는 까닭은 토양이 산성화됨으로써 이들 이온이 세탈되기 때문이다.

지표유출수에서 증가된 황산이온의 약 절반은 높아진 염기성 양이온 농도와 맞먹고, 나머지 절반은 낮아진 알칼리도와 맞먹는 양이다. 지표유출수에 함유된 황산이온은 대기에서 강하하는 습성 황산이온보다 많았는데 그 이유는 토양에 이미 보유되어 있던 황산이온이 세탈되었거나 건성 황이 강하했기 때문이다. 지표유출수의 pH 변화는 황산구에서 pH 5.5로부터 pH 5.1로 낮아지고, 황산+질산구에서 pH 6.0으로부터 pH 5.4로 낮아졌다(표 11-3).

(2) 산성화된 지표유출수의 복원

앞에서 본 지표유출수의 산성화 실험과는 반대로 이미 산성화된 삼림토양에 인공청정빗물을 살포하여 토양을 중성화시키는 실험이 이루어졌다(40). 이 실험은 토양이 이미 산성화된 삼림의 수관 밑에 높이 2-3m와 400-860m^2 넓이의 비닐 지붕을 가설하여 수관에서 떨어지는 빗물(총수관통과수)을 받아내고, 지붕 밑에 가설한 스프링클러로 산을 제거한 인공청정빗물이나 눈을 살포하면서 지표유출수를 모아서 화학성분의 변화를 조사하도록 설계되어 있다.

노르웨이 남부(Risdalsheia)는 많은 산성강하물(빗물의 pH 4.2)이 내려서 토양과 지표유출수가 이미 산성화되어 있었다. 지붕을 가설한 삼림분수계의 수관 밑에 ① 산을 제거한 청정빗물구, ② 낮은 pH의 인공빗물을 살포하는 인공산성빗물구 및 ③ 지붕을 가설하지 않고 자연의 산성빗물(pH 4.2)을 맞게 하는 자연빗물구를 만들어 4년간 실험하였다(38, 40).

그림 11-6에서 지표유출수의 알칼리도는 산성빗물구보다 청정빗물구가 높아짐(45%)을 보인다. 지표유출수의 황산이온은 청정빗물구에서 처리 4개월 후까지 비교적 빠르게 감소되고, 처리 전(100μeq · L^{-1})보다 4년 후(50μeq · L^{-1})에 50%로 감소되었다. 특히 주목되는 점은 질산이온이 청정빗물구에서 2주 내에 아주 빠르게 감소(35에서 7μeq · L^{-1})되는 데 있다.

그림 11-7은 자연 산성빗물구와 청정빗물구에서 지표유출수의 화학물질의 변화를 추적한 결과이다(40). 청정빗물구는 자연산성빗물구에 비해, 유기음이온을 제외하고, 칼슘이온, 수소이온, 수소이온에 대한 칼슘이온(Ca^{2+}/H^{+})의 몰 비 및 알루미늄이온이 1-2년 내에 비교적 빠르게 감소된 다음 안정된다.

이처럼 황산과 질산을 제거한 인공청정빗물을 살포함에 따라 생태계가

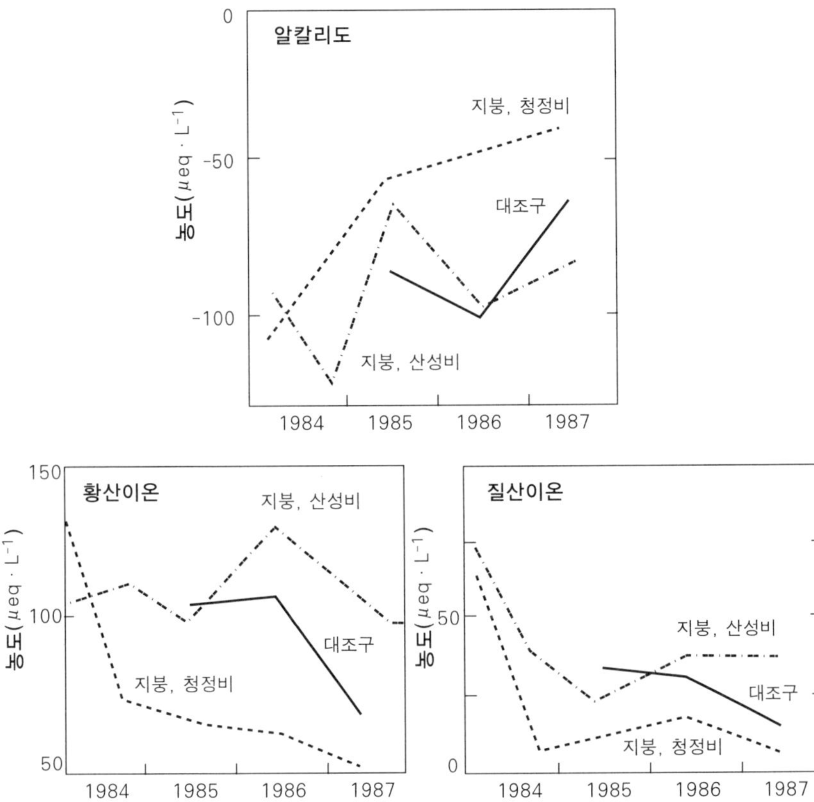

그림 11-6. 노르웨이 남부(Risdalsheia)에서 수관 밑에 지붕을 가설하고 인공청정빗물구, 인공산성빗물구 및 자연빗물구(대조구) 사이의 지표유출수의 부피가중 연평균 알칼리도, 황산이온 및 질산이온 농도의 연도 변화(40).

빠르게 복원되고 있으므로 혹시 물고기와 그 먹이가 되는 플랑크톤이나 무척추동물이 복원되지 않을까 기대했지만 그 생태계에서 갈색송어(*Salmo trutta*)의 생존은 만족할 만한 성과를 거두지 못하였다.

한편 스웨덴과 덴마크에서도 삼림의 수관 밑에 지붕을 가설하여 산업혁명 이전에 내렸을 것으로 예상되는 청정빗물(황과 질소를 각각 90% 감소시킴)을 처리하고 지표유출수와 호수 물의 빠른 변화를 측정하는 한편, 모

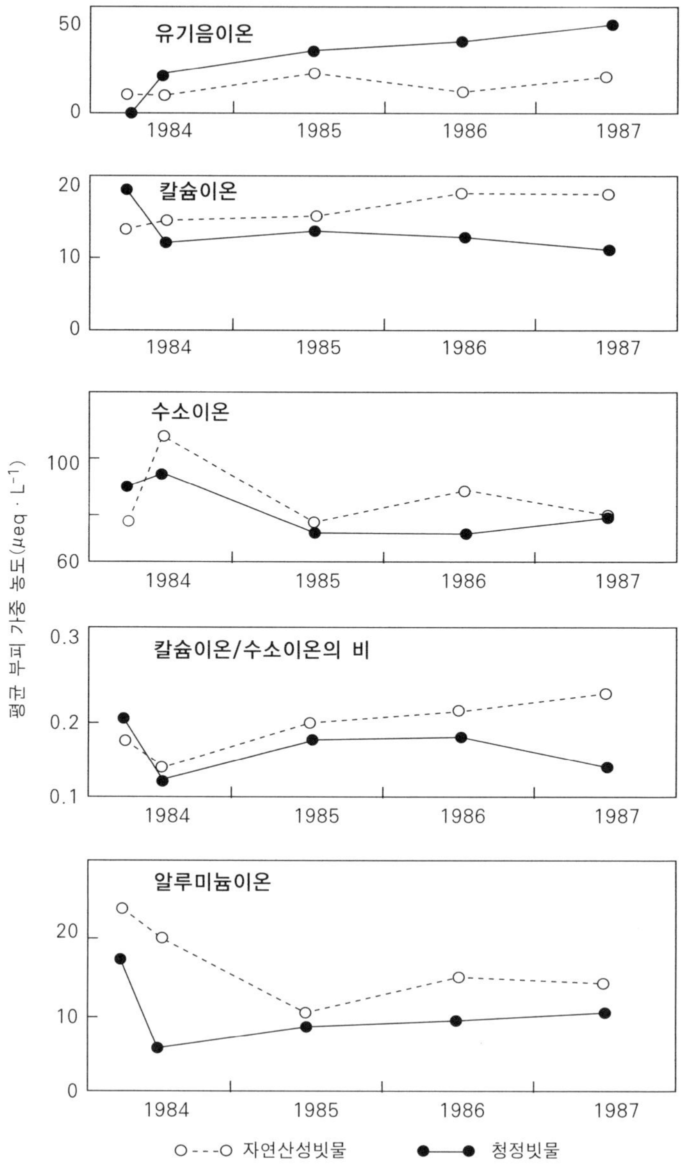

그림 11-7. 노르웨이 남부(Risdalsheia)에서 삼림분수계의 수관 밑에 지붕을 가설하고 황산을 제거한 청정빗물구와 자연산성빗물구에서 연도 경과에 따른 지표유출수의 연평균 화학성분 번화(40).

델(SAFE)을 작동하여 미래의 감소를 예측하는 연구가 이루어졌다(34, 36).

(3) 산성화된 계류수의 복원

다음에는 산성화된 계류수를 복원하는 실험을 보기로 한다. 스웨덴 남서부(Gärdsjön)에는 많은 산성강하물이 내려서 삼림에서 흘러나온 계류수가 산성화(pH 4.2)되어 있었다. 이 지역의 침엽수림(독일가문비)의 수관 밑에 지붕을 가설하여 빗물과 총수관통과수를 받아내고 스프링클러로 인공청정빗물을 관개하는 ① 인공청정빗물구와 ② 지붕을 가설하지 않고 자연빗물을 맞게 하는 자연 산성빗물구를 마련한 다음 계류수의 화학성분 변화를 비교하는 실험이 이루어졌다(25).

표 11-4는 실험에 쓰인 인공청정빗물을 만들기 위해 호수 물을 탈이온화한 다음 산업혁명 이전의 수관통과수 성분이 되도록 황산, 암모늄 및 수소이온의 농도를 낮춘 성분표이다. 인공청정빗물구에는 자연빗물구의 수관통과수를 2년간(1989-1990) 관개한 다음 이어서 4년간(1991-1995) 인공청정빗물을 관개하였다.

실험한 결과 계류수의 황산이온 농도는, 그림 11-8에서 보는 바와 같이, 인공청정빗물을 관개하기 전의 394μeq · L^{-1}(100%)에서 관개한 1년, 2년, 3년 및 4년 후에 각각 82%, 73%, 62% 및 54%로 빠르게 낮아졌다.

표 11-4. 스웨덴 남서부(Gärdsjön)에서 자연빗물구에 관개한 수관통과수와 청정빗물구에 관개한 산업혁명 전에 내렸을 것으로 예상되는 인공청정빗물의 화학성분(25). 단위는 meq · m^{-2} · $년^{-1}$

구분	H^+	Na^+	K^+	Mg^{2+}	Ca^{2+}	NH_4^+	NO_3^-	SO_4^{2-}	Cl^-
자연빗물구의 수관통과수	61	211	46	65	56	31	63	101	256
인공청정빗물구의 관개수	2	209	40	51	18	0	4	0	286

주: 인공청정빗물구의 관개수에서는 암모늄이온, 질산이온 및 황산이온의 농도를 낮추었다.

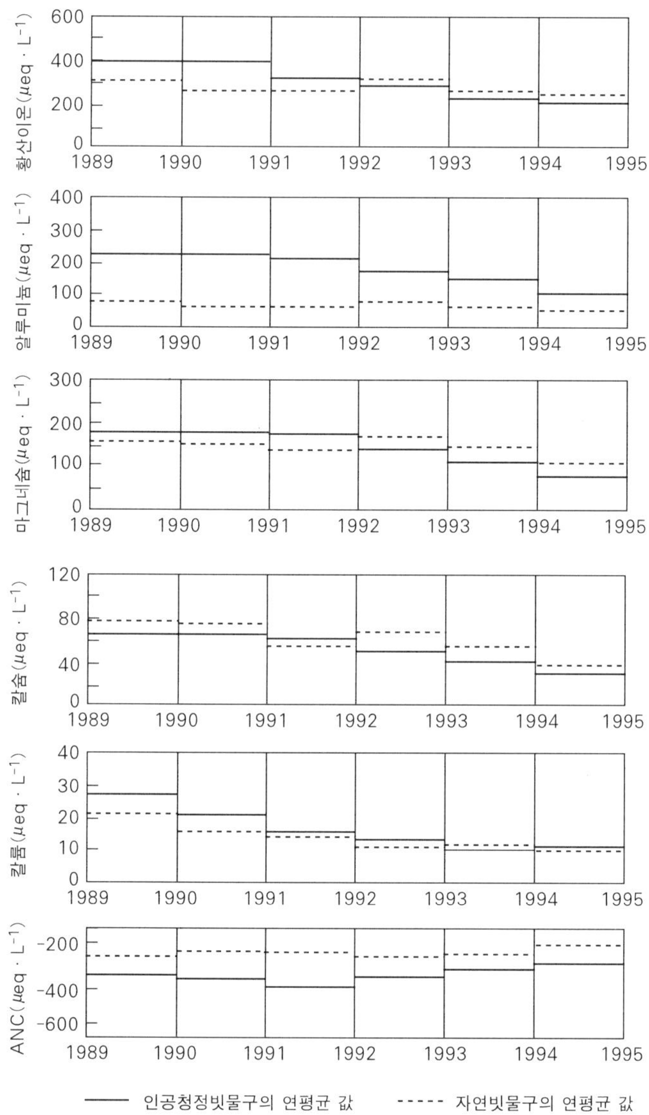

그림 11-8. 삼림분수계의 수관 밑에 비닐 지붕을 가설하고 수소이온, 암모늄이온, 질산이온 및 황산이온을 감소시킨 인공청정빗물구(표 11-4)와 자연산성빗물구에서 흘러나온 계류수의 연평균 화학성분 비교. 2년간(1989-1990) 자연빗물의 수관통과수를 관개한 다음 4년간(1991-1995) 인공청정빗물을 관개하였다(25).

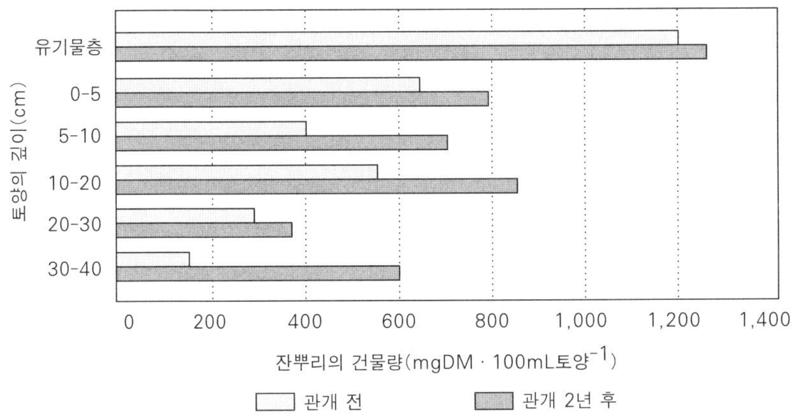

그림 11-9. 독일가문비숲에서 인공청정빗물의 관개 전(1990년 8월)과 관개 2년 후(1993년 10월)의 잔뿌리 무게 비교(6).

인공청정빗물구의 알루미늄은 4년 후에 48%로 감소되고, 마그네슘은 46%로, 칼슘은 48%로, 칼륨은 52%로 감소되었다. 황산이온의 감소량은 염기성 양이온과 알루미늄이온의 감소량과 맞먹는 양이었다. 인공청정빗물을 관개한 결과 계류수의 염기성 양이온(BC: Mg^{2+}와 Ca^{2+})의 절대량은 감소되는데도 알미늄이온에 대한 염기성 양이온(BC/Al^{3+})의 몰 비는 오히려 높아졌다. 하지만 삼림토양의 염기성 양이온의 절대량은 증가하였다.

그리고 산중화능(ANC)은 처리 전보다 4년 후에 60%나 높아졌다. 이 실험 결과는 앞으로 대기산성강하물이 감소되었을 때 삼림분수계의 계류수가 비교적 빠르게 복원될 것이라는 예상을 가능하게 한다.

이와 비슷한 청정빗물의 관개 실험을 독일(Solling)의 독일가문비숲에서도 시행하여 잔뿌리를 조사한 결과가 발표되었다(6). 그림 11-9는 인공청정빗물을 관개하기 전(1990년 8월)보다 관개한 2년 후(1993년 10월)에 잔뿌리가 40%나 증가됨을 보인다. 특히 잔뿌리는 유기물층보다 무기토양층(30-40cm 깊이)에서 4배나 증가하였다.

황산이온과 질산이온을 감소시킨 인공청정빗물구의 무기토양에서 잔뿌리가 왕성하게 자란 까닭은 알루미늄이 감소되고, BC/Al^{3+} 몰 비가 높아지며 산성 스트레스가 감소되었기 때문이라고 해석되고 있다. 잔뿌리는 질소가 지나치게 많으면 오히려 자라지 못하는데, 인공청정빗물을 관개하여 토양의 질소 함량이 감소되었기 때문에 생장이 촉진된 것이다. 하지만 독일가문비숲은 인공청정빗물을 관개하여도 잎의 무기영양소 함량, 경엽부의 생장, 광합성, 호흡 및 증산에는 변화가 거의 없었다(25).

11.4 질소포화 삼림의 복원

제6장에서 대기질소강하량이 증가하여 삼림생태계가 질소포화상태로 되는 현상을 보았다. 질소로 포화된 침엽수림의 수관 밑에 지붕을 가설하고 질소 농도가 낮은 저질소빗물을 살포하여 토양용액이 저질소로 복원되는 실험이 이루어졌다(18). 이 실험은 대기질소강하량(37kgN · ha^{-1} · $년^{-1}$)이 많은 고질소구와 질소 농도(6kgN · ha^{-1} · $년^{-1}$)를 낮춘 저질소구을 설치하여 4년간 계속되었다.

표 11-5에서 보는 바와 같이 저질소구의 4년 평균 질소유입량(5.6kgN · ha^{-1} · $년^{-1}$)은 고질소구(37.2kgN · ha^{-1} · $년^{-1}$)의 15% 이하인데 저질소구의 세탈(토양 90cm 깊이)에 의한 질소유출량(2.8kgN · ha^{-1} · $년^{-1}$)은 고질소구(26.5kgN · ha^{-1} · $년^{-1}$)의 약 10%에 그쳤다. 고질소구에서 무기질소의 유입량에 대한 유출량의 비율은 연도에 따라 43-87% 범위로 변하고, 저질소구에서 그 비율은 1차 연도에 200%로 아주 높지만 그 후 39-59% 범위로 낮았다. 고질소구의 대기질소 유입량은 질산이온(8.8kgN · ha^{-1} · $년^{-1}$)보다 암모늄이온(28.4kgN · ha^{-1} · $년^{-1}$)이 많은데 유출량은 암모늄이온보다 질산

표 11-5. 침엽수림의 수관 밑에 2-3m 높이의 지붕을 가설한 저질소구와 자연의 빗물을 받게 한 고질소구를 설치하고 4년간 강수량, 인공저질소빗물의 유입량, 수관통과수 및 토양(90cm 깊이)의 질소 유출량의 비교(18). 이온농도 단위는 kgN · ha^{-1} · $년^{-1}$

구분	유입량(수관통과수)				세탈에 의한 유출량(90cm 깊이)			
	강수량(mm)	암모늄 이온	질산 이온	총무기 질소량	수관통과 수량(mm)	암모늄 이온	질산 이온	총무기 질소량
저질소구(6kgN · ha^{-1} · $년^{-1}$)								
1991	420	0.3	0.1	0.4	128	0.1	0.7	0.8
1992	646	2.3	1.5	3.8	272	0.3	1.9	2.2
1993	678	5.8	6.4	12.2	523	0.5	4.3	4.8
1994	752	3.5	2.4	5.9	480	0.4	3.1	3.5
평균값	624	3.0	2.6	5.6	351	0.3	2.5	2.8
고질소구(37kgN · ha^{-1} · $년^{-1}$)								
1991	419	21.2	5.8	27.0	128	0.2	11.4	11.6
1992	644	27.0	9.7	36.7	270	0.3	31.7	32.0
1993	675	34.2	9.7	43.9	471	0.6	37.1	37.7
1994	755	31.2	10.1	41.3	476	0.4	24.1	24.5
평균값	623	28.4	8.8	37.2	336	0.4	26.1	26.5

이온이 오히려 많았다. 안정동위질소(^{15}N)를 이용하여 그 원인을 밝힌 결과 고질소구에서는 미생물에 의해 질산화작용이 왕성하게 일어나서 암모늄이온이 질산이온으로 산화되고 있었다(18).

이상에서 설명한 산을 첨가한 인공산성빗물, 산을 제거한 인공청정빗물 또는 질소 농도를 감소시킨 저질소빗물의 처리 실험은 삼림분수계에서 지표유출수의 산성화나 중성화, 계류수의 중성화, 또는 질소로 포화된 토양의 저질소화가 비교적 짧은 기간에 빠르게 복원될 수 있음을 보이고 있다. 따라서 인류가 앞으로 대기 중에 황과 질소의 배출을 경감시킨다면 대기오염으로 훼손된 생태계가 비교적 빠른 기간 내에 정상으로 복원되리라는 기대를 할 수 있게 된다.

11.5 삼림의 석회 처리에 대한 평가

삼림에 석회나 돌로마이트 처리를 하면 장단점이 생긴다. 장점으로는 ① 산성화된 토양이 중성으로 복원되고, ② 토양에 칼슘과 마그네슘을 공급하며, ③ 알루미늄이 감소되고, ④ 부식질의 질이 개선되는 것을 들 수 있다. 단점은 ① 지표유출수에 질산태질소가 증가되고, ② 부식질의 양이 감소되며, ③ 구리와 납, 철 등의 중금속이 증가되고, ④ 붕소결핍증이 나타나며, ⑤ 잔뿌리가 표토층으로 모이게 되는 것이다(19, 20).

이상의 장단점을 고려하여 삼림에 석회(돌로마이트) 처리를 하기 전에는 토양의 마그네슘 결핍이 어느 수준인가 또는 Mg^{2+}/Al^{3+} 몰 비가 어느 수준으로 높은가, 삼림분수계에서 지하수나 상수원을 공급받고 있는가를 검토하고, 대기로부터의 구리 · 납 · 철의 강하량이 많은가 또는 토양에 점토 · 미사 · 세사가 충분히 함유되어 있는가를 검토한 뒤에 결정하는 것이 바람직하다(19).

11.6 수서생태계의 산성화와 복원

(1) 캐나다의 호수 복원 사례

캐나다 온타리오 주의 서드베리 지역에는 대형 제련소가 건설되어 주변의 호수 물이 pH 4.0까지 낮아지고 민물고기가 전멸되어 악명이 높았다. 19세기 말에 세워진 이 제련소에서는 수십 년간 산성비뿐만 아니고 황과 금속이 섞인 건성강하물을 계속 뿜어냈다(4). 마침내 1972년에 이산화황의 배출을 규제하기 위해 오염물질의 주요 공급원을 폐쇄하고, 381m 높이의 굴뚝을 세워서 분산시켰다. 그 결과 이산화황의 배출량은 1973-1978년의 연평균 1억 4,100만 ton · 년$^{-1}$에서 1979-1985년의 6,800만 ton · 년$^{-1}$으로 48%가 감소되고, 물의 황산이온도 감소되어 pH가 높아졌다(9). 제련소의 이산화황 배출량이 감소됨으로써 공기의 질도 개선되고, 빗물은 pH 2.75의 심한 산성비에서 pH 3.75로 높아졌다.

황 배출을 감소시킨 10년 후 제련소 주변 베이비 호(Baby Lake)의 물은 pH 5.5로 높아지고, 황산이온은 58%로, 수소이온은 59%로 감소되었다. 물의 알칼리도는 수소이온 농도의 2배로 높아지고, 독성 금속도 감소되었다. 같은 지역에서 37개의 호수를 조사한 결과도 베이비 호와 비슷하게 개선되었다.

(2) 호수 수질의 복원

호수와 하천 물의 산성화 과정과 그 복원을 파악하기 위해 계획적으로 호수를 산성화시켰다가 다시 회복시키는 연구가 이루어졌다. 미국의 한 호수(Little Rock Lake, 위스콘신 주)에 황산을 첨가하여 산성화와 복원의 과정에서 무기영양소(질소, 인, 규소 및 유기탄소)의 동태가 측정되었다(30).

이 호수는 장구통 모양이어서 잘록한 가운데 부위에 폴리비닐 막을 처서 물의 이동을 막았다. 남쪽 호수(넓이 8.1ha, 깊이 6.5m)를 대조호수로, 북쪽 호수(넓이 9.8ha, 깊이 10.3m)를 실험호수로 정하였다. 실험호수에는 1985-1990년 사이에 매년 황산을 처리하여 pH 6.1에서 pH 5.6, 5.1, 4.7로 점진적으로 낮추었다. 1990년에 황산 처리를 중단한 결과 1991-1994년 사이에 저절로 pH 5.0, 5.2, 5.3으로 높아졌다.

실험호수의 표층수에서 질산이온과 암모늄이온의 농도는 황산 처리에 의해 낮아지는 pH의 영향을 받지 않고, 온대지방에 있는 보통 호수에서

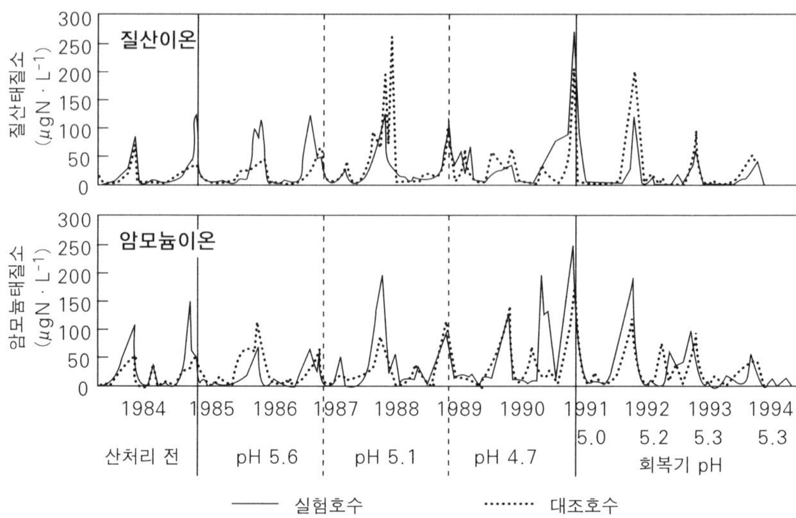

그림 11-10. 황산 처리를 한 실험호수와 대조호수의 표층수 질산이온(위)과 암모늄이온(아래)의 연도에 따른 계절변동(30).

흔히 일어나는 계절변동이 나타날 뿐이었다(그림 11-10). 하지만 실험호수의 표층수에서 총질소(TN) 농도는 pH 5.6(황산 처리 2년 차)일 때보다 pH 5.3(복원 3년 차)에서 낮았는데, 그 농도 저하는 가용성 유기질소의 감소 때문에 일어나는 것으로 판정되었다. 그리고 표층수의 가용성 규소 농도는 pH 4.7에서 약간 높아졌는데, 그 원인은 산성화에 의해 감소된 규조류가 물속의 규소를 흡수하지 않았기 때문이라고 해석되었다.

이와 대조적으로 그림 11-11은 황산 처리를 한 실험호수의 저층수(9m 깊이)에서 pH가 낮아짐에 따라 암모늄이온과 총질소(TN) 농도는 점차 높아지고, 황산 처리를 중단한 후 pH가 높아짐에 따라 다시 낮아짐을 보이고 있다. 이처럼 pH가 낮아짐에 따라 암모늄이온과 총질소가 증가되는 원인은 호수 바닥의 퇴적물에서 질소가 스며 나온 것으로 생각되고 있다. 이 결과로 보아 저층수의 무기질소 농도는 pH에 따라 퇴적물의 영향을 크게

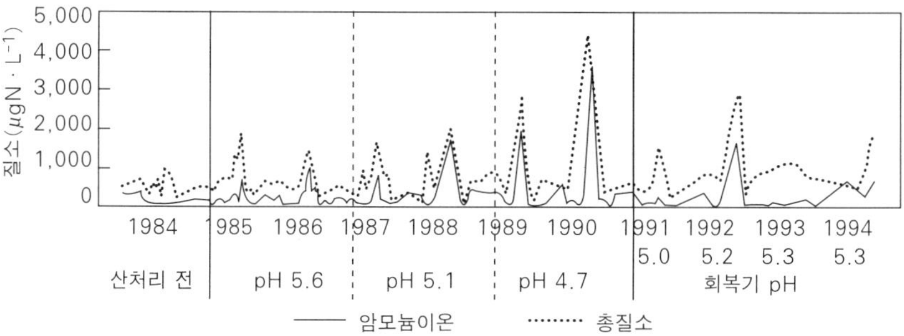

그림 11-11. 실험호수에서 저층수(9m 깊이)의 pH 변화에 따른 암모늄이온과 총질소 농도의 연도에 따른 계절변동(30).

받음을 알 수 있다.

(3) 호수 생물의 복원

산성화된 호수에서 생물의 복원 과정을 추적하기 위해 물이 깨끗한 청정 호수에 황산을 처리하여 일단 산성화시켰다가 처리를 중단한 다음 회복되는 과정에 생물의 동태가 연구되었다(24, 31). 캐나다 온타리오 주에서 삼림으로 둘러싸인 좁은 빈영양성 호수(Lake 223)는 대기산성강하물이 5kg · ha^{-1} · 년$^{-1}$으로 적고, pH 6.8의 청정상태를 유지하고 있었다.

물이 pH 6.8이던 실험호수에 1976-1983년 사이에 황산을 첨가하여 매년 pH 0.5 단위씩 낮춰서 pH 5.1까지 산성화시켰다. 그런데 이 호수는 첨가한 황산의 양에 비해 pH가 낮아지는 속도가 기대한 것보다 느리게 일어났다. 산성화 과정에 바닥의 퇴적물을 조사해 보니 그 속의 세균 활성이 높아서 황산을 환원하여 불용성 황화물로 변화시키고, 황산이 지니고 있던 수소이온의 1/3을 중화시킬 만큼의 알칼리를 배출함으로써 퇴적물에 의해 황산이 중화되었다.

표 11-5. 캐나다 온타리오 주에서 한 호수(Lke 223)의 인위적 산성화와 복원 과정에 따른 생물의 변화 순서(24, 31)

연도	pH	관찰된 생물의 변화
1976	6.80	빈영양호수에 서식하는 정상 생물군집
1976	6.50	녹조류의 증가, 황금색조류의 감소
1977	6.13	깔따구류의 출현
1978	5.93	얼간이잉어의 수도 감소, 연갑류(*Mysis reticta*: 절지동물)의 멸종, 깔따구류의 증가
1979	5.64	민물고기(*Orconectes virilis*)의 산란 실패, 깔다구류 더욱 증가
1980	5.59	연못송어의 산란 실패, 민물고기(*Orconectes*)개체군의 감소 시작, 기생충 증가, 물고기 알의 부착 실패
1982	5.09	백빨판상어의 산란 실패, 민물고기(*Orconectes*) 격감, 깔따구류가 1976년 수준으로 감소
1983	5.13	민물고기(*Orconectes*) 멸종, 하루살이류(*Hexagenia* sp.) 멸종 시작
1984-1987	5.50	어류(백빨판상어 등) 산란 다시 시작, 큰가시고기의 침입, 소멸되었던 식물플랑크톤 다시 출현, 동물플랑크톤은 어류의 복원에 따라 감소, 연못송어의 생육조건 회복, 단 보충은 빈약, 가재, 연갑류, 얼간이잉어, 양태 등은 아직 출현하지 않음

물이 pH 5.1(1983년)로 낮아졌을 때 황산 첨가를 중단했으므로 물의 pH는 1984년에 pH 5.4로, 1985년에 pH 5.5-5.6으로, 그 이후 pH 6.0-6.5로 점진적으로 높아졌다. pH가 높아지는 동안에 알칼리도는 빠르게 높아지고, 황산이온은 감소되었지만, 수소이온은 약간만 감소되었다. 이와 동시에 염기성 양이온도 감소되었다. 이처럼 산성화시킨 물은 비교적 짧은 기간에 화학적 복원이 빠르게 이루어졌다. 하지만 물의 화학적 반응에 비해 생물학적 반응은 느리게 일어났다. 표 11-5에서 보는 바와 같이 산성화 과정에서 황산 처리 3년 후 pH 5.93에서 연갑류(*Mysis reticta*: 절지동물)와 얼간이잉어는 개체수가 감소되고, pH 5.64로 내려갔을 때 민물고기(*Orconectes virilis*)는 산란을 못하고, pH 5.13에서 산성수에 민감한 하루

살이속(*Hexagemia*)마저도 멸종되기 시작하였다.

복원 과정에서 1984년 이후 pH 5.5로 높아졌을 때 연못송어는 생육조건이 회복되어 증식하기 시작하고, 산 처리 전(1976년)에 아주 적었던 민물고기(백빨판상어 등)가 다시 산란을 시작하며, 큰가시고기가 새로 침입하고, pH 5.6에서 혐산성 사상조류인 판해캄속(*Mougeotia*)이 번성하였다. 이와 대조적으로 산성수에 내성이 있다고 믿었던 가재나 새우와 같은 대형 무척추동물은 멸종된 채 다시 출현하지 않았다. 따라서 복원한 호수의 생물상은 황산 처리 전의 청정호수의 것과 사뭇 달랐다.

앞에서 살펴본 실험 결과는 호수의 산성화와 생물의 복원 과정을 이해하는 데 도움을 주고 있다. 하지만 산성화와 복원속도가 너무 빨라서 자연계에서 일어나는 산성화 과정과 꼭 들어맞지는 않는다. 지구상에서 빈영양성 담수생태계의 산성화는 생물의 출현과 동시에 시작되었고 산업혁명 후에 급속히 진행되었지만, 과거에 느리게 일어났던 산성화 속도와 실험에서 빠르게 진행되는 속도는 정확히 일치하지 않는다.

11.7 수서생태계의 석회 처리

(1) 석회 처리 효과

유럽이나 미국 북동부에서는 호수가 산성화됨에 따라 민물고기 어업이 쇠퇴되었으므로 궁여지책으로 석회 처리를 하여 복원을 꾀하고 있다. 옛적부터 유럽의 석회암지대를 흐르는 하천에서는 민물고기의 어획량이 많았으므로 그 이치를 터득하여 지난 수백 년 전부터 지표수에 석회 처리를 하는 경험이 있었다(15). 그리고 스웨덴이나 노르웨이에서는 늪이 심하게 산성화된 1970년대부터 정부의 지원을 받아 설립된 회사에서 계획적으로 호수와 하천에 석회 처리를 하고 있다.

산성호수·하천에 석회 처리를 하면 pH가 빠르게 상승한다(그림 11-14 참조). 산성호수에 석회나 돌로마이트 처리를 하면 물의 pH가 높아질 뿐만 아니라 황산이온과 알루미늄이온이 감소되고 산중화능(ANC)이 높아지며, 호산성 생물이 감소되고 혐산성 생물이 증가한다.

수서생태계에 석회 처리를 하여 pH를 높이면 물속의 유기물이 분해되어 이산화탄소와 중탄산 농도가 높아진다. 그래서 석회 처리 초기에는 산소가 많이 소비되므로 퇴적물층에서 산소결핍이 일어나지만 곧 정상으로 회복된다(35).

(2) 식물플랑크톤의 증식

제9장에서 설명했듯이 산성호수에서는 식물플랑크톤의 종 수가 10-20종으로 제한되지만 석회 처리를 하여 물의 pH를 높이면 50-60종으로 증가한다(그림 9-2 참조). 실제로 스웨덴에서 한 산성호수(Trehörningen)에 석회 처리를 하여 물을 pH 7.1로 높이면 식물플랑톤의 종 수가 61종으로 증가하였지만, 7년 후에 재산성화되어 pH 6.1로 낮아지면 30-36종으로 약 50%가 감소되었다(10). 석회 처리를 하여 물이 중성화된 호수에서는 식물플랑크톤의 종 수뿐만 아니라 그 1차 생산도 증가한다(표 9-1 참조).

식물플랑크톤의 종 수와 생물량은 수서생태계에서 건강의 지표가 되므로 석회 처리는 호수의 건강을 회복시킨다고 볼 수 있다. 식물플랑크톤이 번성하면 물속의 무기영양소, 특히 질소와 인이 많이 흡수되므로 그들의 감소가 뒤따라 일어난다. 한편 대형수생식물인 골풀류는 석회 처리에 의해 무성하게 자란다(5)(그림 9-7 참조).

(3) 동물플랑크톤의 복원

동물플랑크톤은 산성수에서 민감하게 종 수와 개체수가 감소된다. 하지만 석회 처리를 하여 수질을 개선하면 산성수에 민감한 종류도 다시 증식한다. 게다가 석회 처리를 하면 먹이로 되는 세균과 식물플랑크톤이 증가하므로 동물플랑크톤은 뒤따라 왕성하게 증식한다. 특히 동물플랑크톤 중에서 여과섭식자(filter feeder)의 증식이 왕성해진다.

그림 11-12는 석회 처리를 하여 물의 pH를 높였을 때 동물플랑크톤(갑각류) 개체수의 계절적 증가를 나타낸 것이다. 석회 처리에 의해 동물플랑크톤 중에서 혐산성인 윤충류는 증가하고 호산성인 요각류는 감소된다(11)(표 9-2 참조). 석회 처리를 하여 수질이 개선되어 민물고기가 증식하면 동물플랑크톤을 잡아먹으므로 양자 사이에 평형이 이루어진다(33).

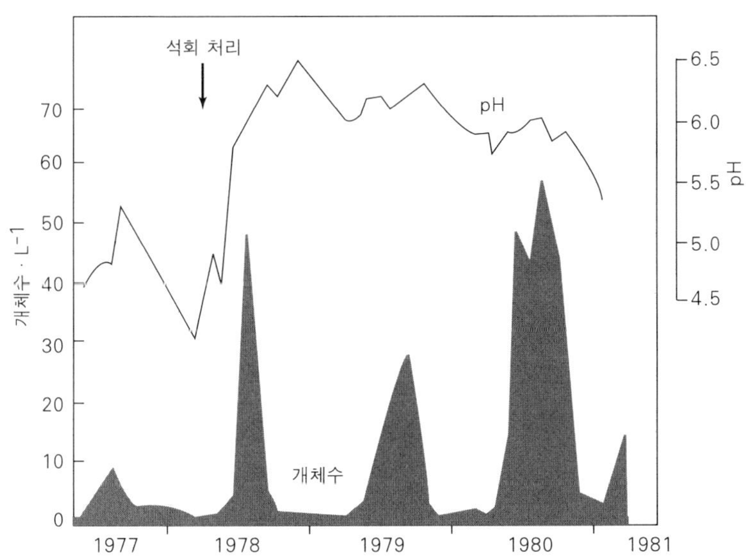

그림 11-12. 스웨덴 중남부의 한 호수(Blanksjön)에 석회 처리를 한 후 물의 pH 상승에 따른 동물플랑크톤(갑각류: 엽새우) 개체수의 연도별 변동(35).

(4) 무척추동물과 민물고기의 복원

연어나 송어와 같이 산성수에 민감한 민물고기는 물이 pH 6.0 이하로 내려가면 생식률이 낮아지고, 미량의 알루미늄 증가에 의해 갓 깨난 새끼 고기가 전멸된다. 하지만 석회 처리를 하여 수질을 개선하면 민물고기의 개체수와 종다양성이 어느 정도 회복된다. 예를 들면, 노르웨이 서남부의 대서양연어(*Salmo salar*)가 모이는 한 하천(River Bjerkreim)에서는 석회 처리 전에 물의 pH 5.2, 칼슘 농도 1.1mg · L^{-1}, 연 어획량 약 0.8ton이었는데 처리 2-4년 후에 pH 6.4, 칼슘 농도 1.6mg · L^{-1}로 개선되고 연 어획량이 약 10ton으로 증가하였다(37).

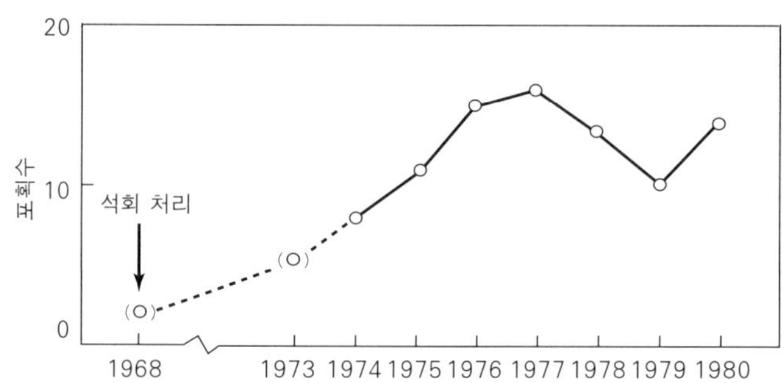

그림 11-13. 산성호수에 석회 처리를 한 후 잡히는 가재의 개체수 변화. 이 산성호수는 석회 처리를 하여 물을 pH 6.0 이상으로 유지하였다(35).

가재는 수서동물 중에서 산성수에 가장 민감한 생물의 하나이다. 그래서 가재를 살리기 위해 석회 처리를 하고 있다. 그림 11-13은 산성호수에 석회 처리를 한 후 잡히는 가재의 개체수 증가를 나타낸 것이다(35). 가재는 석회 처리 후 증가하다가 약 7년 후부터 일정 수를 유지하였다.

11.8 석회 처리 호수의 재산성화

산성호수 · 하천에 석회 처리를 하여 개선된 수질은 영구히 지속되지 않고 시간이 지나면 다시 산성화되는 데 문제가 있다. 그림 11-14는 스웨덴의 한 산성호수(Lake Lysevatten)에서 돌로마이트 처리 전에 pH 4.7이었는데 1차 처리(1974년) 후 표층수가 pH 7.0-7.4로 높아지고, 저층수도 뒤따라 높아짐을 보이고 있다. 하지만 높아진 pH는 시간이 지남에 따라 점점 낮아져서 7년 후(1980년)에 pH 5.0-5.5로 낮아졌다(1).

처리한 돌로마이트는 8개월 후까지 처리량의 53%가 용해되고, 12년 후에 86%가 용해되어 물 속의 칼슘이 점점 감소되었다. 이렇게 다시 pH가 낮아지는 현상을 재산성화(reacidification)라고 한다. 호수 주변의 삼림에서 산성의 지표유출수가 흘러 들기 때문에 재산성화되는 것이다.

이 호수가 건강한 기능을 회복하려면 다시 돌로마이트 처리를 해야 한

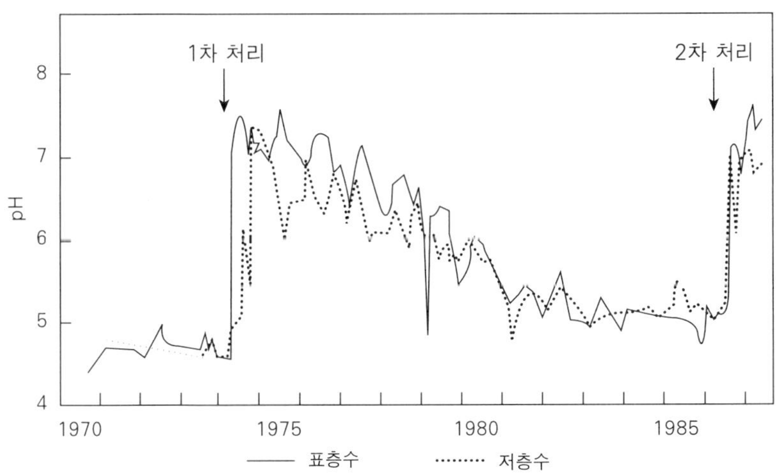

그림 11-14. 호수 물의 재산성화. 스웨덴의 한 산성호수(Lake Lysevatten)에 돌로마이트 처리(1974년)를 한 후의 표층수와 저층수의 pH 변화. 1차 처리 후 pH가 높아진 물은 재신성화되이 12년 뒤에 2차 처리를 하였다(1).

다. 그래서 12년 후(1986년)에 다시 돌로마이트 처리를 하였다. 스웨덴에서는 산성호수를 보통 3-5년마다 반복하여 석회 처리를 하고 있다(10).

1960년대에 중성을 유지하였던 이 호수에는 물이끼(*Sphagnum* spp.)가 생육하지 않았다. 그런데 산성화되어 돌로마이트 처리를 하기 전(1973년)에는 물이끼가 무성하였다. 하지만 1차 처리(1974년) 후 물이끼는 죽기 시작하여 이듬해에는 완전히 사라졌다. 그런데 물이끼는 재산성화된 1984년에 다시 출현하여 1986년에 무성하게 자랐다(1).

이 호수에서 중성수의 지표종이며 사상조류인 판해캄속(*Mougeotia*)은, 물이끼와는 정반대로, 돌로마이트 처리 전에는 생육하지 않았지만 처리 후에 증식하고, 재산성화됨에 따라 다시 자취를 감추었다.

호산성종인 깔따구류(Chironomidae)는 돌로마이트 처리 전(1973-1974년)에 우점하였다. 그런데 그림 11-15에서 보는 바와 같이 깔따구류는 돌로마이트 1차 처리 후 1년간 증가(1-2gFw · m^{-2})하다가 재산성화 초기(1979-1984년)에 감소되고(1gFw · m^{-2} 이하) 재산성화가 진행(1984-1986

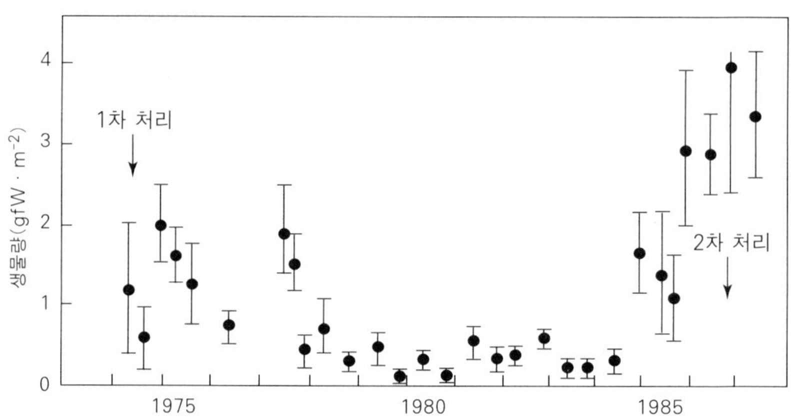

그림 11-15. 스웨덴의 한 산성호수(Lake Lysevatten)에 돌로마이트 처리를 한 후 호수 바닥에 사는 깔따구류의 생물량 변화. 화살표는 돌로마이트 처리 시기. 수직선은 통계상의 95% 신뢰한계(1).

년)됨에 따라 폭발적으로 증가하였다(2-4gFw · m^{-2})(1). 이와 반대로 혐산성 종인 하루살이속(*Leptophlebia vespertina*)은 재산성화에 의해 감소되었다(29).

같은 스웨덴에서 석회 처리를 한 산성호수(Trehöningen)와 처리하지 않은 산성호수(Arsjön)의 물은 각각 연평균 pH 6.6-7.1과 pH 5.2-5.8을 유지하였는데 1991년에 처리한 직후 pH 7.1이었고, 1999년에 pH 6.1로 낮아져서 재산성화되는 과정에 물의 칼슘 농도가 낮아지고 카드뮴, 망간 및 알루미늄 농도가 높아졌다(10).

11.9 수서생태계의 석회 처리에 대한 평가

석회 처리의 역사가 오래된 스웨덴에서는 석회 처리 호수, 중성호수(pH 6.0-7.0) 및 산성호수(pH 4.6-5.5)를 각각 수십 개씩 지정하여 10-20년간 물의 물리화학 특성과 생물학적 변화를 조사하고 있다(27). 그래서 석회 처리에 따른 ① 장기 영향 평가, ② 산성화 이전 생태계로의 복원 가능성 평가 및 ③ 석회 처리에 의해 일어나는 악영향을 제거하는 연구를 하고 있다.

표 11-6은 장기간 석회 처리를 한 호수가 산성호수보다 물의 pH와 알칼리도가 높아져서 중성호수와 거의 같아짐을 보인다. 이처럼 물의 화학적 특성은 개선되지만 생물학적 특성은 기대한 만큼 개선되지 않는다.

물의 총인(TP) 농도는 석회 처리 호수가 중성호수(석회 처리 호수에 대한 감소 비율 12%)나 산성호수(20%)보다 낮고, 총유기탄소(TOC)에 대한 총인(TP)의 비(TP/TOC)도 석회 처리 호수에서 낮아진다. 석회 처리 호수에서 총인이 감소되는 이유는 증가한 총유기탄소(TOC)와 인이 결합하여 침전되기 때문이다. 총인이 감소되면 설령 질소가 많더라도 식물플랑크톤

표 11-6. 석회 처리 호수, 산성호수 및 중성호수(대조구)의 물의 화학적 특성, 식물플랑크톤의 종 수 및 그 부피(생산량)의 비교(2)

항목	석회 처리 호수	중성호수 (대조구)	산성호수
pH 값	6.70	6.53	5.23
알칼리도(meq · L^{-1})	0.143	0.095	0.003
총유기탄소(TOC)(mg · L^{-1})	8.04	6.82	8.41
유기질소(Org-N)(μg · L^{-1})	281	306	319
총인(TP)(μg · L^{-1})	10.7	11.7	12.1
TP/TOC 비	1.44	1.92	1.72
가용성 무기질소(DIN)(μg · L^{-1})	92	45	113
식물플랑크톤 종 수	78	86	50
식물플랑크톤 부피(mm^3 · L^{-1})	0.21	0.29	0.16

의 생산성이 낮아져서 1차 생산성이 감소되는 결함이 나타난다(2).

석회 처리 호수는 그림 11-16에서 보는 바와 같이 시간이 지남에 따라 황산이온은 감소되고 총질소는 증가된다. 황산이온의 감소는 석회 처리의 영향이 아니라 대기의 황산강하량이 감소되었기 때문이며, 총질소의 증가는 질소강하량의 증가와 석회 처리에 의해 질소가 축적되기 때문이라고 해석되고 있다(2).

산성화된 호수에 석회 처리를 하면 산성화 이전의 생태계로 복원될 수 있는가를 살펴보기로 한다. 물의 pH와 알칼리도는 산성화 이전의 상태로 거의 복원되고, 금속이온 농도는 낮아져서 안정성을 유지한다. 그러나 물 속의 독성 알루미늄 농도는 석회 처리로 개선되지 않는다(2).

호수 연안대의 저서성 무척추동물상은 석회 처리 호수와 중성호수가 거의 같고, 민물고기의 종다양성은 석회 처리 호수가 중성호수보다 낮으며 산성호수가 가장 낮다. 산성수에 민감한 무척추동물은 석회 처리를 하여 환경이 개선되더라도 원래의 종다양성으로 복원되지 않는다(13). 여러 영양단계별 생물군집의 종다양성은 석회 처리 호수가 산성호수보다 높지만 중성호수보다는 낮다. 수서생태계의 영양단계는 중성호수에서 4-5단계로 길

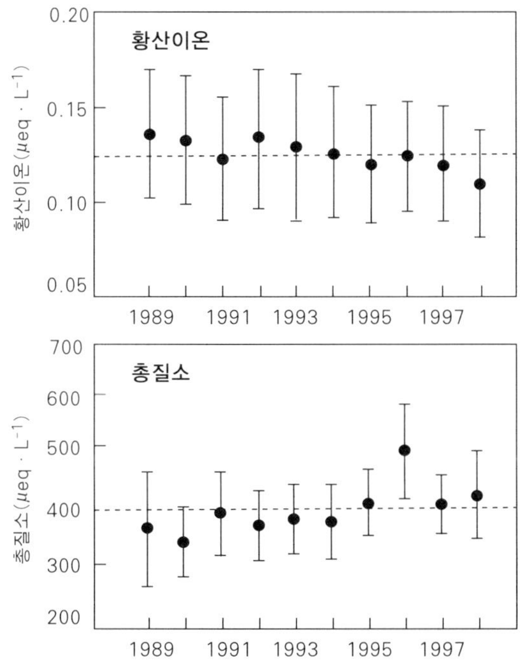

그림 11-16. 13개의 석회 처리 호수에서 10년간(1989-1998) 물의 황산이온(위)과 총질소 농도(아래)의 변화. 점선은 조사기간 중의 평균값(2).

지만 석회 처리 호수에서 3-4단계로 짧아진다(2).

산성호수 · 하천에 석회 처리를 해도 특별히 해로운 점이 나타나지 않지만, 석회 처리 호수에서는 인이 감소되고 저층수의 질소가 감소되며, 물밑에서 사는 무척추동물이 감소되는 등 민물고기의 생산성을 감소시키는 요인들이 나타난다.

만약 산성호수에 앞으로 석회 처리를 더 계속한다면 중성호수보다 생물종다양성이 감소될 것으로 예상되고 있다. 그리고 수십 년에 걸쳐 산성호수 · 하천에 석회 처리를 계속하더라도 산성화 이전의 생태계로 복원시킬 가능성이 희박하다는 결론에 이르고 있다.

11.10 생태계 복원의 어려움

앞에서 살펴보았듯이 유럽이나 북미 북동부에서는 산성화된 토양과 호수 · 하천의 복원방법을 연구하여 그 결과를 실용화하고 있다. 그러나 생태계의 구조와 기능은 너무나 복잡하기 때문에 복원을 하더라도 산업혁명 이전의 원시상태로 복원시키기는 거의 불가능하다. 산성화되기 이전의 원시 생태계는 서식지와 생물종이 최고의 다양성을 유지하여 종다양성이 높은 생물군집을 형성했을 것이다.

하지만 일단 산성화된 생태계는 어떤 방법을 써서 복원하더라도 인간 위주의 경제가치를 우선하기 때문에 원시상태로 복원시키기가 어려운 것이다. 또 비록 서투른 복원을 한다 하더라도 비용이 너무 많이 들고, 완벽한 방법을 찾기가 어렵다.

게다가 한 번 산성화된 토양, 지표수, 지하수 및 생물군집을 복원시키려면 오랜 시간이 걸린다. 그리고 생태계에 석회 처리를 하여 복원시키더라도 몇 년이 지나면 재산성화된다. 유럽에서 황 배출량은 40년 전에 정점에 달하였고 오늘날 상당히 감소되고 있는데도 토양과 물의 산성화는 아직도 계속되고 있다. 하지만 유럽과 북미 북동부에서는 식생과 어업의 피해가 너무 컸으므로 산성화된 생태계를 복원하는 지식을 불가불 축적할 수밖에 없는 것이다.

우리나라에서는 오늘날 물의 산성화를 염려하지 않아도 되지만 토양은 몹시 산성화되어 있다. 지금처럼 대기산성강하물이 계속 내린다면 먼 장래에 물의 산성화를 걱정할 때가 올지도 모른다. 따라서 산성화가 더 진행되지 않도록 지혜를 모으고 연구하며 고민하고 행동해야 한다.

인용문헌

(1) Alenäs, I., R.I. Andersson, H. Hultberg and A. Rosemarin. 1991. Liming and reacidification reactions of a forest lake ecosystem, Lake Lysevatten, in SW Sweden. Water Air Soil Poll. 59: 55-77.

(2) Appelberg, M. and T. Svenson. 2001. Long-term ecological effects of liming – The ISELAW Programme. Water Air Soil Poll. 130: 1745-1750.

(3) Battarbee, R.W., R.J. Anderson, P.G. Appleby, R.J. Flower, S.C. Fritz, E.Y. Haworth, S. Higgitt, V.J. Jones, A. Kreiser, M.A.R. Munro, J. Natkanski, F. Oldfield, S.T. Patrick, N.G. Richardson, B. Rippey and A.C. Stevenson. 1989. Lake Aacidification in the UK, 1800-1986: Evidence from Analysis of Lake Sediments. Dept. of Environ., Ensis, London.

(4) Beamish, R.J. 1976. Acidification of lakes in Canada by acid precipitation and the resulting effects on fishes. Water Air Soil Poll. 6: 501-514.

(5) Brandrud, T.B. and J.G.M. Roelofs. 1995. Enhanced growth of the microphyte *Juncus bulbosus* in S. Norwegian limed lakes. A regional survey. Water Air Soil Poll. 85: 913-918.

(6) Bredemeier, M., A. Dohrenbusch and D. Murach. 1995. Response of soil water chemistry and fine-roots to clean rain in a spruce forest ecosystem at Solling, FRG. Water Air Soil Poll. 85: 1605-1611.

(7) Corre, M.D., F.O. Beese and R. Brumme. 2003. Soil nitrogen cycle in high nitrogen deposition forest: changes under nitrogen saturation and liming. Ecol. Appl. 13: 287-298.

(8) De Keersmaeker, L., J. Neirynck, D. Maddelein, A. de Schrijver and N. Lust. 2000. Soil water chemistry and revegetation of a limed clearcut in a nitrogen saturated forest. Water Air Soil Poll. 122: 49-62.

(9) Dillon, P.J., R.A. Reid and R. Girard. 1986. Changes in the chemistry of lakes near Sudbury, Ontario following reduction of SO_2 emissions. Water Air Soil Poll. 31: 59-65.

(10) Edberg, F., P. Andersson, H. Borg, C. Ekström and E. Hörnström. 2001. Reacidification effects on water chemistry and plankton in a limed lake in Sweden. Water Air Soil Poll. 130: 1763-1768.

(11) Ekström, C. and E. Hörnström. 1995. Development of zooplankton in relation

to lime treatment in two acidified lakes. Water Air Soil Poll. 85: 925-930.

(12) Fransman, B. and B. Nihlgård. 1995. Water chemistry in forested catchments after topsoil treatment with liming agents in South Sweden. Water Air Soil Poll. 85: 895-900.

(13) Herrmann, J. and B.S. Svensson. 1995. Resilience of macroinvertebrate communities in acidified and limed streams. Water Air Soil Poll. 85: 413-418.

(14) Hindar, A., P. Nilsen, A. Skiple and R. H gberget. 1995. Counteractions against acidification in forests ecosystems. Effects on stream water quality after dolomite application to forest soil in Gjerstad, Norway. Water Air Soil Poll. 85: 1027-1032.

(15) Howells, G. 1990. Acid Rain and Acid Waters. Ellis Horwood, London.

(16) Hultberg, H., S.I. Nilsson and U. Nyström. 1995. Effects on soils leaching after application of dolomite to an acidified forested catchment in the Gärdsjön watershed, South-West Sweden. Water Air and Soil Poll. 85: 1033-1038.

(17) Kim, C. K., T.-C. Rhyu and J.-H. Kim. 2003. Effects of dolomite liming on soil chemistry in acidic forest soil. Kor. J. Ecol. 26: 327-333.

(18) Koopmans, C.J. and D. van Dam. 1998. Modelling the impact of lowered atmospheric nitrogen deposition on a nitrogen saturated forest ecosystem. Water Air Soil Poll. 104: 181-203.

(19) Kreutzer, K. 1995. Effects of forest liming on soil processes. Plant Soil. 168-160: 447-470.

(20) Kreutzer, K., H. Reiter, R. Schierl and A. Göttlein. 1989. Effects of acid irrigation and liming in a Norway spruce stand (*Picea abies* (L.) Karst.). Water Air Soil Poll. 48: 111-125.

(21) Majdi, H. and H. Persson. 1995. Effects of ammonium sulphate application on the chemistry of bulk soil, rhizosphere, fine roots and fine root distribution on a *Picea abies* (L.) Karst. stand. Plant Soil 168-169: 151-160.

(22) Majdi, H., U. Rosengren-Brinck. 1994. Effects of ammonium sulphate application and rhizosphere, fine root and needle chemistry in *Picea abies* (L.) Karst. stand. *Plant Soil*. 162: 71-80.

(23) Marschner, B., K. Stahr and M. Renger. 1989. Potential hazards of lime application in a damaged pine forest ecosystem in Berlin, Germany. Water Air Soil Poll. 48: 45-57.

(24) Mills, K.H. and D.W. Schindler. 1986. Biological indicators of lake acidification. Water Air Soil Poll. 30: 779-789.

(25) Moldan, F., H. Hultberg and I. Andersson. 1995. Covered catchment experiment at Gärdsjön: changes in runoff chemistry after years of experimentally reduced acid deposition. Water Air Soil Poll. 85: 1599-1604.

(26) Nohrstedt, H.-Ö. 2002. Effect of liming and fertilization (N, P, K) on chemistry and nitrogen turnover in acidic forest soils in SW Sweden. Water Air Soil Poll. 139: 343-354.

(27) Persson, G. and M. Appelberg. 2001. Evidence of lower productivity in long term limed lakes as compared to unlimed lakes of similar pH. Water Air Soil Poll. 130: 1769-1774.

(28) Ponette, Q., J.E. Dufey and F. Weissen. 1997. Downward movement of dolomite, kieserite or a mixture of $CaCO_3$ and kieserite through the upper layers of an acid forest soil. Water Air Soil Poll. 95: 353-379.

(29) Raddum, G.G. and A. Fjellheim. 1995. Effects of liming and acid surface water on the mayfly *Leptophlebia vespertina* in Lake Hovvatn. Water Air Soil Poll. 85: 961-966.

(30) Sampson, C.J. and P.L. Brezonik. 2003. Responses of nutrients to experimental acidification and recovery in Little Rock Lake, U.S.A. Water Air Soil Poll. 142: 39-57.

(31) Schindler, D.W., K.H. Mills, D.F. Malley, D.L. Findlay, J.A. Shearer, I.J. Davies, M.A. Turner, G.A. Linsey and D.R.F. Cruikshank. 1985. Long-range ecosystem stress: the effects of years of experimental acidification of a small lake. Science 228: 1395-1401.

(32) Smallidge, P.J. and D.J. Leopold. 1997. Effects of watershed liming on *Picea rubens* seedling biomass and nutrient element concentration. Water Air Soil Poll. 95: 193-204.

(33) Stenson, J.A.R. and J.-E. Svensson. 1995. Changes of plankivore fauna and development of zooplankton after liming of the acidified Lake Gårdsjön. Water Air Soil Poll. 85: 979-984.

(34) Sverdrup, H., P. Warfvinge, H. Hultberg and F. Moldan. 1995. Modeling acidification and recovery in the roofed catchment at Lake Gårdsjön. Water Air Soil Poll. 85: 1753-1758.

(35) Swedish Ministry of Agriculture. 1982. Acidification Today and Tomorrow. 1982 Stockholm Conference on Acidification of Environment. Stockholm.

(36) Wales, C., C. Beier, P. Warfvinge and L. Rasmussen. 1995. Modelling "Clean rain" treatments in acidified soils. Water Air Soil Poll. 85: 1807-1812.

(37) Walseng, B., R.M. Langåker, T.E. Brandrud, P. Brettum, A. Fjellheim, T. Hesthagen, Ø. Kaste, B.M. Larsen and E.-A. Lindstrøm. 2001. The River Bjerkreim in SW Norway – Successful chemical and biological recovery after liming. Water Air Soil Poll. 130: 1331-1336.

(38) Wright, R.F. 1989. RAIN Project: role of organic acids in moderating pH change following reduction in acid deposition. Water Air Soil Poll. 46: 251-259.

(39) Wright, R.F. and A. Henriksen. 1990. The RAIN project – An overview. *In*: The Surface Waters Acidification Programme. B.J. Mason. (ed). Cambridge Univ. Press, Cambridge.

(40) Wright, R.F., E. Lotse and A. Semb. 1988. Reversibility of acidification shown by whole-catchment experiments. Nature 334: 670-675.

에필로그

과거로부터 배우고 미래를 생각한다

산성비가 지구 곳곳의 환경(공기, 흙, 물, 생물)과 문화재를 뒤흔들어 과학기술로 해결하기 어려운 사회문제, 경제문제 및 인류의 건강문제에 뻗쳐 있다.

인류는 에너지와 자원을 소비하여 문명의 한 부분인 과학기술을 발전시켜 왔다. 그 결과 인류는 다른 생물과의 경쟁에서 이기고 새로운 에너지와 자원을 개발하여 지구상에 우뚝 솟은 위치를 차지하게 되었다. 인구는 지수함수적으로 증가하여 현재 64억 명을 초과하고 앞으로 더욱 증가될 전망이다. 개체수 증가를 성공한 생물의 기준으로 여긴다면 인류는 성공한 생물임에 틀림이 없다. 하지만 모든 생물은 만유물리법칙(physical laws of universe)의 지배를 받아야 할 숙명에 놓여 있다. 인류도 그 법칙에서 벗어날 수가 없는 것이다. 생물권에서 일어나는 어떤 상태 변화는 어김없이 인류의 생명에 영향을 미쳐서 그 존재를 위협하게 된다. 이것이 환경문제의 시작이다. 과학기술의 발전은 양날의 칼과 같아서 한 면의 날이 인류를 위험에 빠뜨리고 있다.

산업혁명 이후, 특히 지난 20세기 중에 과학기술의 발달에 힘입어 경제성장은 예측할 수 없을 만큼 눈부시게 발전하였다. 그래서 인류는 과거에 경험하지 못했던 풍요로움을 만끽하기에 이르렀지만 이와 함께 자원의 과대소비와 물질의 지나친 낭비가 보편화되었다. 빠른 자원 낭비는 필연적으로 환경에 무거운 짐을 지우게 되어 국지적 · 지역적 · 지구적 규모로 환경이 심각하게 훼손되었다. 환경훼손은 다음의 두 가지로 요약된다. 하나는 무분별한 자원개발에서 오는 자연생태계의 파괴이고, 다른 하나는 물질의 대량소비에서 오는 환경오염과 오염물질의 배출이다.

18세기에 시작된 산업혁명 이래 많은 화석연료 연소로 황산화물과 질소산화물로 구성된 산성물질이 배출되고, 이미 19세기에 유럽의 여러 지역에서 산성비가 내렸음은 잘 알려진 사실이다. 이들 대기산성강하물은 인간활동으로 배출된 오염물질이다. 이들 오염물질의 배출속도는 점점 가속화되고, 산성비 지역은 지구적 규모로 확대되었다. 현재 지구상에서는 줄잡아 화석연료 연소로 매년 7,000만 ton에서 7,500만 ton의 황과 질소시비에서 3,000만 ton 이상의 질소가 배출되고 있다. 자연생태계와 인류사회는 이러한 오염물질에 노출되어 인류의 건강, 사회 및 문화는 이 물리적 · 화학적 · 생물학적 피해와 경제적 손실을 입고 있다. 환경문제는 인구문제, 식량문제, 자원문제 및 에너지문제와 서로 맞물려 있다.

인류가 배출한 오염의 정도는 생물권의 내성 한계의 정점을 거의 초과하고 있다. 그래서 대기산성강하물에서 비롯된 지구환경의 훼손은 현재의 풍요로운 사회에서 피할 수 없는 부산물로 자리매김하게 되었다. 이러한 지구 규모의 환경훼손은 과거에 경험하지 못했던 새로운 인류의 재앙이다. 마침내 인간 활동은 생물권을 위협하는 시점에 이르렀다. 그 위협은 인류의 생명과 문명을 위험에 빠뜨릴 것으로 예상된다. 지금이야말로 우리는 과거로부터 배우고 미래를 생각할 시점에 서 있는 것이다.

지구상의 문명발상지, 예컨대 이란, 이라크, 시리아, 요르단, 파키스탄 등지에 남아 있는 고대도시에서는 인간이 자연생태계를 잘못 관리함으로써 애써 쌓아올린 문명이 쇠퇴한 흔적을 엿볼 수 있다. 그곳에서 현재 인류가 직면하고 있는 환경문제를 풀어 나가는 지혜를 터득해야 한다.

21세기는 환경의 시대이다. 지난 세기에 훼손되었던 자연환경을 복원하는 시대여야 한다. 그렇게 되려면 한 사람 한 사람이 에너지와 자원을 절약하는 마음가짐을 가지고 그것을 행동으로 옮겨야 한다. 환경학자들은 환경의 복원에 관한 폭넓고 깊이 있는 연구를 해야 한다. 극도로 복잡한 환경을 복원하기 위해서는 학제 간의 협동연구를 해야 가능하다. 특히 자연과학과 사회과학의 협동은 필요 불가결하다. 환경문제의 해결은 본질적으로 사회과학의 몫이기 때문이다.

정책 결정자는 자연 · 사회 과학자 사이의 협동연구 결과를 정책에 반영해야 한다. 법 제정자는 쓰라린 경험을 겪었던 서양의 환경 선진국들로부터 교훈을 받아들여 환경규제법을 한층 강화해야 한다. 정치가는 경제성장률 지상주의에서 환경우선주의로, 그리고 고에너지산업에서 저에너지산업으로 정책을 전환하는 의지를 가져야 한다. 기업인들은 환경을 구호로만 외치지 말고 생태적 양심에 입각하여 스스로 자연환경을 보호하는 노력을 기울여야 한다. 미국에서는 화력발전소의 배출량을 줄이려고 이산화황 기금을 제정하여 자진해서 감소시키는 제도를 실천하여 효과를 거두고 있다.

환경문제는 국경이 없다. 비근한 예로 중국에서 발생한 황사가 한국과 일본을 거치고 멀리 미국의 서해안에서 포착되고 있다. 유럽은 산성비 저감에 있어 국제협력이 잘 이루어진 모범이다. 일찍이 1967년에 스웨덴의 토양학자 Odén은 스칸디나비아의 토양과 물이 산성화되고, 그 원인이 먼 서유럽에서 날아오는 대기산성강하물에 있음을 알았지만 달걀과 바위에 비유되는 막강한 서유럽에 맞서서 감히 국제문제화하기에는 역부족이었다. 마침 노르웨이의 여성 환경론자이며 환경부장관이었던 Brundtland가 앞장서서 1972년에 세계인간환경개발회의 소집을 주선하고, 그 회의에서

Odén은 서유럽에서의 대기산성강하물 수송을 경고하기에 이르렀다. 그 후 대기산성강하물에 대한 유럽의 국제협력이 선도적으로 이루어져 왔다. 아시아에서도 더 적극적으로 산성비와 대기오염에 관한 국제협력이 이루어져야 할 시점에 이르렀다.

찾아보기(국문)

ㅂ

ㅅ

ㅇ

ㅍ

ㅎ

찾아보기(영문)

A

B

C

D

E

F

G

H

I

Abstract

Acid Rain

Joon-ho Kim

This book is described as having been written for those who are greatly interested in acid rain, one of the world's current environmental crises due to its harm to ecosystems, corrosion of material and damage to human health. Contents of the book include a description of the characteristics of rain water as the foundation for understanding acid rain, an explanation of the processes of atmospheric acidic gases, from emission to deposition, which are a precursor to acid rain, and an elucidation of the current acidity of rain water in Seoul, in Korea and in select cites around the world. The author also compares Korean soil acidity with that of the foreign countries that have already been damaged by acid rain and discusses the adverse effect of forest damage by acid rain on the one hand while exploring the mitigating effect of acid rain toxicity by forest functions on the other. Finally, the author considers the damage to fish and freshwater organisms living in the acid water and presents theory and practice for the restoration of ecosystems damaged by acid rain based on research results. These are all the basis on ecology excepted with material corrosion and health.

저자소개

김준호

서울대학교 사범대학 생물과를 졸업하고 동대학원에서 이학 석사 · 박사학위를 받았다. 공주사범대학과 서울대학교 교수로 재직하며 후학 양성에 힘썼고, 현재 서울대학교 명예교수와 대한민국 학술원 회원으로 있다. 『생태학개설』, 『고급생태학』, 『문명 앞에 숲이 있고 문명 뒤에 사막이 남는다』, 『인간과 자연』, 『한국 생태학 100년』 등 생태학과 관련한 많은 저술이 있다.

산성비

저 자 김준호

2007년 12월 31일 초판 제1쇄 발행
2008년 10월 10일 초판 제2쇄 발행

발행인 이장무
발행처 서울대학교출판부
151-742 서울 관악구 관악로 599
마케팅과 02-889-4424, 02-880-7995
Fax 02-888-4148
E-mail snubook@snu.ac.kr
Home-page http://www.snupress.com

출판등록 제15-3호

ISBN 978-89-521-0784-8 93470

값 15,000 원

2008년 대한민국학술원 우수학술도서